图解室内设计基础

[日] 渡边秀俊 [编]

内田青藏

奥平与人

木村战太郎

小原二郎

佐野友纪

谷口久美子

土田义郎

鸟井贵正

久木章江

宫宇地一彦

柳泽要

渡边秀俊 [著]

金　华 [译]

陶新中 [校]

中国建筑工业出版社

目录

第一章　基础知识

前言

本书是一本供室内设计专业学生用的教科书。目前，在开设室内设计专业的大学、大专、职业高中等院校中，除了设有室内设计等专业课程外，还将重点转向室内设计监理、室内设计规划师等相关资格的认证教育上。本书正是在这种教育需求的背景下编写的。

如今，室内设计领域的业态在不断发生着变化，关于"室内设计"的专业解释也众说纷纭。但是，无论这些论点如何向多元化发展，总结并归纳出能让大家共识的基础知识还是非常有必要的。另外，为了方便教师们编写讲义，本书在扩大领域和专业学科使用范围的同时，在图面版式及提供基础数据方面尽可能做到多元化。

本书第一章是基本知识，第二章是设计知识，第三章是表现技法知识。第四章是相关基础数据的设计参考资料。此外，为培养学生自身的感受能力，还在各个章节中增设了思考题。

将室内设计的诸多内容系统地归纳出来是比较困难的，本书也会有很多不足之处，希望读者能给予指正和批评，同时也期待此领域的框架体系能更明晰。

最后，向大力支持、并赠送宝贵的室内设计产业历史知识原稿的小原二郎先生致以诚挚的谢意。

渡边秀俊

2008 年 2 月

第一章 基础知识

1. 室内设计的历史——①

日本室内设计的历史

学习目标：纵观古今日本室内设计的发展过程，理解当今与我们的生活息息相关的室内设计的基本特征。

1）原始住所

日本住宅平面设计的变化过程，是从各种功能融合并用的大空间向功能逐步分化以应对不同用途的小空间上逐渐转化的。

古代具有代表性的住所是竖穴式住所（图表1）。房屋内部没有分割，空间整体为一个房间，从房屋外部取好火源后再放到室内，做饭、用餐、睡眠等各种生活行为都在这一个空间内完成。随着时代的发展，房间内部开始出现像床一样的睡眠专用空间，角落的炉灶替代了火塘，并在其周边规整出做饭空间（图表2）。在一间房间内，根据不同功能划分出各自的空间使用范围，好像墙一样将空间分隔开来。

古坟时代出土的家屋文镜中描绘了在干阑式住所的室外部分设有檐廊（图表3）。依此可以明确，内部空间在相互分隔的同时，出现了连接外部与内部的过渡空间——檐廊。被称为现存最古老的住宅遗产——法隆寺传法堂的前身建筑，就是以这种房间内部分隔与附属檐廊空间构成的（图表4）。门和墙围合的内部空间、有房檐的挑空空间以及檐廊空间组成了室内、半室外及室外空间。

■图表1 竖穴式住所概要

■图表2 古坟时期竖穴式住所的房间布局

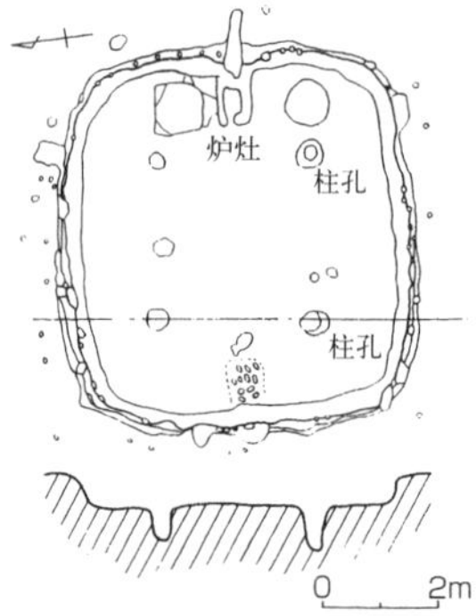

■图表3 家屋文镜的4种居住方式

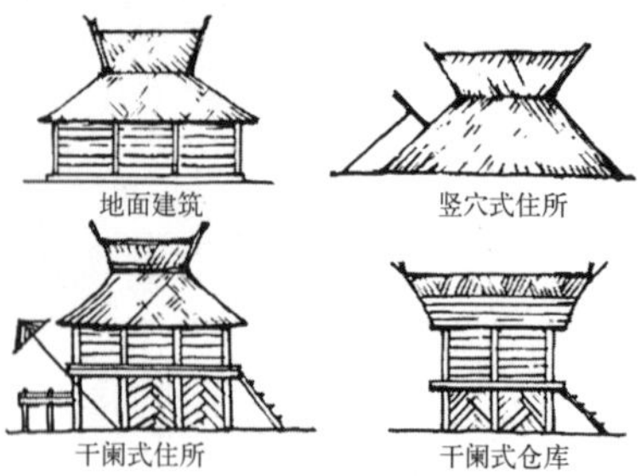

■图表4 法隆寺传法堂平面复原图

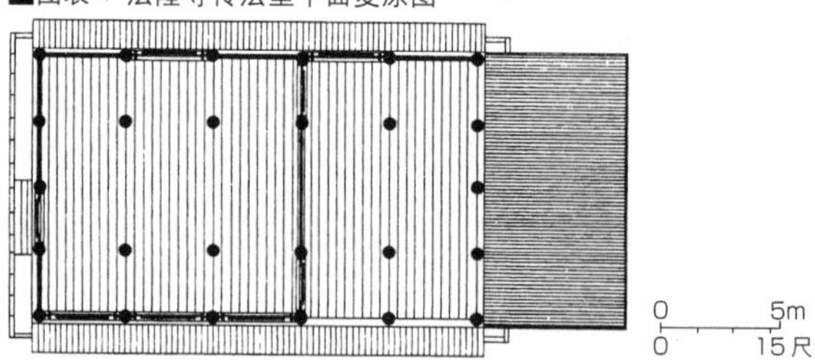

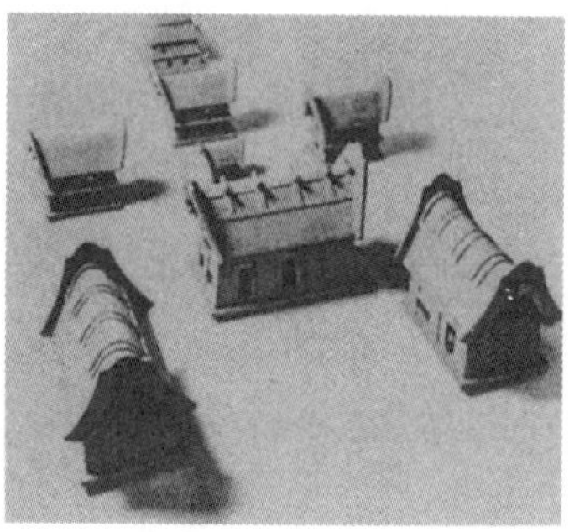

■图表5 茶臼山古坟出土的房屋黏土模型。8户左右对称式布局图

建筑内部各房间的功能虽然不是很明确，但能猜测到封闭的室内空间应该是作为卧室来使用的。从以上发展过程可以看到，房间的分隔布局是在朝着空间与功能相对应的独立房间上演变。

另外，从出土的房屋黏土模型来看，8 户同时出土的茶臼山古坟在整体上应当是一套住宅，放有鲣鱼木的房屋黏土模型为正房，其他建筑采用的是左右对称的布局形式（图表 5）。这说明曾出现过不同用途的住所并存的建筑形式。这恐怕就是在当时的上层阶层中，内部空间划分与建筑相结合来进行功能分区，最终发展成的"寝殿造"吧。

2）古代的住所、寝殿造与室内设计

日本平安时代贵族居住的寝殿造，是以"涂籠"（厚厚的泥墙围合而成的独立寝室）为中心，其他房间呈左右对称布置（图表 6）。整个寝殿以正房及挑檐形成的铺设有大块地板的开放式空间，和"涂籠"所形成的主人生活用空间组成，偶尔也会在举行典礼仪式、大型活动时使用（图表 7）。举行典礼仪式或搞活动时，会在开放空间内设置桌子、圆坐垫或榻榻米坐垫等坐具；而日常生活时，正房的一部分摆上棚架和榻榻米坐垫，周边配以屏风或帘幕，在视觉上构成封闭空间（图表 8）。这种利用移动式家具来应对不同功能的空间划分体系被称为"室礼"。

此外，还有在正房的中央放置被称为"御帐台"的类似架子床的家具以作为寝室使用（图表 9）。从正仓院的宫廷物品中可以看到，奈良时期被用作家具的，除了带支腿和两边平开门扇的储藏式家具——柜橱之外，还有圣武天皇（701 ～ 756 年，在位 724 ～ 749 年）使用过的"御床"（图表 10）以及被称为"胡床"的椅子，而从奈良时期开始到平安时期，引入了椅子座的起居样式。这种座椅形式也出现在典礼中，同时还作为日常起居方式融入到了平座中。

■图表 6 寝殿造概要

■图表 7 寝殿平面图

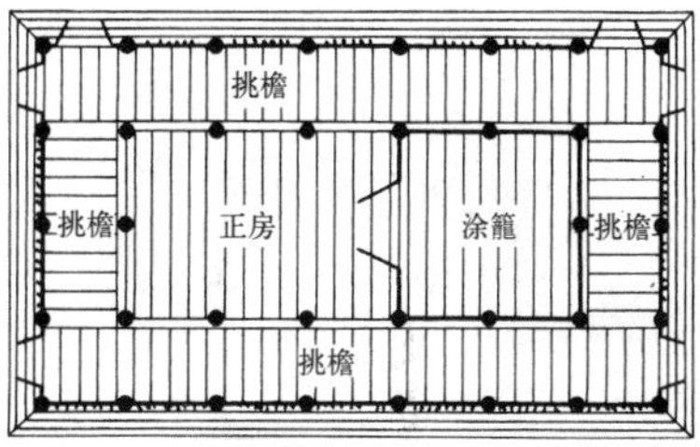

■图表 8 寝殿"室礼"的状态

■图表 9 寝殿内部

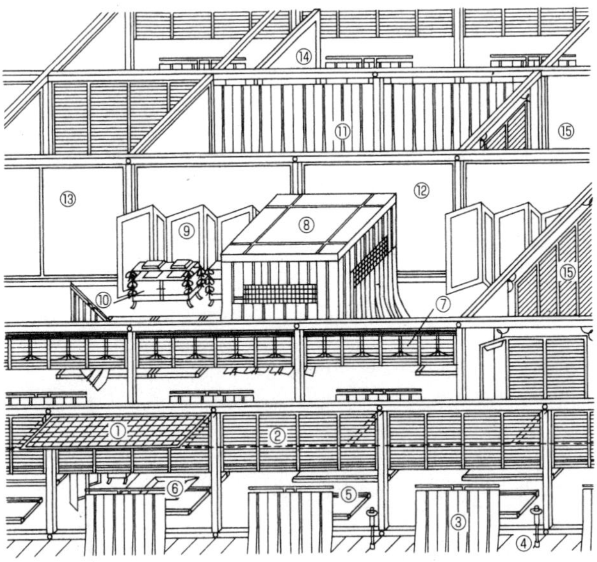

① 细格吊窗 ② 竹簾 ③ 帐帘 ④ 灯台 ⑤ 榻榻米式平坐垫 ⑥ 坐垫 ⑦ 遮帘 ⑧ 御帐台 ⑨ 屏风 ⑩ 二层厨子 ⑪ 推拉帘 ⑫ 障子纸门 ⑬ 推拉障子纸门 ⑭ 帘幕障子纸门 ⑮ 涂籠

■图表 10 圣武天皇的"御床"

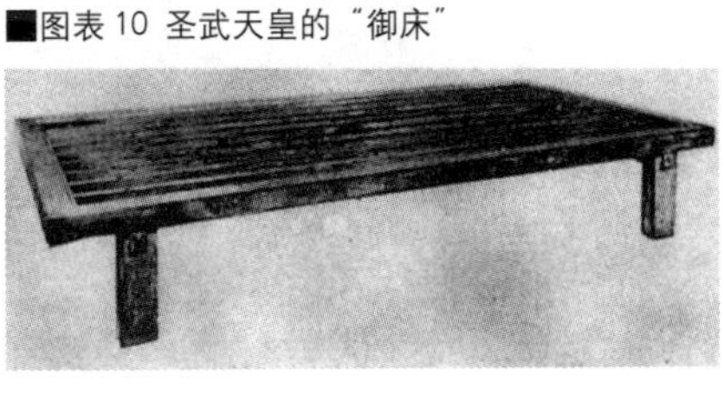

3）主殿造与室内设计

中世纪形成主殿造后，细格吊窗变为推拉木门，室内具有分隔功能的屏风和帘幕也改为固定形式，推拉木门、杉板门、糊纸拉门以及槅扇门等不同开启方式的门窗构件开始普遍流行（图表11）。同时，利用这些门窗构件还能将较大的房间进行再分隔并形成多个小房间。初期的寝殿造，寝殿是按生活和典礼、活动的场所来区分使用的。为解决这种繁琐形式，后期开始将生活空间移至寝殿的北侧，南侧为典礼及活动的专用场地，而北侧按功能又划分为多个小空间（图表12）。这些小空间内粘贴有顶棚板，地面满铺榻榻米，根据用途还设置了壁龛（图表13）、高低搁板、凸窗（图表14）等。壁龛内有挂轴以及被称为三具足的香炉、烛台、花瓶，付书院（设在壁龛旁边的固定几案）内放置了砚台、水具、笔，室内设计文化开始定格（图表15）。另外，与寝殿造同样，在墙壁、家具上装饰有绘画，典礼、活动等接待客人时使用的是艳丽色彩的隔断绘画，私密生活中则采用淡彩山水画式的雅静作品。家具一般使用有储藏功能的唐柜（图表16），衣服、书籍、武术器具甚至连食品也可以全部储藏进去。

4）书院造与室内设计

近代的书院造，由于注重待客与会面，开始将之前在各个小房间内根据用途而设置的“床之间（日本住宅中挂字画或插花、插香等清供之处，如壁龛）”、“高低搁板”、“付书院”及“帐台构”（床之间右侧墙上卧室的四大扇门。中央两扇可以推拉，两侧为固定式）等部分整合在一起，形成了独有的榻榻米式“客厅装饰”（图表17）文化，顶棚为两层重叠的格子顶棚，隔断绘画以金箔作基底，呈现出豪华绚丽的装修风格。房间整体布局是将若干个小房间以大雁飞行队形的方式连接（图表18）。内部由会客区、起居区、客房区组成，特别是会客区的空间面积加大，与玄关贯通连接以迎合待客、会面功能。南侧则设置了观赏用庭院。

■图表11 各式门窗构件

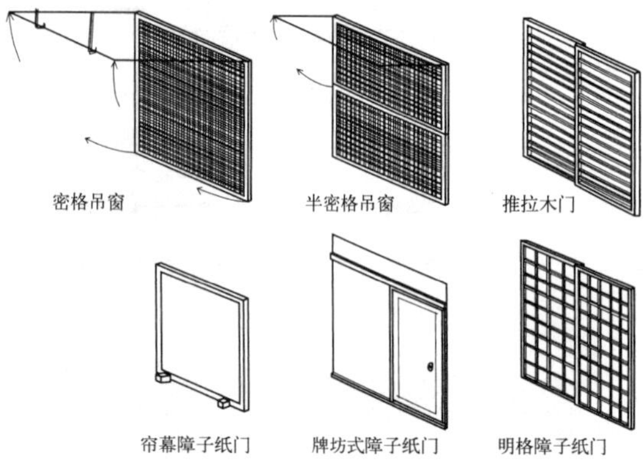

■图表13 1351年的《慕归绘》

■图表14 《法然上人绘传》

■图表12 足利义教室町殿平面图（1431）

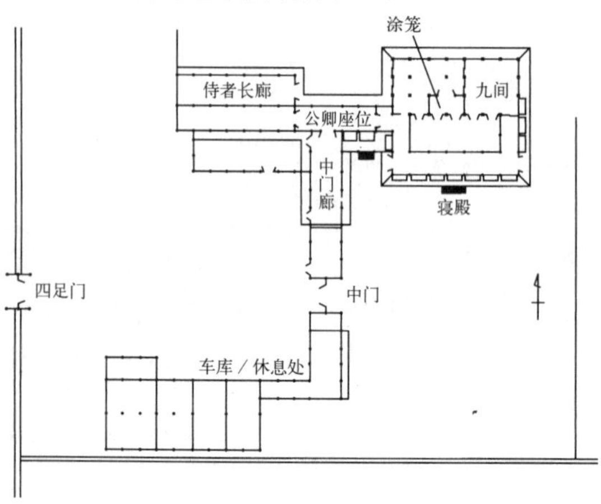

■图表15 《君台观左右帐记》“壁龛装饰”图

■图表16 室町时代的唐柜

各建筑物与主殿造相同，通过推拉木门、障子纸门来分隔空间。如果将推拉木门、障子纸门取下，则为一个大房间，形成一个与室外融为一体的开放式空间。

除这种用建筑体现身份的书院造外，也出现了适合于私密空间使用的数寄屋风格的书院。这种数寄屋式书院的平面形式与书院造相同，为了避免书院造拘泥于形式的风格特征而省略了横木板条，柱子是四角外露的角柱，构件表面涂上颜色，构件本身使用了桧木以外的木材、竹子、土墙等，是一种注重材质特性、有轻巧感的建筑形式（图表 19）。

5）江户时代市民的居住、生活与室内设计

进入近现代后，出现了具有地方特色的民居、沿街建筑。民居多由素土地面和架空地面组成，上层阶层的民居受书院造影响设有客厅。除客厅之外，室内未加设顶棚，因为围炉内需要烧火，所以梁架组合构件是烟熏过的、有动感的曲线造型，形成了独有的室内设计风格（图表 20）。沿街建筑则禁止在室内的墙及推拉木门上作画，大多使用的是花纹纸。

■图表 17 书院造内部（二条城二之丸御殿大广间，1626）

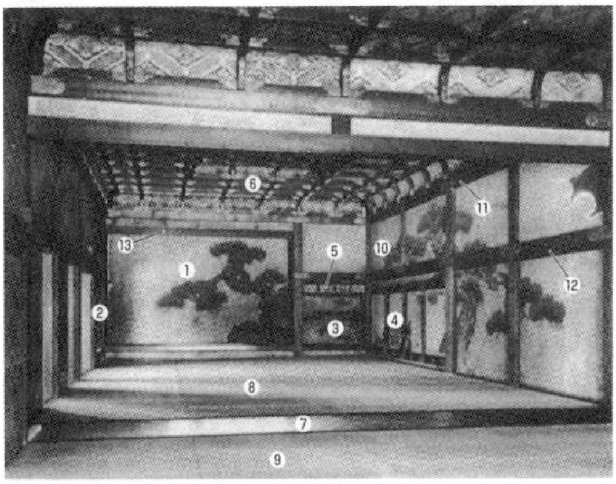

① 床之间 ② 付书院 ③ 高低搁板 ④ 卧室门 ⑤ 天橱
⑥ 四周下卷顶棚 ⑦ 上段门框 ⑧ 上段房间 ⑨ 下段房间
⑩ 挂镜线上部墙 ⑪ 顶棚横木板条 ⑫ 槅扇上框横档 ⑬ 壁龛正上方横木

■图表 18 二条城平面图

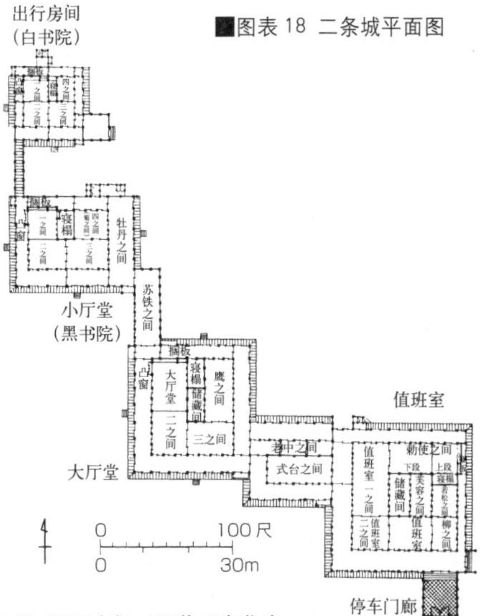

■图表 19 数寄屋式书院的内部（三溪园临春阁第二屋上段房间，1649）

■图表 20 民居内部（旧作田家住宅，主屋为 17 世纪末期）

■图表 21 脚轮式衣箱（出自《好色五人女》）

■图表 22 在商家的店铺现场制作的衣橱（出自《好色一代男》）

■图表 23 台阶式衣橱

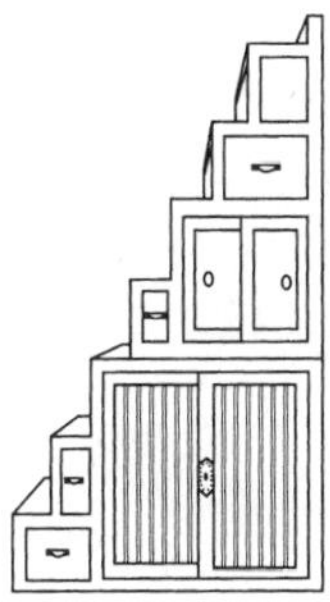

■图表 24 方形地灯（出自《百人女郎品定》）

16世纪末开始至17世纪，普通家具中的储藏类家具——唐柜被脚轮式衣箱取代。这种家具因在发生火灾等紧急情况时能方便随身带走而在普通百姓中普及开来（图表21）。17世纪末至18世纪初，又出现了替代脚轮式衣箱的抽屉式衣橱。这种衣橱通常在铺面房的店铺中加工制作（图表22），还出现了可兼作楼梯的阶梯式衣橱，并得到了广泛使用（图表23）。

在此时期，放于地面的室内照明器具开始普遍使用木或竹骨架的纸灯（图表24），还有从顶棚垂吊下来的照明器具，如垂钓式纸灯、使用蜡烛的提灯和纸罩烛灯（图表25）等，这些灯具的组合使用确保了夜晚生活照明。冬天的取暖器具使用火盆、暖炉式茶几（图表26）。厨房内有做饭用的灶台，盛水用的水罐。烹调方式与平座的起居样式相对应，是在放置于地板上的大型带支架案板上进行的。用餐时使用餐具盒似的分餐盒，用餐场景与现在有着很大的差别（图表27）。

6）明治时期以后的住宅与室内设计

明治时期以后，随着欧美文化的引入，住宅风格发生了很大变化。上层阶层的住宅在江户时代书院造的基础上，在日式建筑旁并排附设西式建筑，出现了日西合璧式住宅（图表28）。

西式建筑内的各个房间是通过固定墙壁来进行分隔的。由此，与当时利用推拉木门、障子纸门的开放式分隔形式不同，随着西式建筑的引入，带来了利用固定墙壁加以分隔的住宅形式。到了大正时期，利用固定墙壁的封闭式分隔形式逐渐扩展到中小规模的住宅中（图表29）。明治时期以后，这种封闭式分隔形式逐步发生了转变，三面固定的墙壁改为在房间的外墙部位设置门窗构件，在空间上形成了连贯使用的格局。可以说现代住宅中的房屋布局，是在传承日本开放性这一传统特征的基础上逐渐演变而来的。

另外，西式建筑的出现意味着座椅的起居方式的导入，这也推动了座椅式家具和新式室内设计的出现。新式室内设计指的是隐柱墙结构的室内设计。如果从建造方法来看，日本的建筑为露柱墙结构，欧美的建筑则为隐柱墙结构。柱子和墙壁在视觉上有明确划分的称为露柱墙结构，而看不到柱子好像是用墙壁来做支撑的则为隐柱墙

■图表25 纸罩烛灯（出自《市川三升元》）

■图表27 江户时代的用餐场景（出自《日本永代藏》）

■图表26 暖炉式茶几（出自《好色一代男》）

■图表30 露柱墙结构（上）与隐柱墙结构（下）

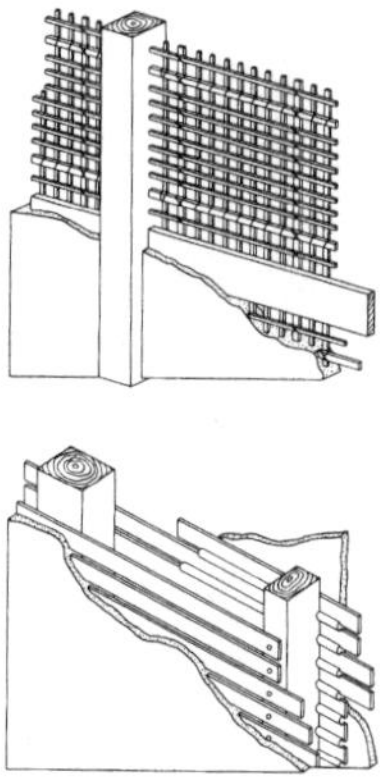

■图表29 大正时期的房间分隔

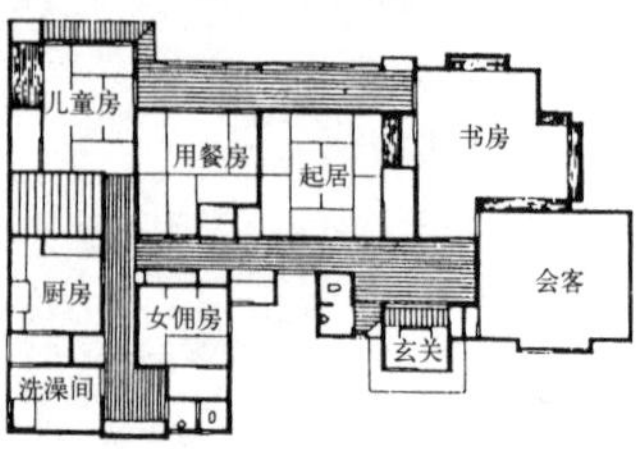

■图表28 日西合璧式住宅的外观及平面图

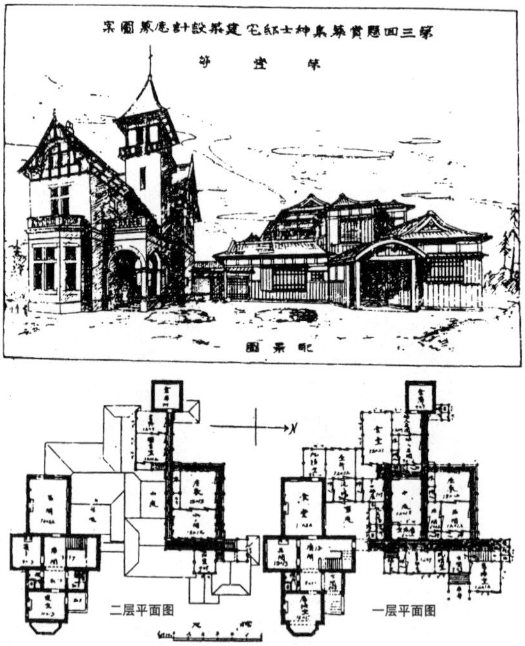

■图表31 露柱墙结构的室内

■图表32 隐柱墙结构的室内

结构（图表 30）。这种区别也反映在室内设计要素的差异上，露柱墙结构的墙面是通过像柱子、横木板条、门窗上档这一类的水平构件和垂直构件来表现，所以各个构件本身就是室内设计的基本要素，与协调搭配相比更重视材料的质感和面层装修（图表 31）。与此相对应，隐柱墙结构整面墙体无装修，所以必须通过增加新的元素来营造室内设计效果（图表 32）。此外，欧美的建筑是椅座方式，各个房间会根据功能布置不同式样的家具。总而言之，这种以家具为主的隐柱墙结构室内设计开始在日本出现。

其后，随着新的建筑风格的引进，新的室内设计风格也接踵而来。明治后期，欧洲新建筑运动思潮产生的新艺术运动风格的家具及室内设计引入到日本（图表 33），并随着时代的发展出现了分离派（secession）、赖特派（图表 34）、装饰艺术派（art deco）（图表 35）、国际主义的现代派（图表 36）等新的设计风格。

明治初期政府机构率先引入了座椅方式，其后小学校等也开始使用了椅子和桌子。明治中期开始，男士的工作服定格为西服后，传统的居住空间内逐渐增设了西服衣柜、椅子和桌子等家具。另外，明治后半期围在被称为“桌袱台”（日本人席地而坐就餐用的矮餐桌）的大型矮炕桌周围进餐的方式被推广开来，这种进餐方式同样也是受到西式建筑的影响而产生的。

到大正时期，上层阶层的住宅中出现了西式建筑内设置日式房间，形成了西式建筑内部日式房间的吸收型住宅，开始了和洋折中主义。这种和洋折中主义在室内设计方面也有体现，特别是在中小规模住宅中普遍采用以日式创意为基调的椅座式室内设计风格（图表 37），甚至也有尝试着将柱子、门窗上档等具有露柱墙结构特征的构件刻意外露的设计（图表 38）。这种有传统意识的现代设计提案，从昭和时期以后还在不断发展，竹子、藤等材料的新式家具（图表 39），以及降低座位高度以配合平座使用的家具制造生产等活动异常活跃（图表 40），至今仍在持续。

■图表 33 松本府邸（设计 / 辰野金吾，1910）

■图表 34 山邑府邸（设计 / 赖特、南信、远藤新，1924）

■图表 35 朝香宫邸（设计 / 权藤要吉，安利 · 拉班，1933）

■图表 36 土浦府邸（设计 / 土浦龟城，1935）

■图表 37 听竹居（设计 / 藤井厚二，1928）

■图表 39 竹制日式家具（型而工房竹制会客套装 A）

■图表 40 座位降低的椅子（听竹居）

■图表 38 吉田五十八的提案（1935）
左：传统的形式～右：简化的形式

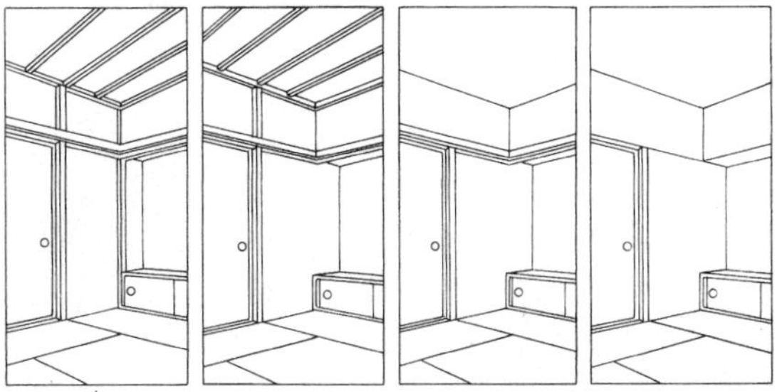

思考题

- 试归纳整理一下日本室内设计特点。
- 找出明治时期以后的西式建筑，试分析一下这些建筑的室内设计特点。

1．室内设计的历史——②

西欧室内设计的历史

学习目标：总揽古今西方室内设计的变革过程，理解各种风格的名称及其相互之间的关联性。

1）古代

与日本的木结构建筑相比，欧洲的部分地区也曾有过以木结构建筑为主流的时期，但相对而言西欧的建筑主要还是以砖石结构为主。日本建筑的结构特征是以柱子和梁做支撑，而西欧则是利用砖、石材等砌筑出来的墙体作支撑。在此之前，古代的西欧也曾有过以柱子和梁为支撑构件的木结构建筑，这可从古希腊神殿建筑周边竖立的独立柱、列柱中隐约看到古代木结构建筑的身影。

这种从木结构建筑向砖石结构的转变，显示了绝对强权的同时也追求着建筑的永久性，意味着从耐火性较差的木结构建筑向具有防火及抵抗风雨的永久性砖石结构的变革。像埃及、中东等沙漠地带，没有木材和大理石，而将身边取之不尽的沙石加工干燥成砖，出现了用砖堆砌建筑的结构做法。为保证干燥后的砖不受风雨侵蚀，发明了在其表面粘贴瓷砖、陶瓦的技法。这种利用室外砖石材料包裹建筑的技法推动了室内设计装饰手法的发展。

这些砖石结构的建筑主要采用的是座椅式生活方式，椅子代表了权力的象征，成为室内设计不可或缺的基本要素（图表 1）。

古希腊和古罗马时期，住宅大多都是砖结构，

■图表 1 古代的椅子（黄金的玉座）

■图表 2 庞培的室内设计

■图表 3 罗马的神殿建筑（麦埃逊 · 卡瑞伊，公元前 19 前后）

■图表 4 多立克柱式

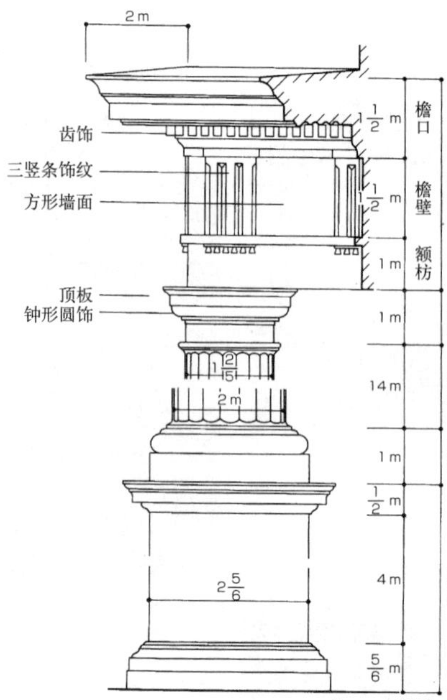

注：m 为模数

砖表面涂刷灰浆。从庞培遗迹中能够看到上层阶层的建筑内部，灰浆墙壁上装饰有壁画，地面是各种式样的马赛克，室内及中庭等空间摆设了写实派雕塑，家具的装饰大多也较复杂（图表2）。古希腊神殿建筑四周采用列柱回廊式形制，古罗马建筑则以柱子上的装饰作为建筑语言（图表3）。为此，柱式即柱子、柱头以及梁的布置方式和它们之间的比例均衡关系，成为建筑室内设计的重要因素而被广泛使用（图表4、5）。

2）中世纪

罗马式建筑多见于教堂中，这种石造建筑的特征是通过敦实的墙壁、圆柱、半圆拱表现出一种厚重感（图表6）。与古罗马装饰华丽的建筑风格不同，它极为质朴，家具也很简单朴素。哥特式建筑出现后，教堂的风格开始发生很大变化。尖拱、扇形肋拱顶、飞扶壁等新的构造技术的出现，使建筑拥有更为合理的结构形式，从而得以建造出屋顶高耸的建筑。由于采用了新的结构形式，原本教堂厚重敦实的墙壁被大大的门窗开口所替代。而且在大大的门窗开口处镶嵌上彩色玻璃。这标志着彩色玻璃开始作为室内设计元素被运用。其后，出现了在这种哥特式建筑的结构骨架上进行装饰的新形式，彩色玻璃也变得更加绚丽，室内设计风格开始趋于华贵（图表7）。这个时期家具的装饰风格大多与建筑的意匠相协调，采用拱形或将布折叠成弧形的布艺装饰手法，各种独具匠心的作品相继出现（图表8）。此外，家具的制造技术也在提高，用橡木制成薄板并镶嵌在门框架上的技术得到普及，较大型家具的制作加工也可轻松完成。同时家具种类也在发展变化，碗柜、架子床（四柱床）就在这个时期出现，而弗兰德斯地区毛纺织产业的繁荣又使毛织品成为室内装饰材料之一（图表9、10）。

■图表5 罗马时期的五种柱式

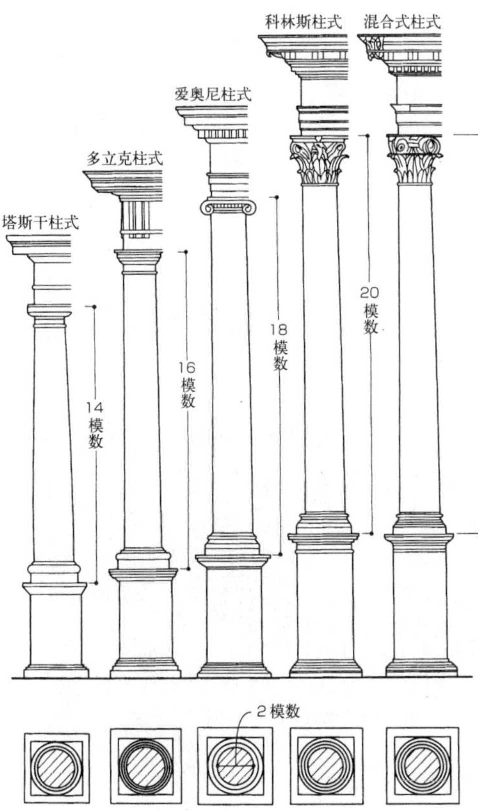

■图表6 罗马式教堂（韦钮里的圣堂，1005年前后）

■图表7 哥特式教堂（阿米安的大圣堂，1264）

■图表8 布艺装饰

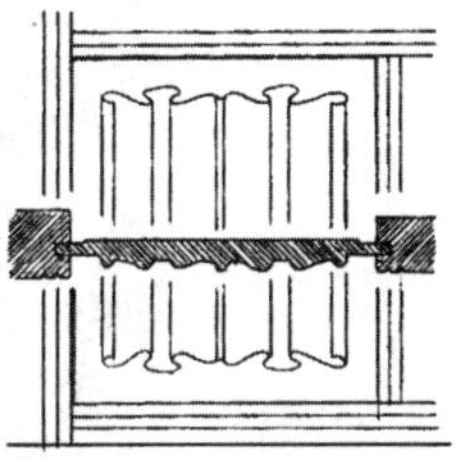

■图表9 哥特式家具

■图表10 哥特式家具的五金配件

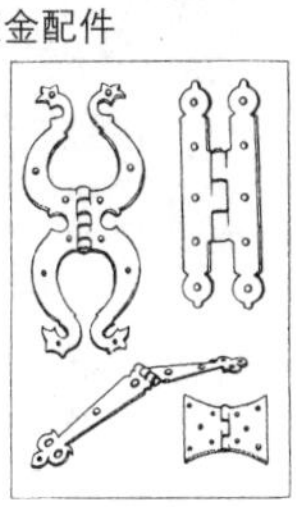

3）近代

文艺复兴时期，因推崇古罗马华丽风格的复兴，于是便出现了将古罗马建筑中的柱、柱头、梁等柱式作为重要的设计手法的文艺复兴式建筑。其中，宫殿建筑的室内设计采用大理石地面、镶嵌板条的墙壁、描有绘画的顶棚及墙面等，呈现出极为华贵的特征。家具的设计与建筑同样反映了回归古典的表现形式。

英国导入文艺复兴风格比较晚，其风格主要以哥特式为基调，是从半木结构（half timber 或露木结构）的都铎式建筑风格发展而来。家具流行以橡木材质制成的哥特式拱架、摺巾形雕饰墙板为主题理念。这期间，还出现了受文艺复兴风格影响很深、装饰性较强的伊丽莎白风格（图表11）。这种都铎式风格在其后 19 世纪哥特复兴运动中曾再度兴起和吹捧。

到 17 世纪，出现了更为华贵、装饰性极强的室内设计风格即巴洛克建筑。这一时期的风格也被称为法国路易十四风格，英国称其为詹姆斯一世风格、威廉 & 玛丽风格（图表 12）。意大利建筑师也是雕刻家、巴洛克风格的代表人物济安 · 劳伦佐 · 贝尼尼（Gian Lorenzo Bernini）在梵蒂冈的圣彼得大教堂祭坛上方设计了铜质华盖。金光闪烁的外形、支撑华盖的富有动感的 4 根螺旋状柱子也引入到家具支柱的设计中，成为巴洛克室内设计特征之一（图表 13、14）。另外，像凡尔赛宫的镜廊设计代表的那样，当时意大利的玻璃技术得到推广，大面积的窗户和镜子在这里得到了大胆的尝试和运用（图表 15）。从这一时期起，盛行

■图表 11 伊丽莎白风格的家具

■图表 12 詹姆斯一世风格的家具

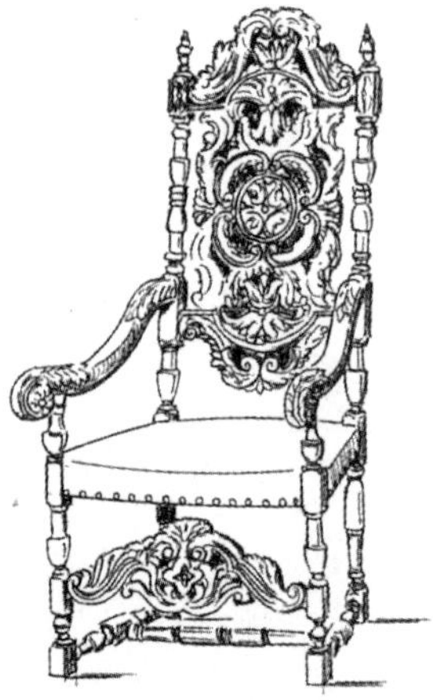

■图表 13 圣彼得大教堂的华盖（设计 / 贝尼尼，1633）

■图表 14 巴洛克风格的壁炉

■图表 15 凡尔赛宫的镜廊（设计 / 孟沙尔 & 勒勃兰，1684）

在墙壁上使用木制嵌板、壁纸，棚顶采用灰浆抹灰的施工工艺。

进入18世纪，巴洛克的装饰性被进一步发扬，出现了洛可可风格。这一时期的风格法国称其为摄政式风格、路易十五风格，英国称为安妮女皇风格、乔治亚风格。它是一种精细、轻巧且装饰性丰富的女性设计风格，家具的设计风格偏好类似猫腿那样的曲线，也掺杂了一些中国艺术风格。另外，路易十五风格的室内设计中，墙体中的柱梁等建筑基本要素开始被隐藏起来（图表16、17）。

18世纪后期为新古典主义时期。法国称作路易十六风格、英国称为乔治亚风格。当时以庞培的考古发现为契机，对古典风格的关注再次高涨，家具的曲线消失，再次向直线型设计转移，古典庄重的室内设计风格重新复苏。路易十六风格的家具喜欢在有凹槽的圆柱上绘制图案，底端为极细的爪腿(图表18)。在英国，罗伯特 · 亚当(Robert Adam）等人利用古代风格中粉刷工艺的浅浮雕装饰手法去除了过多的装饰，讲究家具中使用椴木、红木等进口材料，形成均匀整齐、对称布局的亚当风格（图表19)。

18世纪末到19世纪，随着平民化的转型开始掀起产业革命，在推进批量化生产方式的同时，建筑风格也在古典主义的推动下追求哥特式复兴的复古运动。在这一背景下，法国形成具有厚重感的帝政式风格，英国受此影响产生了摄政式风格。室内设计领域也向维多利亚风格发展而来。另外，美国也在尝试着各种各样的风格，运用自己独有的材料设计制造出合理的夏克尔风格家具（图表20)。

■图表16 洛可可风格的室内设计

■图表17 路易十五风格的家具

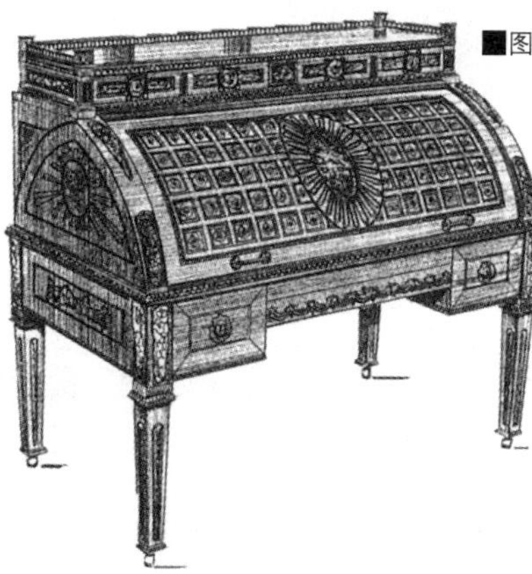

■图表18 路易十六风格的家具

■图表19 亚当风格的室内设计

■图表20 夏克尔风格的家具

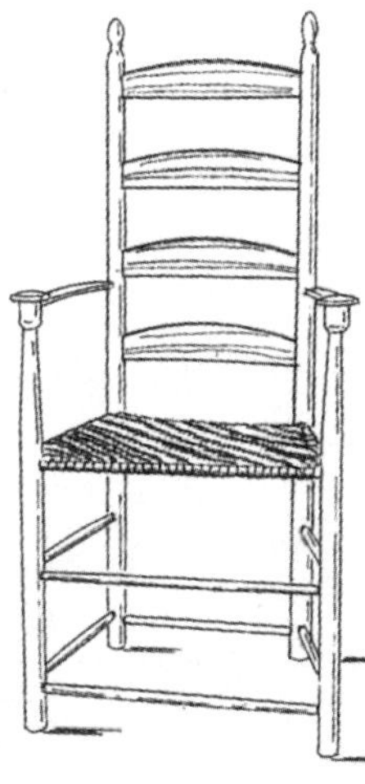

4）近现代

进入 19 世纪后，铁、玻璃、混凝土等新材料的批量化生产推动了建筑低成本发展，在此背景下开始追求一种近代独有的建筑思潮。工厂生产的家具开始登场，但因质量不佳，上层阶层使用古典家具的思想依旧占据主流，因此新式家具不太容易出现。为此，威廉 · 莫里斯主张重新认识手工业，并开始致力于生产设计源于生活的家具、壁纸（图表 21）。他的这一运动扩展到工艺美术运动，后来发展成为 19 世纪末 20 世纪初出现的新艺术运动的基础。新艺术运动是以曲线作为图式语言开展设计，将拱门曲线化并应用于建筑的楼梯、扶手甚至阳台等部位（图表 22）。家具中像吉马尔以及高迪（Gaudi i Cornet，Antonio）等人设计出富有个性造型的曲木桌椅（图表 23）。但是，这种作品并不适用于批量生产，而是与工业化革命的社会背景相逆行的产品，因此未能长存。

同一时期，麦金托什（MacKintosh）在格拉斯哥市（Glasgow）开展了以直线为主的形式构图设计（图表 24），之后这种崭新的设计手法传到维也纳，影响了分离派运动。分离派风格是以直线为主的设计，它是批量化大生产的产物，与近代完全吻合，因此成为现代主义设计的发展雏形之一（图表 25）。

从此，在各地追求新式建筑的近代建筑运动蓬勃发展起来。德国设立了德国工作同盟，其成员之一的彼得 · 贝伦斯亲自动手设计了 AEG 电器公司的家电产品（图表 26），适应新型生产体系的设计思潮就此蠢蠢欲动。1919 年，包豪斯在德国建校，实施了以近代造型理论为基础的新的设计教育体系。1925 年，包豪斯迁至德绍，格罗皮乌斯设计了公认是国际现代建筑代表的新校舍，并在这里发展了设计教育。马歇 · 拉尤斯 · 布劳耶(Marcel Lajos Breuer）设计的有效发挥钢材特性的瓦西里椅，就是这种教育背景下的产物（图表 27）。

■图表 21 莫里斯商会的壁纸“葡萄树”（莫里斯，1873）

■图表 22 新艺术运动风格的室内设计（自宅、设计／维克多 · 霍塔，1898）

■图表 23 高迪的椅子（1907）

■图表 26 贝伦斯的台式风扇（1908）及直流交流用弧光灯（1907）

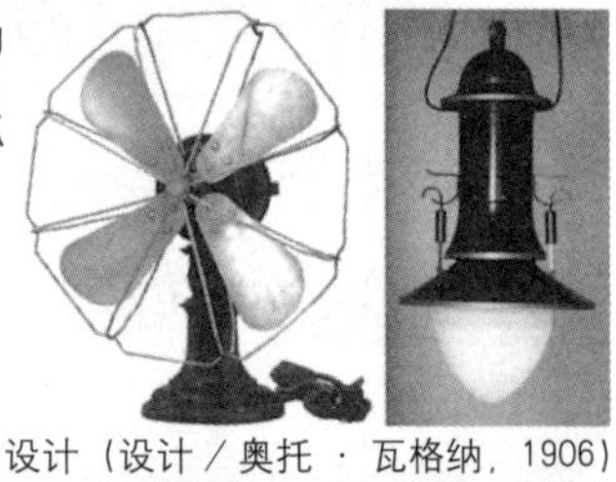

■图表 24 希尔住宅的室内设计（设计／麦金托什，1904）

■图表 25 邮政储蓄银行的室内设计（设计／奥托 · 瓦格纳，1906）

在荷兰，1917 年组织了风格派团队，成员之一的家具匠人里特维尔德（Rietveld）将新时代感觉融入到家具中，设计了红、蓝原色及具有几何学特征的形式构图式椅子——红蓝椅(1918 年)(图表 28)。1924 年他把这种理念进一步推广并应用到他设计的什罗德住宅中，展现出新的室内设计特色（图表 29)。勒 · 柯布西耶将各个国家的诸多流派加以综合并升华到建筑风格上。具有代表性的 "新建筑的五个特色" 早已闻名遐迩。柯布西耶自己依据这五个特色设计了建筑，在 1927 年德国工作同盟主办的住宅展中应邀展示了他的这一实际作品。另外，他的代表作——萨伏伊别墅（1931 年）是以无装饰的白色为基调，运用简洁明快的几何学形态设计的建筑。而且室内设计也同样新颖、别致，厨房的碗柜、操作台使用了新式铝合金材料，是他重视合理性及功能性设计原则的完美体现（图表 30、31)。

在美国，以芝加哥为中心，弗兰克 · 劳埃德 · 赖特开始了强调水平线的草原风格的独特设计，他特别使用内置家具来强调建筑与家具的整体性。赖特的设计随着时代的发展而在变化。他的实际作品分为 1920 年之前和 1936 之后两个阶段，在 1920 年至 1936 年之间有短暂空缺，前期的设计是在直线中掺入复杂的装饰元素为主，后期则是弱化装饰强调功能主义（图表 32)。

此外，对于高层建筑来说，1925 年使用金属、木材、玻璃、墙砖等多种材料，几何式设计风格的现代装饰运动开始定格，并在纽约、芝加哥等摩天大楼中被采用，成为当今城市建筑及室内设计的基础。密斯 · 凡 · 德 · 罗尝试了以玻璃及铁为主的建筑设计，提出了四周粘贴玻璃的室内设计艺术。在这些发展中，现代建筑及室内设计的雏形逐渐显现出来（图表 33)。

■图表 27 瓦西里椅（设计／布劳耶，1925）

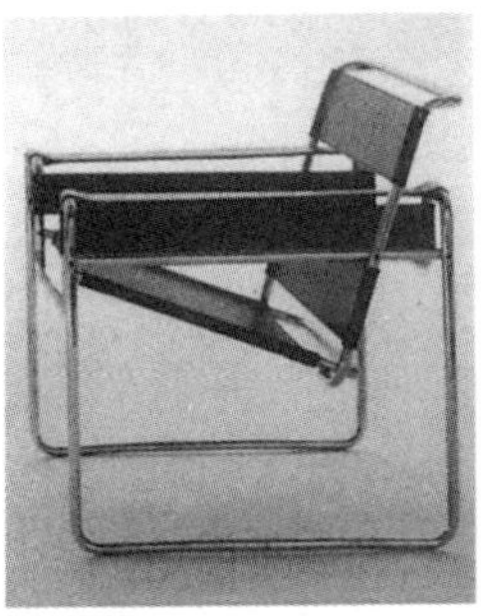

■图表 28 红蓝椅（设计／里特维尔德，1918）

■图表 29 什罗德住宅的室内设计（设计／里特维尔德，1924）

■图表 30 萨伏伊别墅厨房的室内设计（设计／柯布西耶，1931）

■图表 31 萨伏伊别墅客厅的室内设计（设计／柯布西耶，1931）

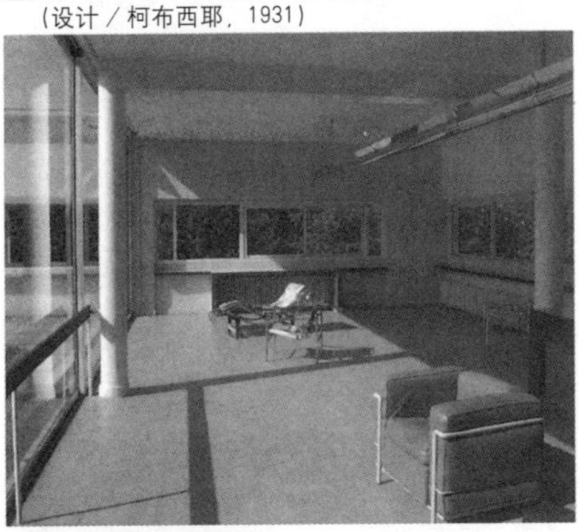

■图表 32 约翰逊制蜡公司总部的室内设计（设计／赖特，1939）

■图表 33 巴塞罗那博览会德国馆的室内设计（设计／密斯，1929）

思考题

- 比较一下西方的室内设计与日本的传统室内设计，并归纳出它们的特征。
- 列举一下著名建筑师的椅子并归纳其特征。

2. 室内设计与人居生活——①

家庭及其变化

学习目标：在了解家庭类型的基本知识和思想的基础上，分析现代日本家庭的现状及所面临的课题。

1）家庭的类型及其变化

家庭是以夫妻配偶关系、子女兄弟等血缘关系结成的以亲属关系为基础的小集团，是构成社会的基本单位。特别是由“夫妻与子女”构成的家庭，在家庭最小单位这一层面上称作“核心家庭”。由两个以上核心家庭组合而成的称为“联合家庭”，以核心家庭及夫妇中任何一方的双亲构成的家庭称为“主干家庭”。在日本“主干家庭”居多，但近现代，随着城市化的发展，家庭规模开始变小，呈现出向核心家庭化的发展趋势。近几年“仅有夫妇”的丁克家庭、独身家庭占总家庭数的一半，“单亲家庭”以及“其他家庭”也在增多，家庭结构正在向多样化发展（图表1）。“夫妇与子女”的核心家庭已不再是家庭结构的典型类型了（图表2）。

2）生命周期与生命阶段

生命周期（life cycle）关注的是生命体从出生到死亡的整个生命历程中的反复现象。人的一生可分为婴儿期、幼儿期、学龄儿童期、青年期、中年期、老年期等几个成长阶段。家庭单位中也有成长阶段，根据大多数家庭相似的经历过程又产生出家庭生命周期（family cycle）这一概念。家庭生命周期各个阶段（life stage）从子女的年龄、典礼仪式等方面考虑，一般分为新婚期、育儿期、教育期、子女独立期、衰老期。从近代到现代，日本女性的生命周期发生着巨大变化（图表3）。另外，由于离婚、再婚的增加以及结婚、生子年龄的多样化，打破了以往家庭在同一周期上发展的规律，近年来家庭生命周期中的各个阶段也不再是按时间序列上的某个成长阶段发展，而体现的是生命

■图表1 一般家庭的发展

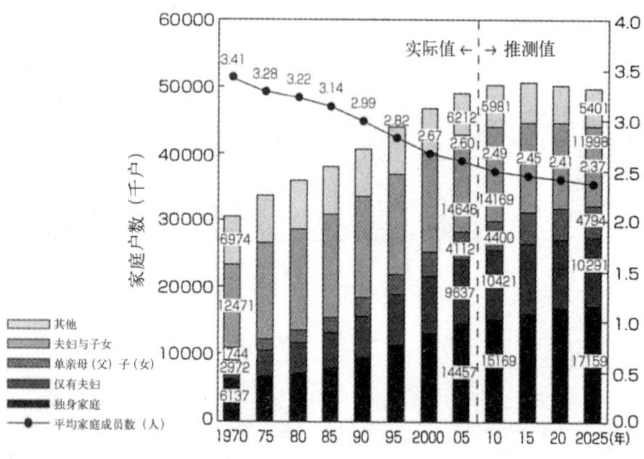

■图表2 单身家庭年龄构成的发展

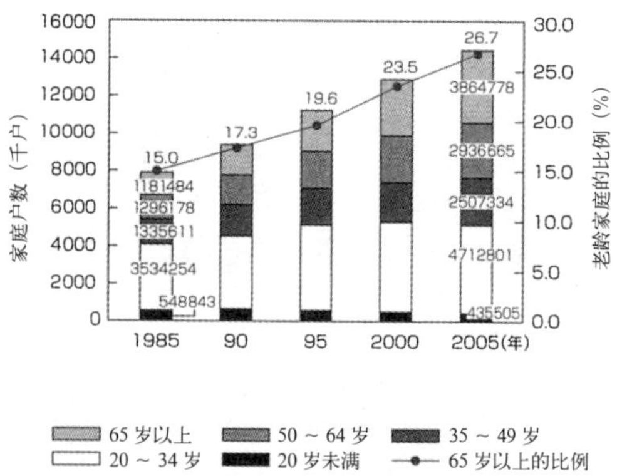

■图表3 生命周期模型的变化

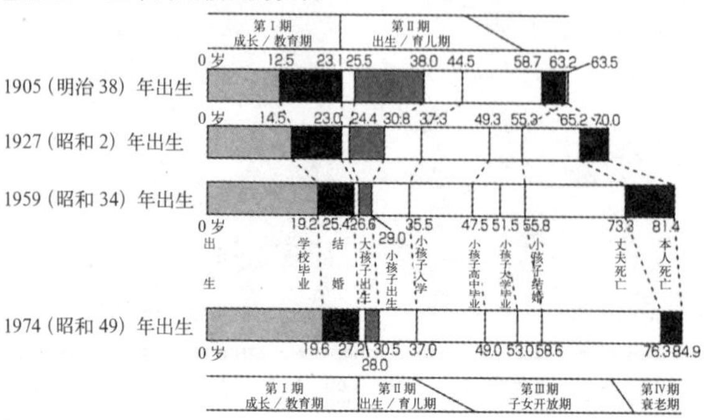

（注）本模型中出生年份的设定是从1928年、1950年、1984年、2001年的平均初婚年龄开始反推算而来。学校毕业后初婚年龄的人按照实际升学年份的升学率计算。此外生命阶段为结婚时的平均值。

■图表4 生命结构的思考方法

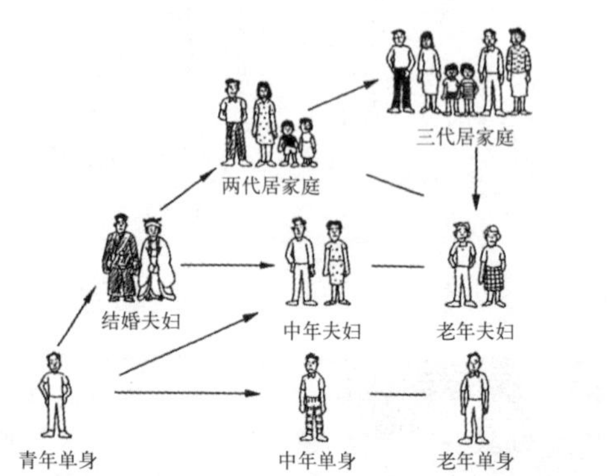

历程中个性较强的一段时期而已（图表 4）。

3）长寿化与老龄社会

显示人口老龄化的主要指标是老龄人口比例（总人口中 65 岁以上人口所占比例）。联合国认定，超过 7% 为老龄化社会，超过 14% 为老龄社会。

日本的老龄人口比例，1970 年为 7%，1994 年则超过了 14%，已经向老龄社会发展。日本老龄化特征与欧美各国相比，发展迅速并达到了世界少有的高水准，2014 年预测老龄人口比例会超过 25%（图表 5）。据 2005 年总务省统计，65 岁以上老龄人口为 2576 万人（包括年龄不详人口），老龄人口比例为 20.2%，为历史最高。预计 2055 年老龄人口为 3646 万人，老龄人口比例将达到 40.5%（图表 6）。

另外，老龄者中独身生活的比例，2005 年的推测值为男性 9.1%，女性 19.7%。老龄者的独身生活也成为居住设计所面临的重要课题。

4）出生率下降与少子社会

少子化是指特殊出生率总和（1 位女性一生中生育子女的数量）在人口替换标准（保持人口长期稳定的特殊出生率总和）上发生长期下滑现象。日本政府将〝特殊出生率总和的人口替换标准下降，也就是儿童的数量比老龄人口（65 岁以上人口）减少的社会〞定义为〝少子社会〞。据推测，日本的人口替换水准为 2.08。1974 年特殊出生率总和比例为 2.05 以下，比标准低，1997 年为少子社会。另外，日本的总人口数在 2005 年发生战后首次减少的现象（图表 7）。

少子化的主要原因是高龄生育现象增多，女性平均一个人在一生中生育子女的数量减少，而高龄生育发展的另一个原因是女性就职机会提高而使生活样式发生了变化，结婚、育儿等在人生中的优先顺序被延后，从而导致晚婚现象增多（图表 8）。

■图表 5 世界老龄化比例的发展

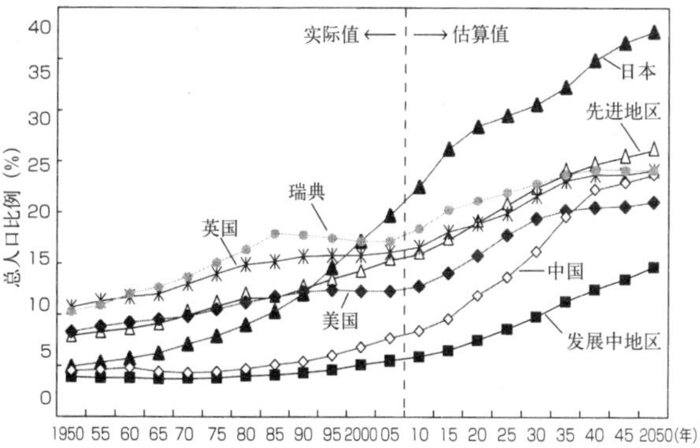

■图表 7 出生数与合计特殊出生率的发展

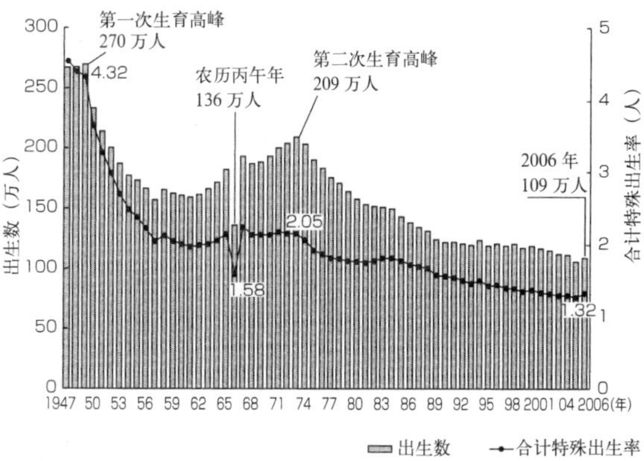

■图表 6 男女不同年龄层人口的变化

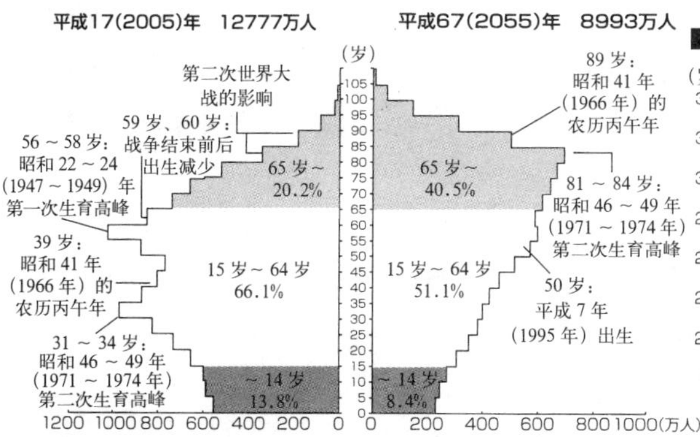

■图表 8 平均初婚年龄与孕产年龄

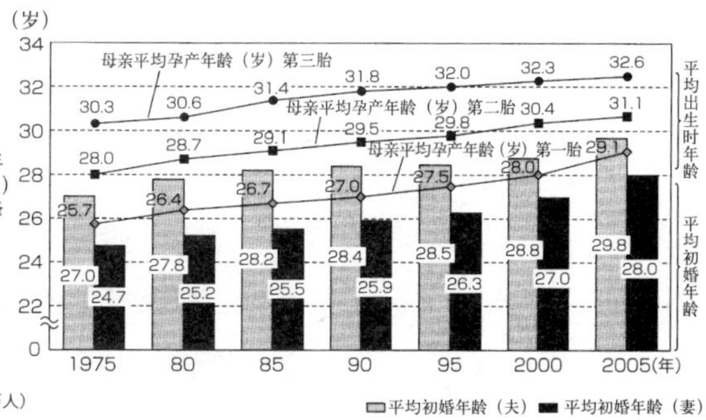

思考题

- 试比较一下自己与双亲、祖父母家庭的家庭结构。
- 试想一下 10 年后自己的家庭结构。

2. 室内设计与人居生活——②

生活方式及其变化

学习目标：通过了解生活时间与消费财产等生活指标的使用情况，明确日本生活环境的现状及其面临的课题。

1）生活时间的变化

生活时间是从时间的角度对人类活动的定义，从每个生活行为发生的时间量上可以把握到生活的某个侧面。总务厅及 NHK 定期对日本人的生活时间进行过调查，通过观察时间量的变化来捕捉生活方式的变化（图表 1）。

❶ 就业时间的减少与就业形态的变化

男性到 1986 年为止、女性到 1981 年为止，有偿劳动时间均呈上升趋势，但其后男、女均为下降趋势。其原因是受到 1988 年修改的《劳动标准法》及推广计时劳动的影响（图表 2）。日本曾经一度施行过终生雇佣制度，但近几年，委派员工、合约员工等雇佣方式发生了多种变化，SOHO 等新的职业形态也开始普及。2007 年开始，生育高峰时期出生的人进入退休期，预计劳动人口将呈减少趋势，而女性雇佣者数量在增加，同时工作责任制等新的就业形态备受关注（图表 3 ～ 5）。

❷ 女性就业与家务劳动

与国外相比，日本家务劳动由女性承担的传统观念根深蒂固（图表 6）。但是女性家务劳动的时间却在减少（图表 7），其原因是家电产品普及

■图表 1 生活行为分类

睡觉	睡觉
用餐	用餐
身边琐事	洗脸，整装，化妆，梳头，整理头发，入浴
劳动	工作，事务，销售，站柜台，叫卖，配送，商谈，出差，农业，农活，林业工作，喂养家畜，出海捕鱼，业余工作，工作的准备
学习	学校，上课，预习，复习，学校的清扫
家务活	烹调，做饭的准备和收拾等，扫除，洗涤，缝纫，编织，帮助做家务活等琐事，照顾子女，照顾家庭，照顾病人，购物
外出	上下班，上学放学，购物，拜访等路途上的时间，外出，电车，公交车
交际	朋友交往，会见，出席活动，接待客人，访友探亲，参加婚庆葬礼，去工作场所，写信，拜访探望，参加教堂活动
休闲疗养	休息，闲逛，品茶，零食，吸烟，闲谈，家人团聚，疗养，接受诊疗
兴趣	电影，戏剧，看或者参加运动，插花，手工，音乐，参加西装缝纫学校，驾驶培训学校，去英语会话学校等，围棋，象棋，扑克牌，唱片，散步，跑步，侍弄庭院，养鸟，玩耍
新闻杂志	阅读新闻，杂志，书籍等
广播	收听广播
电视	看电视

■图表 2 有偿劳动时间的减少

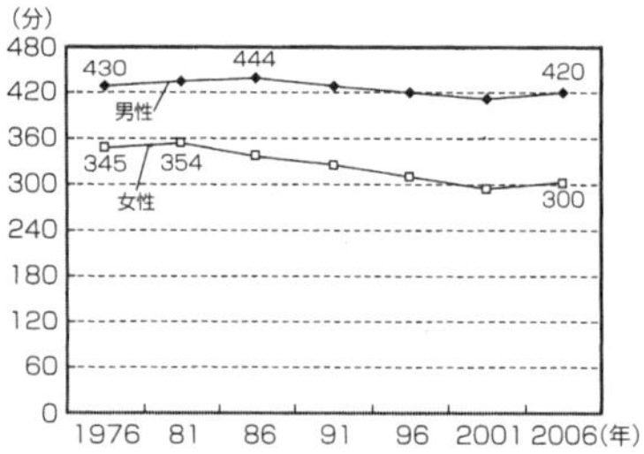

■图表 3 劳动力人口的发展减少

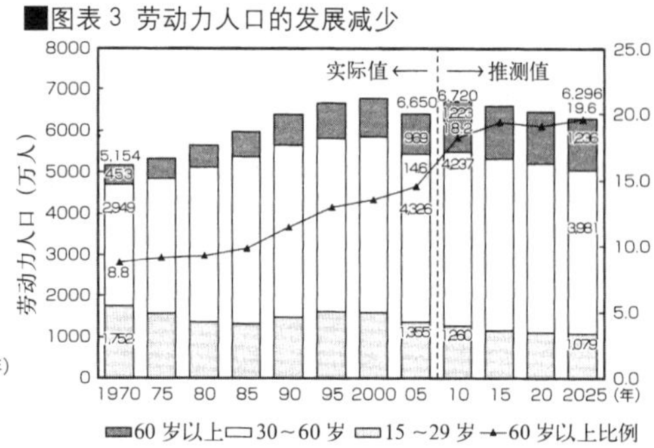

■图表 4 女性雇佣者的发展

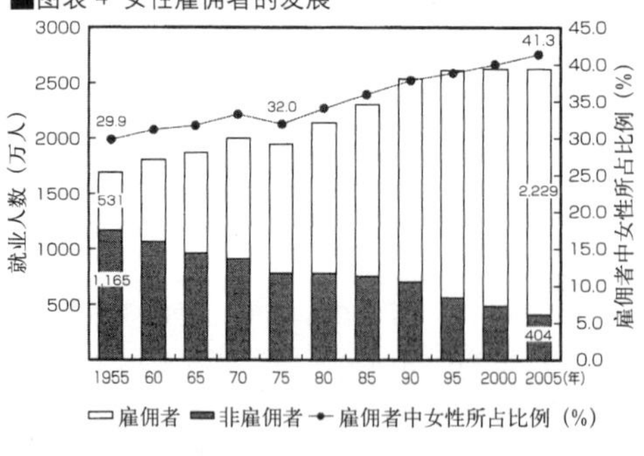

■图表 5 对工作责任制的关心度

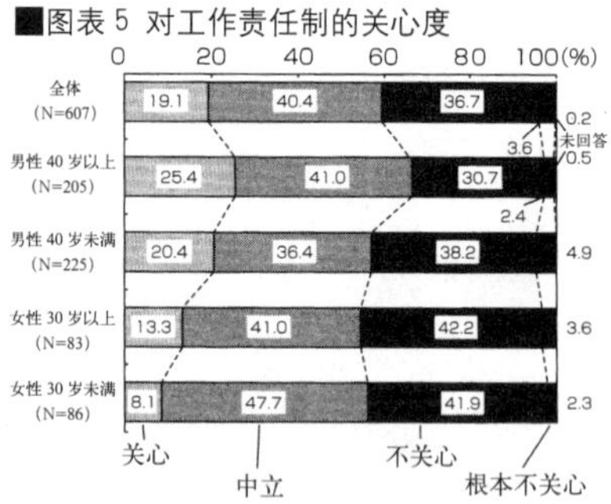

■图表 6 根据性别分担工作的意识（国内外比较）

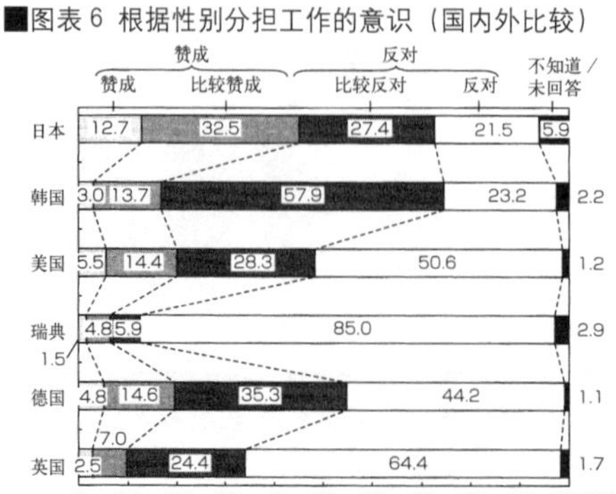

■图表 7 女性家务劳动时间的减少程度

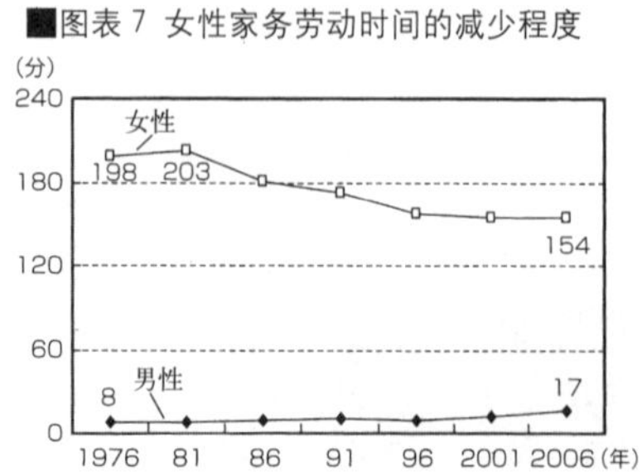

及推广家政服务减轻了家务劳动，而且少子化也缩短了育儿时间。

❸ 闲暇时间的增加

生活时间明显增加的行为内容有“疗养／休闲”、“身边琐事”、“兴趣／娱乐”、“通勤、上学放学之外的移动”、“运动”等（图表8）。移动包括旅行、外出时所需要的时间。身边琐事包括美容、修饰。增加较明显的行为方式是闲暇活动。“休闲／闲暇生活”在生活重点转移方面也呈现出较高的比例（图表9）。

2）生活环境的变化

❶ 耐用消费品的普及与起居样式的变化

生活方式中有关行为举止方面的内容称为起居样式。日本在榻榻米上端坐、或者盘腿坐的平座方式极为普遍，随着桌椅、床的普及率提高，现在转向椅座的生活方式（图表10）。

❷ 家庭电器设备的推广与信息社会

生活用品是经营生活的工具，但其拥有方式因家庭结构、住宅条件、生活水平、家庭及个人的价值观而多种多样，它是反映生活方式的要素之一。现代日本的耐用消费品中，家电产品的普及速度格外迅猛，特别是计算机和手机等通信设备发展迅速（图表11），网络和手机的普及改变了人际交往方式，增加了在家工作的可能性，这些都会影响到家庭的生活方式。

■图表8 有上升趋势的生活时间

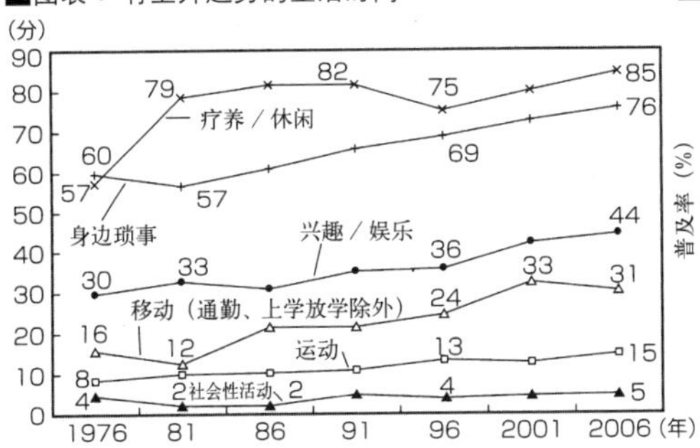

■图表9 生活重点的发展

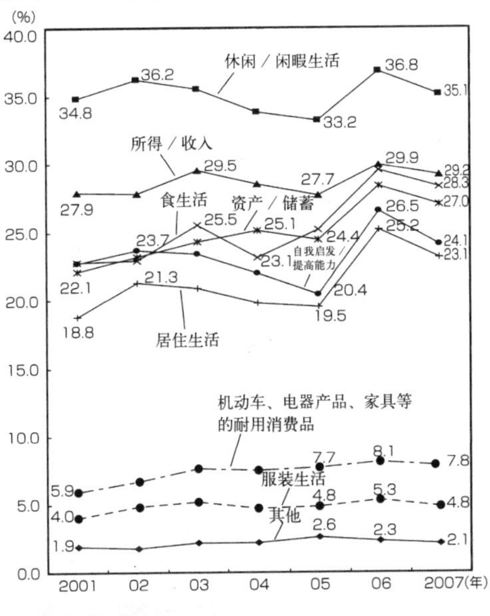

■图表10 西式家具的家庭普及率

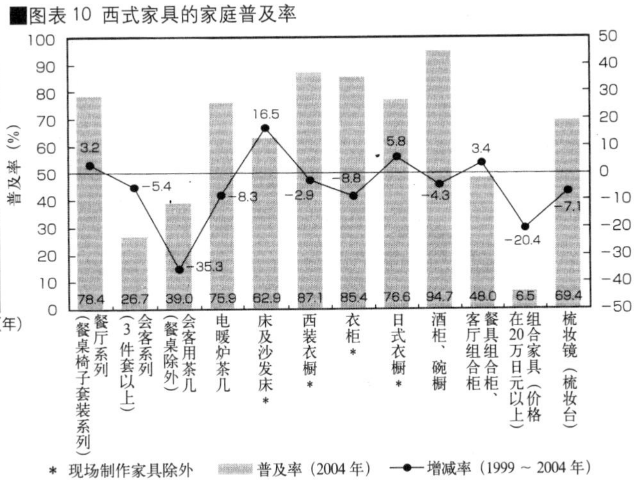

＊ 现场制作家具除外　普及率（2004年）　增减率（1999～2004年）

■图表11 家电产品的家庭普及率

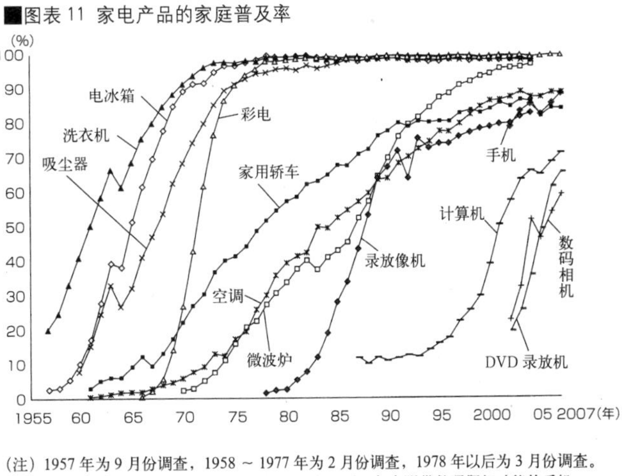

（注）1957年为9月份调查，1958～1977年为2月份调查，1978年以后为3月份调查。2005年开始调查内容变更。数码相机中2005年以后不包含附带数码照相功能的手机。

思考题

- 请记录一下一天的生活时间，考虑一下以周、月、年为单位反复进行的生活行为是什么？
- 调查一下家中各种物品的使用频率及保管场所。

3. 室内设计与人——①

人的视觉

学习目标：思考一下人用怎样的感觉来捕捉室内设计空间的整体氛围。本节的重点在理解视觉特性。

1）感觉的种类

感觉，从生理学角度有如图表 1 所示的分类。人通过综合运用这些感觉来理解外部世界，而感觉中最为发达的是视觉。在感知室内空间时，视觉发挥着极大的作用。但是，听觉、嗅觉、触觉、体感等视觉之外的感觉，也同样在感知室内空间氛围时发挥着重要作用。

2）视觉

❶ 人的视野范围

头固定后，两眼所能看到的范围，左右约 200°，上下约 130°（图表 2）。但是这个范围不是以相同的视力观察到的。视野中心稍偏离一点，视力就会迅速下降。视野周边部分的视力是中心视力的 1/40 左右。另外，在精细工作中，可注视范围仅有 1°。在这 1° 的视野范围内进行观察的部分称为中心视力（焦点视力），此视野范围以外观察到的称为周边视力（环境视力）（图表 3）。周边视力在知觉色彩及分析空间方面的能力较弱，但在昏暗场所及分析时间方面的能力较强（图表 4）。周边视力能敏锐地察觉到视觉对象的移动，对室内移动的物体有较强的知觉能力。

❷ 人的视线角度

如图表 5 所示，人的视线方向通常在水平线稍偏下，站立时约偏下 10°，坐在椅子上时约偏下 15°。展品等应在偏下 0° ~ 30° 的方向，VDT 作业的显示画面也是向下 20° 左右才能感觉比较自然。近几年，大型商业设施中的导向牌也往往根据俯视角度设置于地面上。

另外，由于站立时的视野是朝下的，所以也导致步行时会发生很多额头被突起物碰撞的事故。照明器具、嵌墙式橱柜等很容易成为视线与头部之间的突起物，因此在设置时要注意。

❸ 可视光域与视敏度

人能感觉到光的电磁波波长是 380 ~ 780nm（纳米）。这个范围称作可视光域。此范围之外的波长较短的紫外线和波长较长的红外线，眼睛是

■图表 1 感觉的种类

感觉的种类			刺激源	感觉器官	刺激到达距离	刺激到达方式
特殊感觉	远距离感觉	视觉	远处的山，夜空中的星星	眼睛	∞	直线
		听觉	狗的远处叫声，雷鸣	耳朵	数千米	包围
	近距离感觉	嗅觉	香味，木头的香味	鼻子	数米	
		皮肤感觉	房间的温度，皮肤温暖感	皮肤	0	
		味觉	甜味，辣味	舌头	0	
体感	运动感觉（深层感觉）		电车的加速度，物体的重量			
	平衡感觉（静态感觉）		床的倾斜			
	内脏感觉（生理感觉）		空腹，口渴，尿意，便意			

■图表 2 日本人双眼的视野

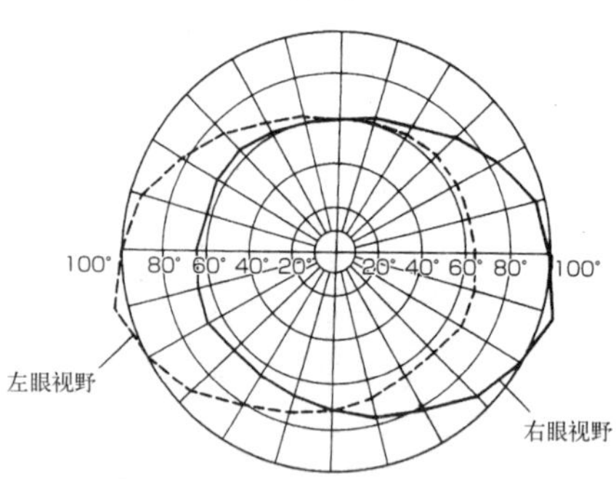

■图表 3 视野范围与性能

种类	距离视线中轴的范围
中心视力（焦点视力）	1° ~ 2°
周边视力（环境视力）	中心视力之外的视野范围
文字判断界限	5° ~ 10°
色彩辨别界限	30° ~ 60°

■图表 4 中心视力与周边视力的特征

种类	知觉范围	色彩的知觉	分辨空间能力	暗处视觉	分辨时间能力
中心视力	窄	优	强	不能	弱
周边视力	宽	差	迟钝	能	强

■图表 5 眼球的视野范围

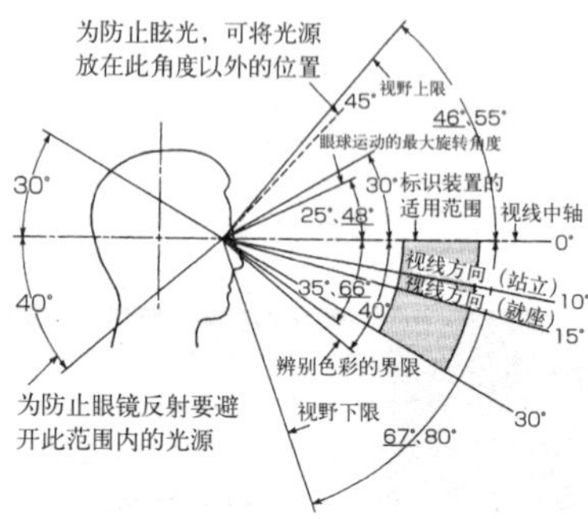

感知不到的（图表 6）。

眼睛在视网膜上分布的视细胞有视锥细胞和视杆细胞两种。视锥细胞存在于视网膜中央附近的中心凹上（图表 7），负责感应色彩和明亮度。而视杆细胞存在于视网膜的周边，虽然不能感知颜色，却能感知到视锥细胞无法感知到的弱光线。因此，明亮的室内感知以视锥细胞为主，灰暗的室内感知以视杆细胞为主，各自在发挥着不同作用。

另外，人的眼睛所能感知到的明亮度因波长而异，这称为视敏度。以最大值为 1 来表示其他波长所占的比例称为视敏度曲线（图表 8）。视敏度中，视锥细胞在 555nm（黄绿），视杆细胞在 507nm（绿）上的敏感度最高。因此，在明亮场所能看到的最亮颜色是黄绿色，在灰暗场所则偏向绿色。这种现象称为浦肯野现象。

❹ 明适应与暗适应

眼睛的视敏度根据周围明亮程度自动调整的现象称为适应。夜晚在卧室内突然点亮灯光时，从黑暗的状态逐渐适应明亮状态的适应过程称为明适应。反之，就像从明亮的室外突然进入电影院那样，从明亮状态转入黑暗状态的适应过程称为暗适应。与前者大约需要 1min 左右的适应相比，后者需要经过 30min 左右的时间。

明适应时视锥细胞在活动，暗适应时视杆细胞在活动。与明适应相比，暗适应的反应时间较长，这是因为两个视细胞的反应速度不同。视锥细胞反应较快，视敏度仅达到 10 倍左右。而视杆细胞反应缓慢，感视敏度能增至 1 万倍。能感知到“星光”程度的微弱亮度就是由于视杆细胞在感应度上的优势所带来的。

❺ 立体视（深度觉）

人的眼睛在视网膜上反映出来的外界事物是二维的。但人能以有纵深感的三维立体形式理解物体及空间。其原理可以从图表 9 所示的三个立体视的结构上得以理解。此外，如图表 10 所示，我们还可以从所看到的对象物体反映到视网膜上的图像上找到解答。

❻ 恒常视

例如，长方形桌子的台面从斜上方看，依据远近法在视网膜上一定呈现的是梯形或者菱形。但实际却感知到的是长方形。这是按照以往的经验、知识来判别出正确的形态。这种准确地知觉对象物特征的现象称为恒常视或恒常性。

■图表 6 可视光领域

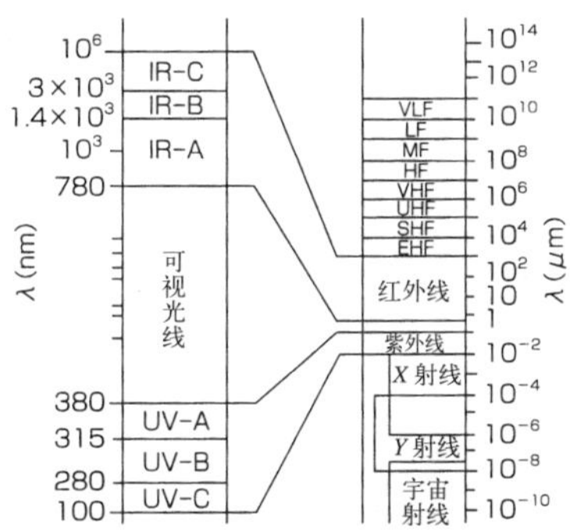

■图表 7 眼球的水平切面

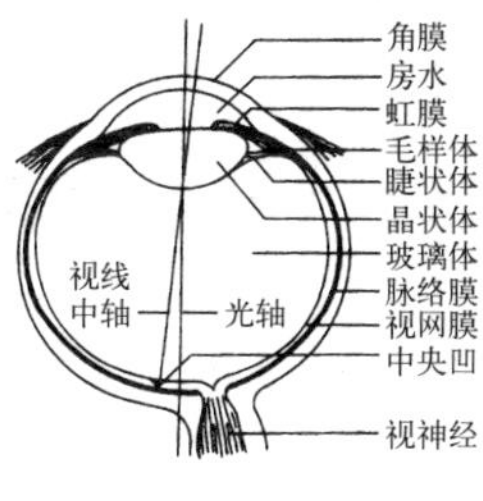

■图表 8 视敏度曲线

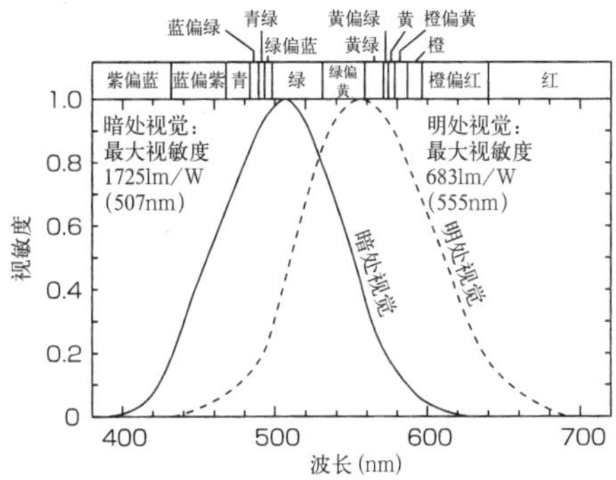

■图表 9 立体视的结构

两眼视差：观看某一对象物体时左右眼睛在视网膜上的成像是有误差的。这种误差产生了立体成像。

辐辏反射：依据对象物体的远近，左右眼睛的视线交角会有不同。此时眼睛旋转角度可以通过两眼球内直肌的反射性收缩来进行自我调节。

调节：根据对象物体的远近，眼球内水晶体的厚度会发生变化。此时，可通过调整晶状体厚度的睫状肌的松紧程度来感知远近。

■图表 10 产生纵深感的手法

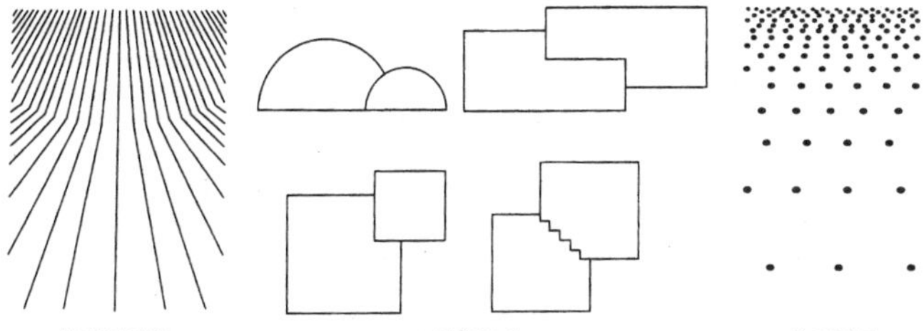

思考题

- 试着寻找一下在步行过程中有撞击头部危险的突起物及设计。
- 请列举一下能体验到明适应、暗适应的生活场景。

3. 室内设计与人——②

人的听觉、嗅觉、皮肤感觉

学习目标：列举视觉以外的感觉，如听觉、嗅觉、皮肤感觉，理解它们在感知室内空间设计时的作用。

1）听觉

❶ 声音的特性

声音的性质用响度、音高、音色这三种属性来表示（图表 1）。此外，还有表示声音主观嘈杂程度的指标即噪声标准。

响度是指音波能量的大小，人耳朵感知出来的是声音的大小。单位用 dB（分贝）表示。人的耳朵能听到 120dB 为止的声音。到 130dB 时耳朵就会有痛感，达到 150dB 时鼓膜就会破裂。

音高指音波在 1s 内震动的次数（频率），人耳朵感知出来的是声音的高低。单位是 Hz（赫兹）。频率大的声音为高音，频率小的声音为低音。大多数人能听到 20 ~ 10000Hz，其中也有能听到 20000Hz 的人。这种人能听到的频率范围称为可听音域。

音色指各种频率的声音混合后带来的感觉。同样高度的声音会因乐器的种类、音色而有所不同，这是因为声音中所含音高的成分不同所致。自然界通常是各种频率的声音混杂在一起的。音叉的声音则是由单一的频率组成，称为标准音。

听力在 20 岁左右时最优秀，其后随着年龄的增长而下降（图表 2）。

❷ 声音的负面影响

声音对个人而言，既有感觉舒服的，也有感觉不舒服的。从窗外传到室内的施工现场的敲击声、汽车的噪声、室内的空调声、上下楼梯及邻室的生活声音等都是不舒服的声音。

但是，何谓舒服何谓不舒服的声音是因人而异的，差别也很大。邻室传来的生活声音，在平时对于有交往和陌生不照面的这两种邻里关系而言，其舒服与否是有差别的。这导致人会因为相互之间的交往关系而在断定不舒适声音这一问题上产生分歧。即便是很小的声音，如果对个人而言认为是噪声，那么长时间持续就会逐渐变成压力。

❸ 声音的正面影响

另一方面，声音也具有营造室内空间氛围和现场感的效果。自然界中有反映时间和季节的声音，如夜莺的叫声，秋天虫子的鸣叫声、枯叶吹落的声音等。这些都会影响室内人的心情和情绪。

不靠自然界的声音，利用人工发出的声音也能起到缓解疲劳、转换心情的效果。例如，在工厂或商业空间中播放音乐。这种为提高工作效率、缓解疲劳而播放的音乐称为背景音乐。在医院、

■图表 1 声音的属性和指标

指标	单位	含义
响度	dB	音波的能量
音高	Hz	音波振动次数 / 秒
音色	—	各种频率（振动次数）复合后的感觉
噪声标准	dB	主观上感到声音嘈杂的指标

■图表 2 最小可听音域的年龄变化

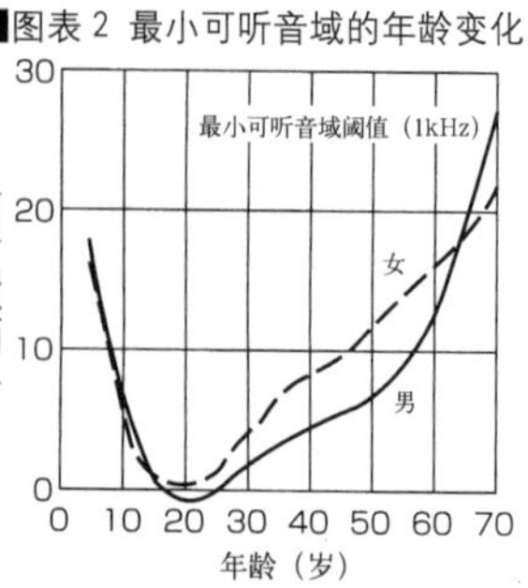

■图表 3 2 点辨别阈

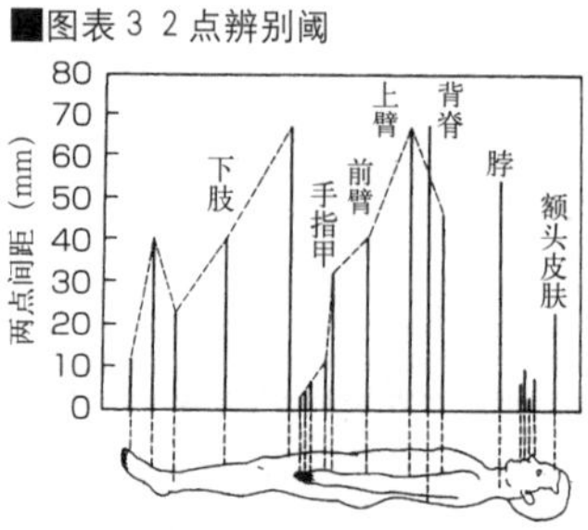

■图表 4 室内空间的特征及相对应的材料

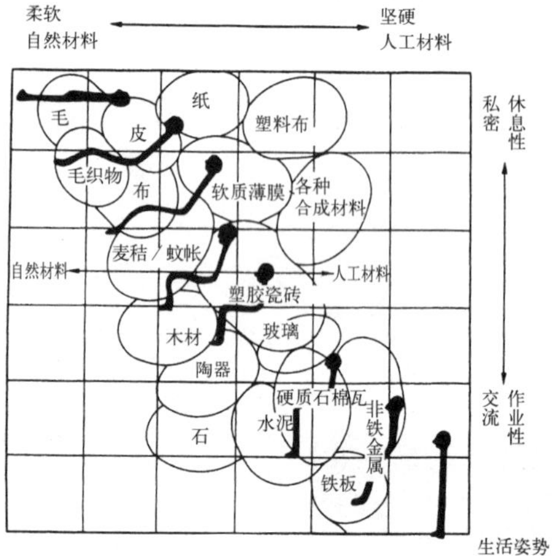

牙科医院中有很多使用背景音乐的，其作用在于放松病人的恐惧心理、缓解疼痛。在地铁出入口也有利用声音引导视障者，因此声音还可作为引导标识来使用。

2）嗅觉

❶ 嗅觉的特性

嗅觉在人的五感中也被称为原始感觉。从大脑的功能分布来看，捕捉嗅觉的部位和捕捉记忆的部位相邻分布着。以此这可断定味道与记忆有着很大的关系。在路上当感知到花的清香时，就会突然回忆起以往的经历，就是这个原理。

❷ 气味的利用

味道也有正面和负面的影响。垃圾、下水道有恶臭味。积极利用香水、芳香疗法等气味也可营建室内设计空间。

3）皮肤的感觉

❶ 皮肤感觉的特征

人的皮肤感觉由温觉、冷觉、痛觉、压觉、触觉组成。这些感觉细胞的分布密度及感觉度，因身体部位及年龄而有所不同。例如，图表 3 所示为 2 根针扎入皮肤时，能分辨出这 2 点感觉差异的最小距离。触觉中舌尖、嘴唇、指尖的部位最为敏感。

❷ 纹理（质感）的运用

室内设计材料的质感要靠视觉和皮肤感觉来判断。有时人们为了确定材料的真伪会用手去触摸。这种皮肤感觉是理解物体质感的重要感觉。除家具、器械设备外，地面、墙面、门窗等要素是人直接接触的构件。因此要充分分析这些构件的纹理、习惯感觉等因素。

❸ 室内设计空间与材料的关系

图表 4 是各种材料与生活状态之间的关系图。纵轴代表室内空间特性（休息状态或工作状态），横轴代表材料特性（自然材料或人工材料），从结果可以看到，休憩性较强的状态多利用自然材料，工作特性较强的状态多利用人工材料。

❹ 材料的皮肤感觉

材料所产生的皮肤感觉与冷暖感觉、软硬感觉、粗滑感觉有关。图表 5 表示这些感觉与各种材料之间的对应关系。通常，热传导率（热转移量）高的材料，肌肤触摸后会感到很冷。这是由于体温很快被传递到材料上的缘故。

■图表 5 材料的物理特性与心理特性的对应

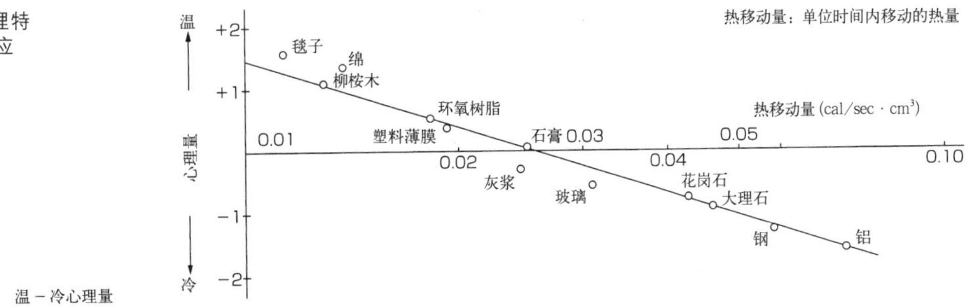

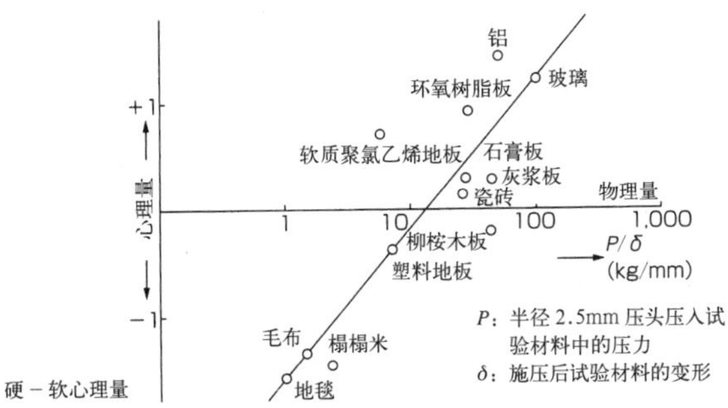

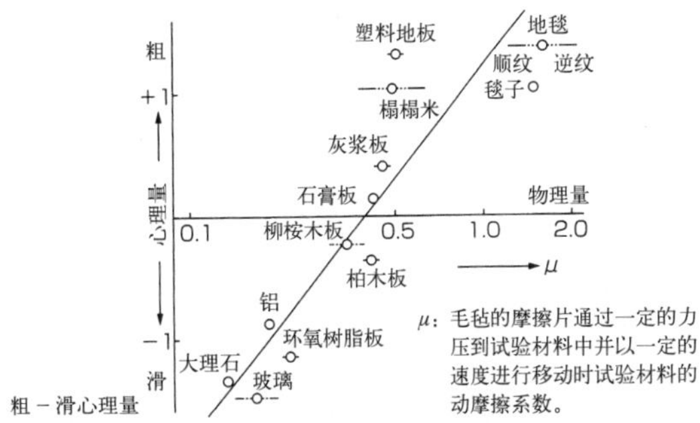

思考题

- 调查一下运用声音演绎室内空间效果的设计案例。
- 关于气味与记忆有关的论点中，通过自身的体验体味一下。

3．室内设计与人——③

人体的形态

学习目标：了解与人体的尺寸、比例、重量等有关的设计资料，掌握人体尺寸在设计应用中的注意事项。

1）人体尺寸

自古以来，通常把人体的各个部位作为长度和距离的测量单位来使用（图表 1）。建筑师勒·柯布西耶将人体以黄金分割比（$1:1.6\approx1:(1+\sqrt{5})/2$）进行分割后得出的数值体系定义为模数。他将这种模数（设计基本尺度）运用到建筑中，并作为设计比例协调建筑的基本工具（图表 2）。

2）人体尺寸在设计应用时的留意点及估算值

图表 3 是日本人的人体尺寸。人体尺寸根据

■图表 1 尺寸单位中使用的人体各部位

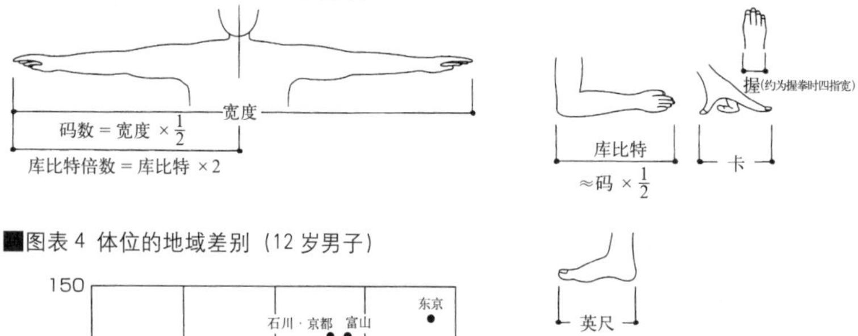

■图表 2 勒·柯布西耶的模数

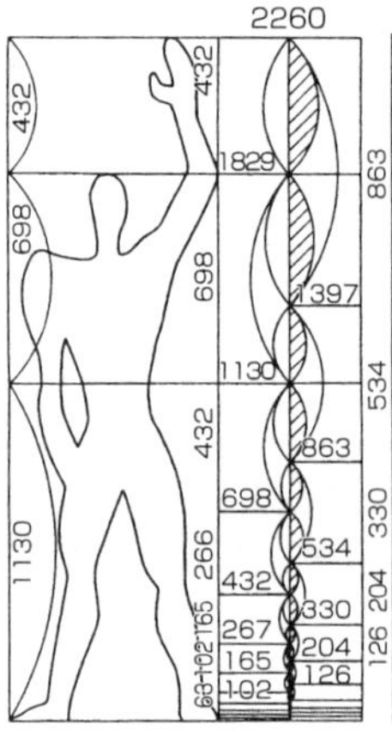

赤	青
6	
9	11
15	18
24	30
39	48
63	78
102	126
165	204
267	330
432	534
698	863
1130	1397
1829	2260
2959	3658
4788	5918
7747	9576
12535	15494

柯布西耶将足、肚脐、手举起时的指尖这 3 个点的高度与黄金分割比相比对，导出红色系列和蓝色系列的 2 组数列。

■图表 4 体位的地域差别（12 岁男子）

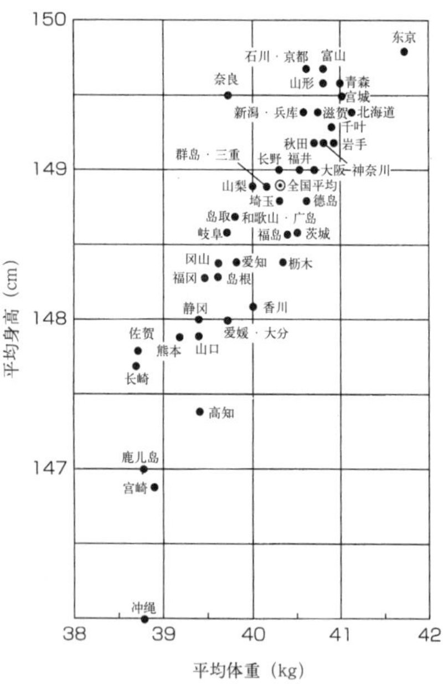

■图表 5 各个国家人体的身高和体重

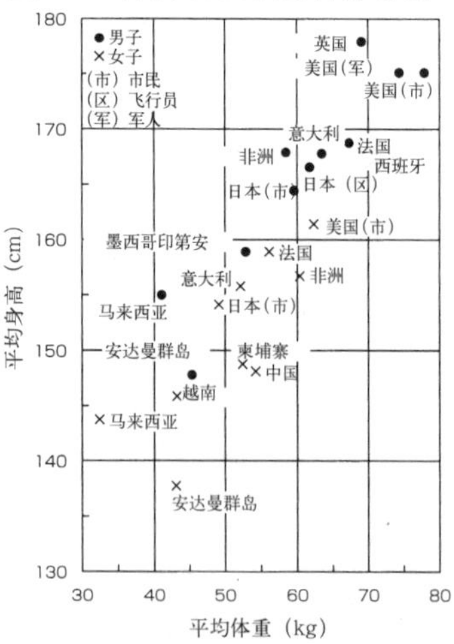

■图表 6 人体尺寸的估算值

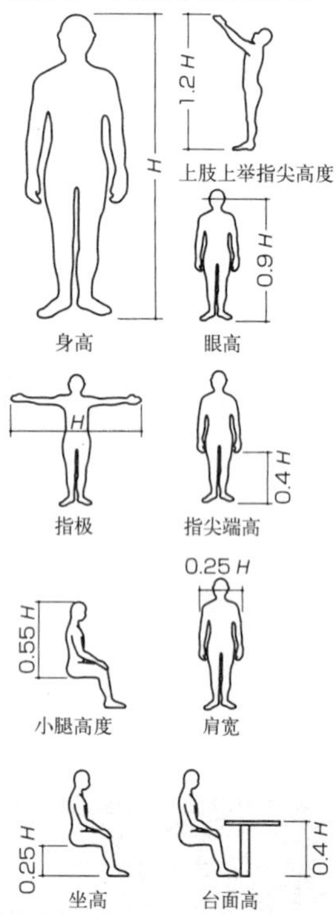

■图表 7 年龄与体型的变化

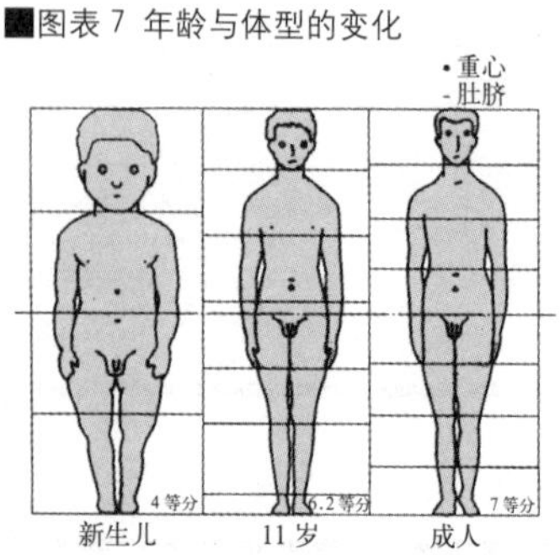

■图表 8 人体质量比（%）

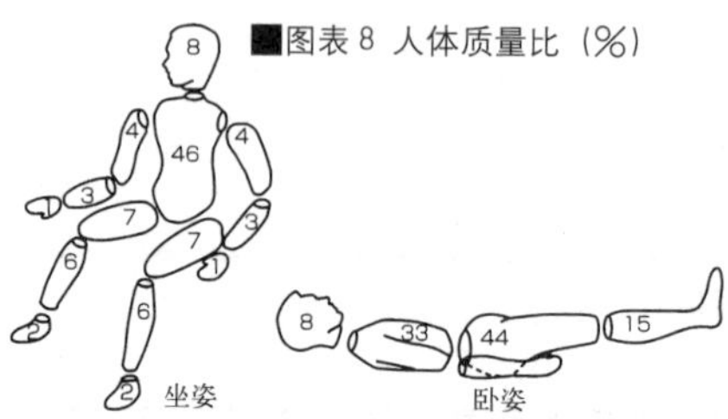

性别、年龄、职业、民族而有所不同。例如，从日本国内或世界的角度来看，身高和体重值有南方偏低、北方偏高的倾向（图表 4、5）。因此人体尺寸应用到实际设计中时，要结合使用者的属性来选择合适的参照值。另外，设计尺度要在人体尺寸的基础上进行适当的加减，以便能留出一定的宽裕尺寸。

从统计结果来看，身体各部位的长度与身高成正比，而宽度与体重成正比。因此可以从身高估算出其他部位的尺寸（图表 6）。

3）人体的重心和质量

人体重心的位置根据姿势和年龄会有所不同，成人站立时重心大约在身高的 54% ~ 58%。此位置大概在人体中央稍偏上的部位，相当于肚脐下边的位置（图表 7）。另外，男子的重心位置比女子高。

人体各部位的重量有相对体重的比例换算值（图表 8）。此数值应用于支撑身体类家具强度计算上。

■图表 3　日本人的人体测算值（1992～1994 年）

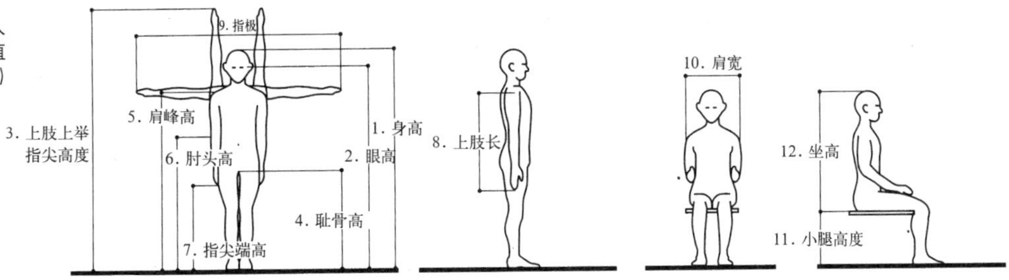

σ :标准偏差（mm）

部位	年龄（岁）	7	8	9	10	11	12	13	14	15	16	17	18	19	20~24	25~29	30~39	40~49	50~59	60~69	70~79	80~99
1. 身高	男	1193	1246	1303	1358	1406	1473	1552	1610	1656	1687	1691	1693	1702	1705	1706	1695	1673	1648	1612	1586	1571
	σ	48	51	54	59	62	74	76	71	61	57	57	54	58	59	57	58	56	56	58	57	69
	女	1186	1236	1300	1358	1427	1485	1531	1556	1572	1573	1578	1581	1577	1582	1582	1571	1545	1524	1497	1460	1435
	σ	52	51	59	61	65	65	57	52	52	53	55	54	52	54	51	55	53	53	54	55	53
2. 眼高	男	1070	1124	1179	1233	1280	1346	1424	1481	1526	1556	1561	1566	1572	1579	1581	1573	1552	1527	1491	1465	1449
	女	1072	1118	1183	1241	1305	1365	1407	1433	1447	1448	1453	1457	1455	1459	1459	1452	1429	1410	1383	1348	1316
3. 上肢上举指尖高度	男	1460	1529	1604	1681	1746	1836	1937	2009	2066	2097	2102	2103	2113	2115	2115	2101	2073	2040	1995	1962	1942
	女	1446	1512	1596	1673	1768	1840	1895	1924	1944	1934	1941	1942	1935	1941	1943	1931	1902	1881	1858	1813	1787
4. 耻骨高	男	513	546	578	612	640	677	708	733	752	763	760	764	760	760	760	750	734	717	703	689	685
	女	523	550	588	620	661	690	711	724	729	717	720	718	711	715	713	702	681	671	660	641	631
5. 肩峰高	男	932	980	1031	1082	1123	1183	1253	1302	1343	1372	1,374	1378	1383	1387	1385	1378	1363	1341	1314	1293	1279
	女	930	972	1031	1083	1141	1197	1236	1258	1270	1273	1,278	1281	1276	1281	1279	1272	1252	1231	1211	1181	1159
6. 肘头高	男	711	745	782	820	854	900	950	986	1,014	1,038	1,042	1,044	1,049	1,051	1,052	1,048	1,035	1,016	992	974	965
	女	710	740	783	823	867	906	938	952	963	966	970	972	969	973	973	969	953	936	917	890	871
7. 指尖端高	男	429	453	479	503	522	551	582	607	627	643	647	651	658	663	665	664	657	643	621	606	593
	女	433	454	482	507	535	563	581	594	602	608	611	613	611	616	616	614	606	591	571	549	526
8. 上肢长	男	505	529	555	581	604	634	671	697	717	730	729	729	731	728	727	722	712	704	698	691	692
	女	498	521	552	577	611	637	656	665	671	669	671	671	669	669	668	664	652	647	645	639	640
9. 指极	男	1167	1224	1281	1340	1396	1472	1558	1620	1669	1697	1702	1706	1714	1716	1716	1702	1680	1659	1629	1607	1601
	女	1157	1207	1278	1333	1414	1476	1524	1547	1568	1566	1568	1574	1566	1568	1571	1557	1536	1525	1507	1484	1476
10. 肩宽	男	294	307	323	337	350	364	386	403	423	431	437	441	450	450	454	453	448	440	427	417	412
	女	294	305	322	333	351	367	377	388	394	398	403	403	402	400	399	402	407	406	402	390	377
11. 小腿高度	男	285	301	321	333	349	368	388	400	407	410	408	409	412	404	401	395	386	381	377	373	371
	女	285	295	312	330	348	360	364	367	374	372	370	373	367	365	365	363	350	350	347	342	342
12. 坐高	男	655	677	702	724	745	773	815	845	874	894	901	903	908	913	915	913	905	894	870	852	840
	σ	27	29	30	31	33	40	43	42	37	33	31	31	32	32	32	32	32	32	36	37	44
	女	648	673	701	725	757	789	817	831	843	843	847	852	850	855	856	854	844	829	810	785	762
	σ	29	28	31	32	36	37	33	31	28	30	30	29	30	29	29	30	29	32	32	36	39

思考题

- 试着寻找一下有黄金分割比的室内设计元素及空间。
- 实际测量一下图表 3 的各个部位，与图表 6 中利用身高换算出来的估算值比较一下。

3. 室内设计与人——④

人的动作

学习目标：设计家具、设备仪器的形状或布局时，必须要先了解人体动作所需要的基本尺寸。同时，了解人体的力学数据对设计可移动的门窗构件等室内元素具有参考价值。

1）日常生活姿势与动作范围、功能尺寸

日常生活中频繁出现的基本姿势称为日常生活姿势（图表 1）。各种姿势的视点高度对确定室内空间高度有参考作用（图表 2）。

人手足的可动范围称为动作范围。动作范围本身是立体的（立体动作范围）。但在设计中大多使用某个高度上的水平动作范围和垂直动作范围的数据。另外，上肢的水平动作范围分为手伸展开所能达到极限的最大动作范围和上臂保持不动弯曲胳膊肘后手能轻松抓到的常规动作范围（图表 3）。

上肢的水平动作范围在探讨桌子和操作台宽度以及台面上操作工具的布局方式时使用。而下肢的垂直动作范围可作为确定脚蹬、踏板等位置时的参考依据。

除要考虑以上这些作业范围外，还应建立设备仪器、储藏类家具等功能尺寸的数据资料库（图表 4 ~ 9）。

■图表 1 日常生活姿势

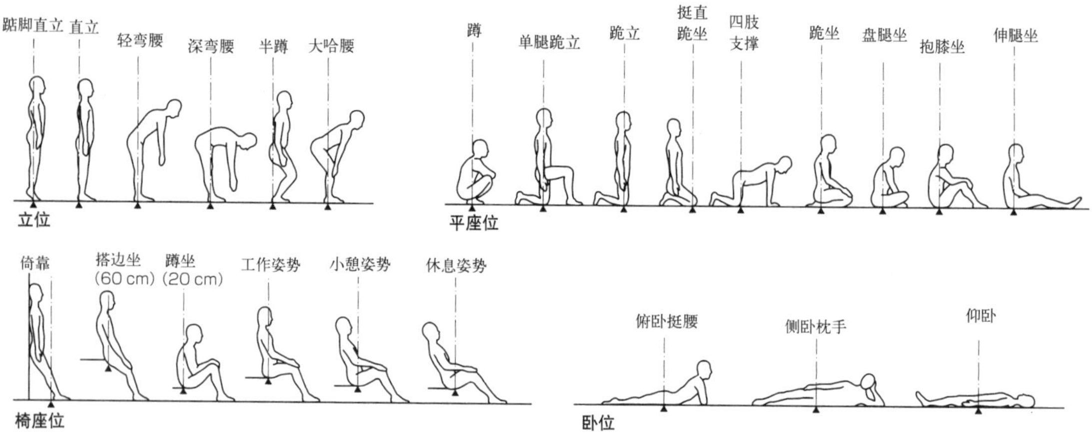

■图表 2 不同姿势时视线高度的差别（cm）

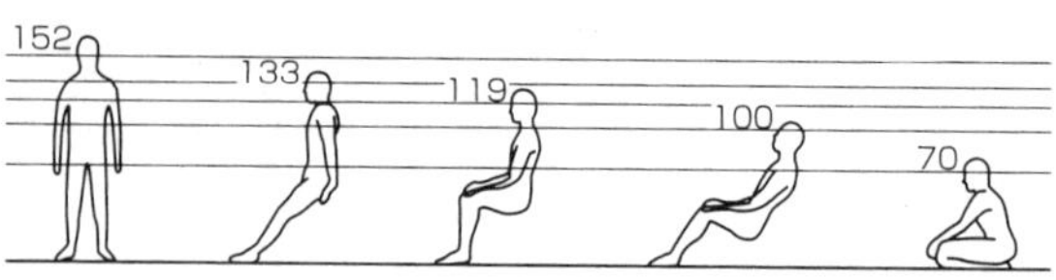

■图表 3 成人的水平工作范围（cm）

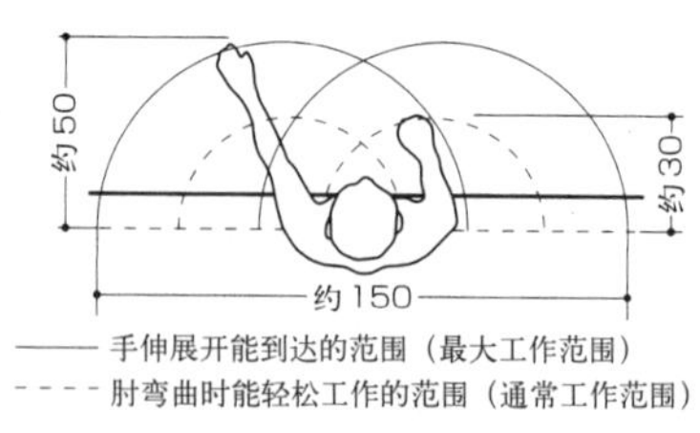

■图表 4 操作台的尺寸（cm）

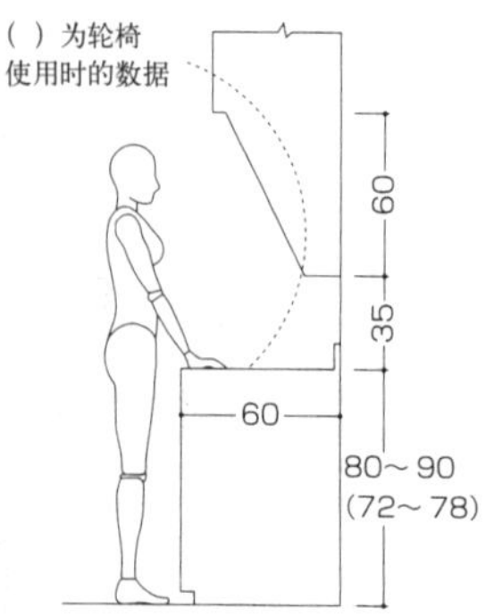

■图表 5 洗漱化妆台的尺寸（cm）

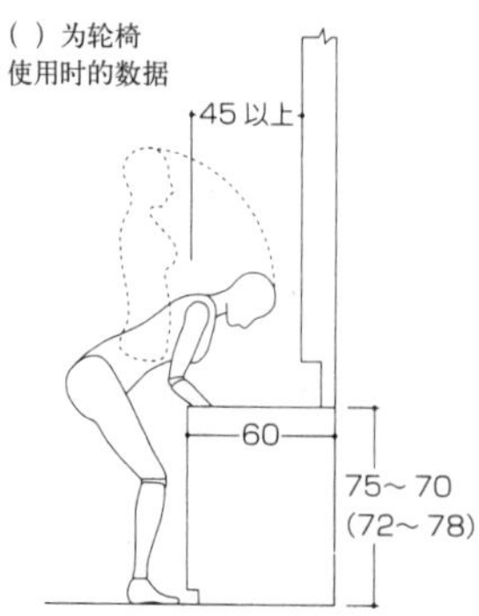

■图表 6 接待柜台的尺寸（cm）

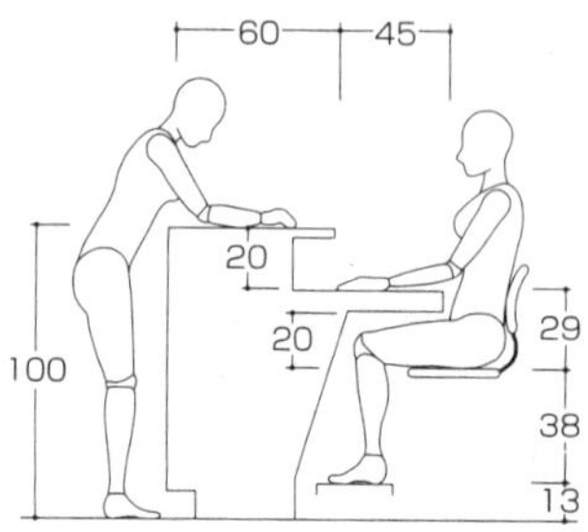

■图表 7 门各部位的尺寸（cm）

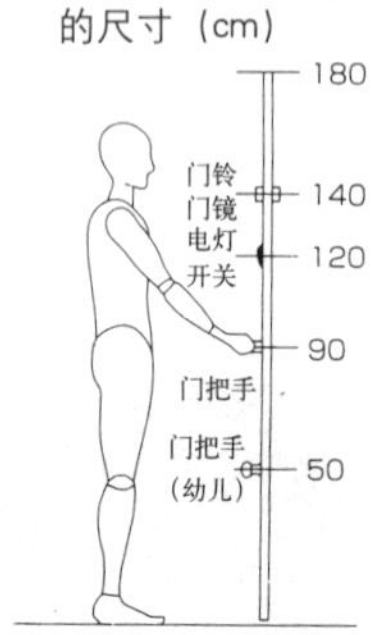

2）动作空间与通行的空余尺寸

在做某个特定动作时，大概需要多大程度的空间，有关这些动作空间的数据在资料库中均有收录。动作空间由三个部分组成，做动作的（人体尺寸）、做动作所必需的（物体尺寸）、确保动作完成而留出的（空余尺寸）。通常，在一个空间内存在着多种动作空间。但是，当各个动作不同时发生时，这些动作空间是允许重叠的，所以不能单纯地以动作空间的总和来确定房间的空间尺寸（图表10）。

另外，在生活空间中，人并非仅停留在一个场所，而总是移动着身体。因此建议通行用的最小尺寸要留出一定的余量后再确定恰当的数值。图表11、12是椅子和桌子周边所需的最小尺寸。

3）人体的发挥力

上肢向不同方向拉拽或按压时的最大限度发挥力是不同的（图表13）。这些力学方面的数据在探讨平开门及推拉门的开关阻力时具有参考作用。

■图表8 使用轮椅时周围设施的尺寸（cm）

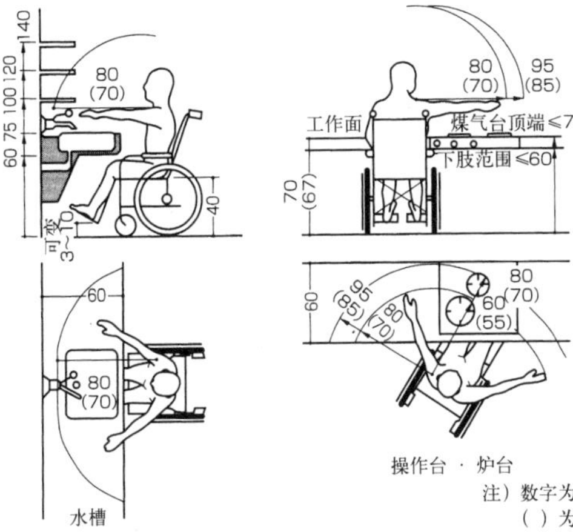

注）数字为成年男性
（ ）为成年女性

■图表9 便于攥握的尺寸（mm）

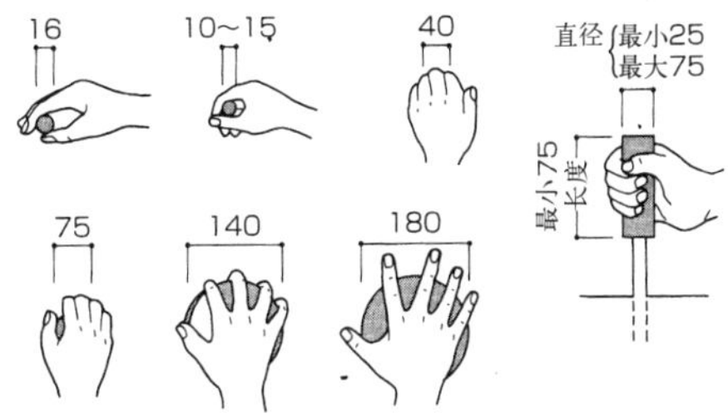

■图表10 房间的空间构成

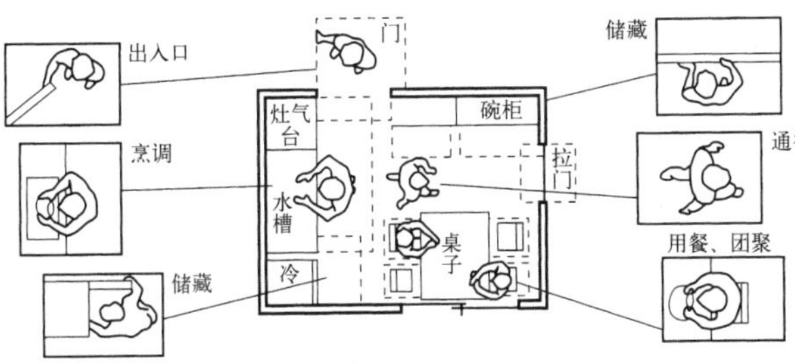

■图表11 桌子周围的必要尺寸（cm）

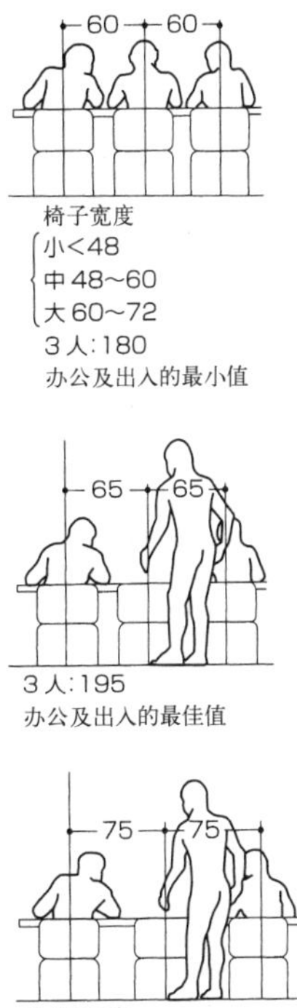

椅子宽度
小<48
中48～60
大60～72
3人:180
办公及出入的最小值

3人:195
办公及出入的最佳值

3人:225
办公时肘臂左右能充分伸展。使用中型椅子对出入无任何妨碍。

■图表12 桌子间距与通过穿行的尺寸（cm）

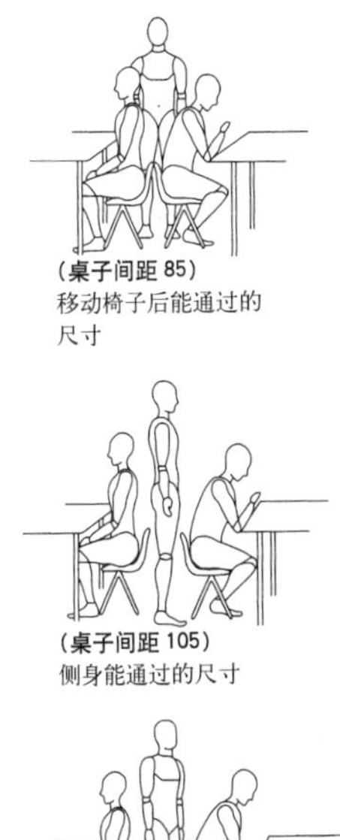

（桌子间距85）
移动椅子后能通过的尺寸

（桌子间距105）
侧身能通过的尺寸

（桌子间距125）
斜着身体能通过的尺寸

■图表13 站立时的按压力和拉拽力（体重设定为100）

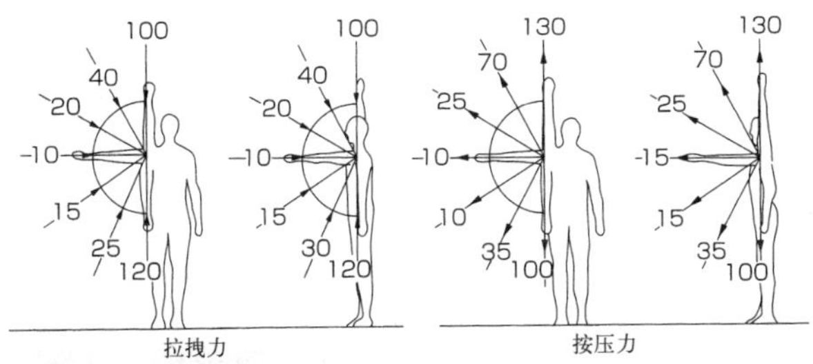

思考题

● 实际测量一下自家的厨房操作台和洗漱台，并与图表4、5的尺寸比较一下。
● 改变一下教室桌子之间的距离，实际测量一下可轻松通过的过道宽度。

3. 室内设计与人——⑤

人的行为

学习目标：了解人的行为特征是设计使用者凭直觉就能快速掌握室内特征的基础和参考，也是设计心理压力较小的座位布局时的参考依据。

1）环境可知度

图表 1 是各种形式的门把手。当看到这些后，人们会怎样操作呢？从图中的 A 到 C 来看，它们的操作方法是固定的，会很容易凭直觉操作。人们就是这样，在无意识状态下读取着身边可能引发行为的诸多信息。

吉普森（J.J. Gibson）把这种“环境及其事物引发物体产生特定行为的可行程度”称为可知度（affordance）。如图表 1 中 A 至 C 那样，它们的可知度被固定，因此不会在操作上产生困惑。

我们身边的室内设计元素大都有可知度，对于设计来说，不能出现多种可知度并存的设计行为。在此介绍一些有关环境中人类行为特性的知识。这里所说的环境指他人、物以及构成两者之间的空间。

2）大众固定印象（Population Stereotype）

图表 2 中显示板上显示的指针方向表示控制杆的操作方向。这种某个群组有共同的动作或行为的“倾向”称为大众固定印象（Population Stereotype）。在设计理解简单、有安全要求的设备仪器、操作器具或出入口把手时，这些知识是很有参考价值的设计资料。

3）人际距离和朝向

爱德华·霍尔认为，人与人之间的距离关系也是考虑交流方式的因素之一。他根据交流性质

■图表 1 门把手的形状与操作方法的知觉

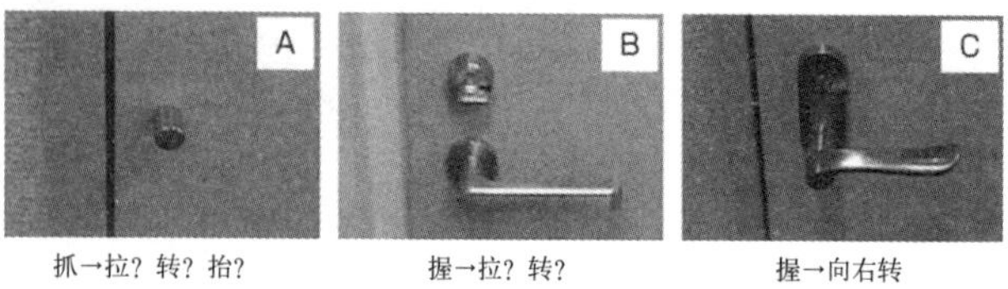

■图表 2 指针标志方向与操作的固定印象（%）

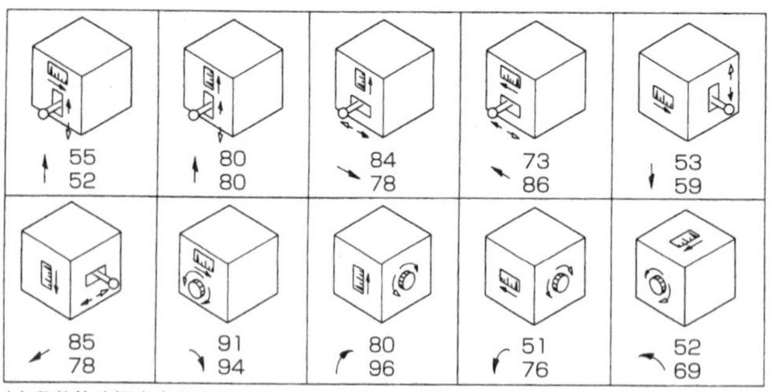

（上段数值为调查大学生男子 326 人、女子 313 人结果，下段数值为调查大学生／高中生男子 345 人、女子 155 人的结果）

■图表 3 通过实验得出的个人领域

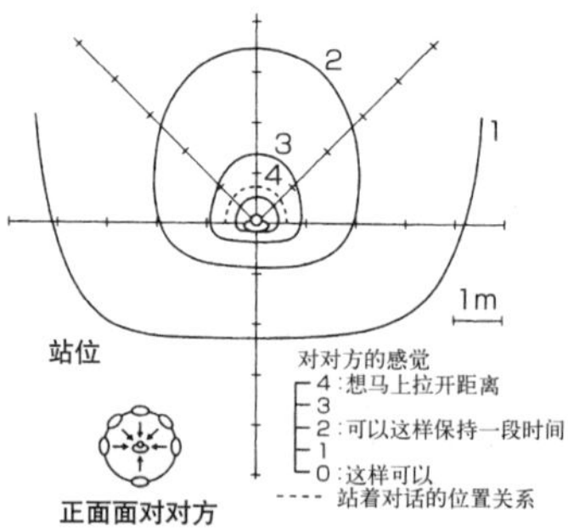

■图表 4 人之间面对面方式

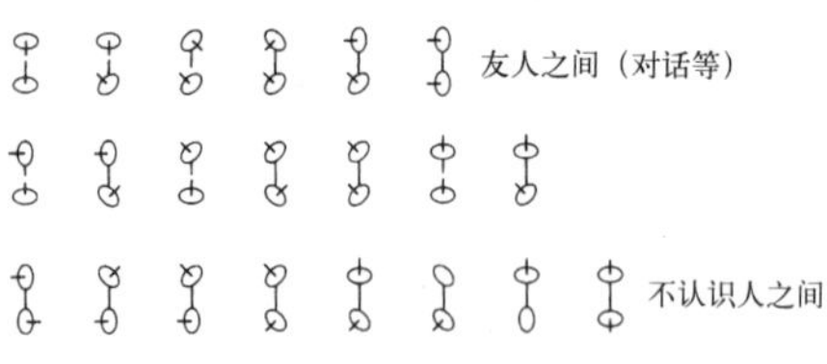

■图表 5 向心与离心

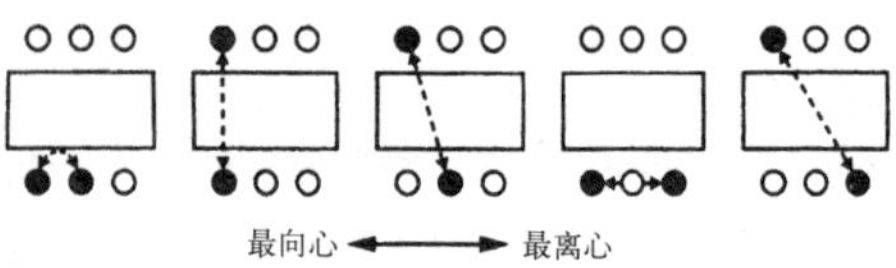

■图表 6 电车内的座位选择

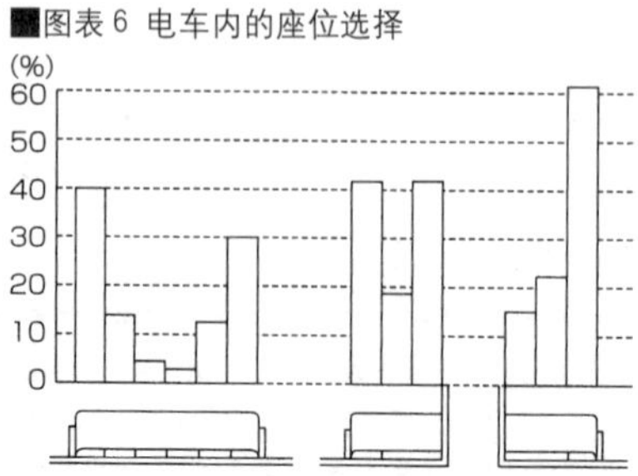

■图表 7 电车内嵌入式坐席选择

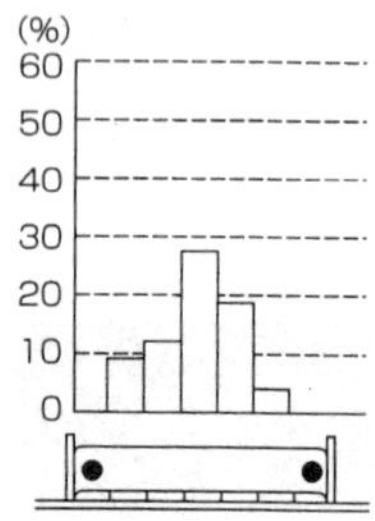

把人与人之间的相对距离分为 4 种。

① 亲昵距离（0 ~ 45cm）：夫妇或恋人等有非常密切关系的人之间的距离。

② 个人距离（45 ~ 120cm）：朋友等关系比较熟悉的人之间的距离。

③ 社会距离（120 ~ 370cm）：私人关系以外的人之间的距离。

④ 公众距离（370cm 以上）：有关系的人以外的范围，对此空间内的其他人视而不见的距离。

这些研究结果虽已是比较传统的方法，但在考虑家具布局、桌子尺寸时，仍具有参考价值，因此对现在来说，仍然是很有指导意义的知识点。

罗伯特 · 索马把“围绕个体且他人无意进入的、看不见的领域”称为个人空间。如果侵入此空间就会有不舒服的感觉。图表 3 是高桥鹰志和西出和彦经过测量并从“想与他人有隔离感”的分布结果中总结出来的个人空间（私密空间）。个人空间根据性别、民族、场景等的不同，其大小和形状也会有所差异，因此在设计应用时要注意。

奥布蒙德在设计精神病院时，提出了促进人们相互交流的向心式布置关系（图表 4 上）及避免人们相互交流的离心式布置关系（图表 4 下）。罗伯特 · 索马也把它用于座位的就座类型分类中（图表 5）。

4）座位的选择方式

电车座位的坐席从哪儿开始就座？根据工作内容哪儿的座位会备受青睐？关于这些座位的选择也是有倾向性的（图表 6 ~ 8）。

如果观察一下住宅中人们经常会在哪儿停留，就会发现一个倾向，即：家族亲密尺度的聚会在直径 1.5m 的圆内，成年人较宽松尺度的聚会在直径 3m 的圆形范围内活动。准备饭菜和招待来客等则在 1.5 ~ 3m 的范围内进行（图表 9）。

另外，图表 10 中划定了分布在人体四周的“这边”、“那边”、“更远的那边”的领域。从这里可以读出以“这边”的自我领域和“那边”的有他人意识的领域尺度的扩展变化。图表 9 中，1.5m 圆圈的范围与“这边”领域、3.0m 的圆圈范围则与“更远的那边”的领域基本重合，由此看来其间的内涵很深。

■图表 8 在矩形桌子的周围喜欢什么样的就座方式（%）

	会话			协力			同时行为			竞争		
	美国（回答 151）	英国（大学）（回答 102）	英国（大学以外）（回答 42）	美国	英国（大学）	英国（大学以外）	美国	英国（大学）	英国（大学以外）	美国	英国（大学）	英国（大学以外）
	42	51	42	19	11	40	3	9	12	7	7	4
	46	21	42	25	11	2	3	8	14	41	10	13
	11	15	9	51	23	50	7	10	12	8	10	3
	0	0	2	0	20	5	13	31	19	18	50	53
	1	6	5	5	22	2	43	28	31	20	16	20
	0	7	0	0	13	0	33	14	12	5	7	7

■图表 9 住宅内人们聚集的圆环

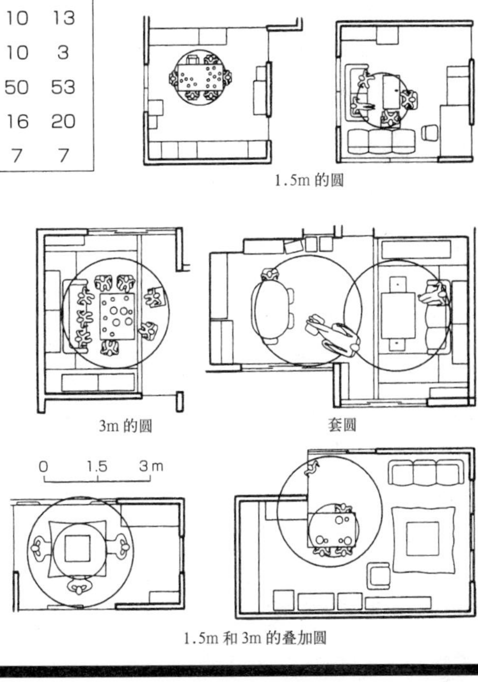

■图表 10 指示代词“这边、那边、更远的那边”的范围

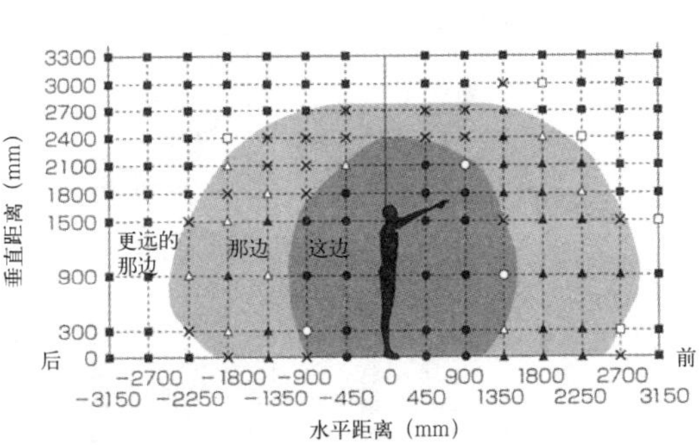

思考题

- 试着查找出能说明环境可知度的案例。
- 试验一下在图表 8 的条件下会选择坐在矩形桌子的哪个位置，比较一下这些结果。

3. 室内设计与人——⑥

椅子、桌子与人

学习目标：掌握设计桌椅时必须了解的生理学知识，在此基础上进一步学习设计资料中与此相关的具体内容和评价方法。

1）坐姿的生理

❶ 家具的分类

家具从"人"与"物"的接触方式可分为三种：支撑人体用的人体类家具、支撑物品用的准人体类家具、储藏或遮蔽用的建筑类家具。其中，人体类家具和准人体类家具在与人体的吻合性方面最为重要。在此，人体类家具以椅子为例、准人体类家具以桌子为例进行详细解释。

❷ 站姿与坐姿

图表 1 是人在椅子上就坐时的 X 光照片。与站姿相比椅子上的坐姿状态对上半身的负荷最大。这是因为，从侧面看站立时脊骨呈自然的 S 形，而就坐时骨盆向后回转同时位于脊骨下端部位的椎骨也同时向后回转，脊骨不是 S 形而呈拱形状态（图表 2、5）。

椎间盘压力最小的状态是腰和膝盖的关节成 45° 弯曲时的侧卧状态（图表 4 中 B 的线条）。坐在椅子上骨盆向后回转时腰椎就会向后弯曲，椎间盘的前部呈被压迫状态（图表 3）。其结果是腰椎的椎间盘受到难以忍受的压力，同时内脏也会受到压迫而感到不舒服。

如果按此分析推理，则在站立时下肢的肌肉紧张而感到疲劳，但上肢可呈自然状态。就坐后，下肢从紧张状态中解脱出来而变得轻松，但上半身却承受着极端的压力。

■图表 1 椅子上就坐姿势的 X 光照片

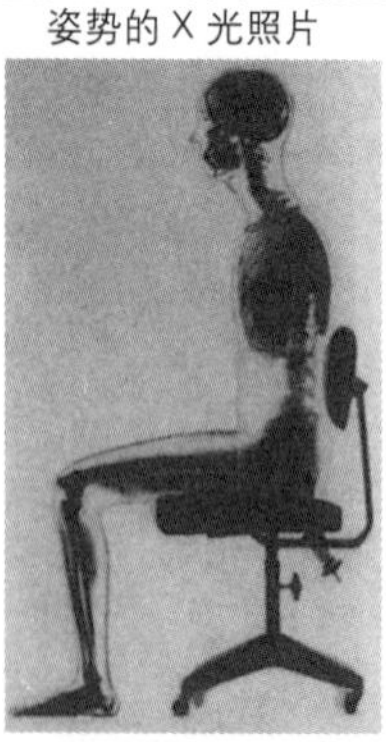

■图表 4 姿势与腰椎形状

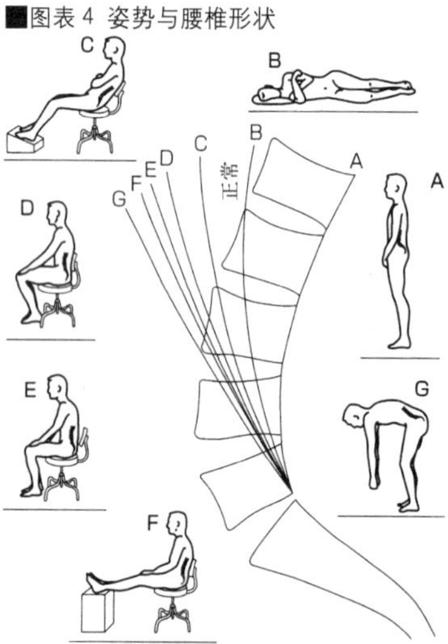

■图表 2 姿势与骨盆

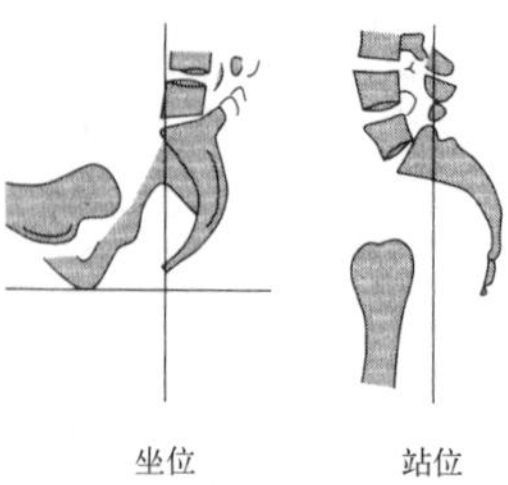

■图表 3 椎间盘上施加的压力

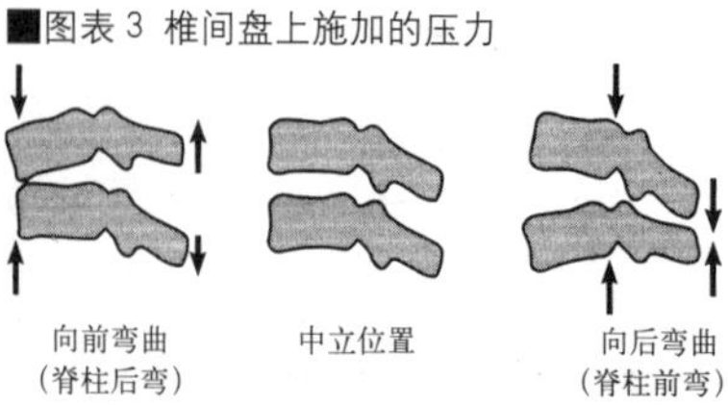

■图表 5 脊柱形态的差异

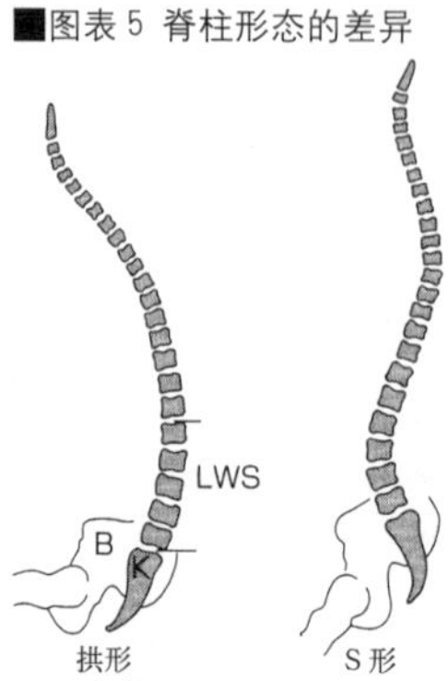

■图表 6 行政办公用桌椅的功能尺寸（cm）

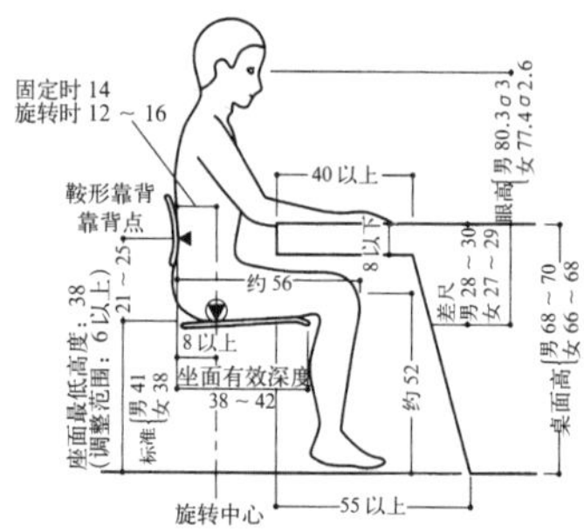

■图表 7 差尺的计算公式

■读书等长时间缓慢的工作状态

差尺 = 座高 ×1/3

■记笔记等强调效率的工作状态

差尺 = 座高 ×1/3−（2 ~ 3）cm

■图表 10 椅子的审核点（亨利·德福雷斯）

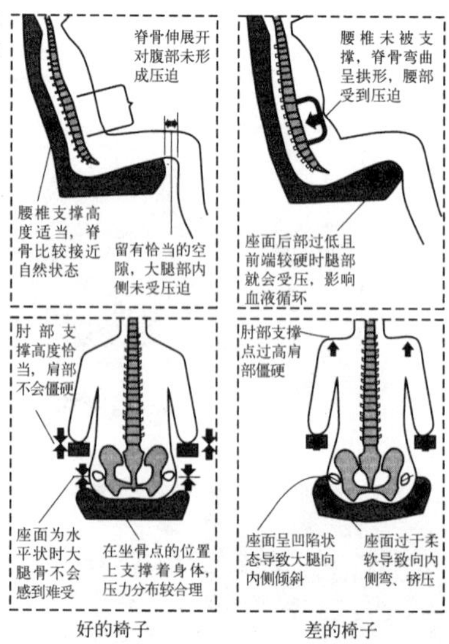

2）椅子、桌子的设计资料与评价方法

❶ 靠背点和座位基准点

为了防止人体坐到椅子后骨盆向后偏移，最有效的方法是从后面支撑腰椎，它可起到支撑背部的作用。有效防止骨盆后移并支撑背部倚靠的位置称为靠背点。如果以此点作为靠背基准点的话，则座面的基准点就是座位高度的基准点。骨盆左右的尾端称为坐骨关节，在椅子上就坐时，这两点对座面的压力最强。座面上这两点之间的中心点称为座位基准点。椅子的功能尺寸就是在这个座位基准点的基础上确定的。

❷ 椅子、桌子的功能尺寸

图表 6 是工作状态时椅子和桌子的功能尺寸。桌子的桌面和椅子的座位基准点之间的垂直距离称为差尺（桌面高—座面高）。适合行政办公状态的差尺大约为 27 ~ 30cm，一般最好以座高的 1/3 为基准（图表 7）。学校用桌椅的 JIS 规格尺寸也是按此思路制定的（图表 8）。

❸ 椅子支撑面原型

椅子的用途从工作到休息可分成 5 个阶段，将这些与功能尺寸结合并以图示表达出来的资料称为“支撑面原型”（图表 9）。此数据并非是椅子的外形尺寸，而代表人在就坐状态下的尺寸。也就是说，在椅子上就坐时即使有坐垫，也要按照坐垫呈完全凹陷状态下的尺寸来考虑。这种在椅子上呈完整就坐状态的姿势称为最终安定姿势。

❹ 椅子就座舒适度的评价方法

图表 10 是普通使用者评价椅子时的几个审核点。对专业研发人员来说，客观评价椅子的方法是检测身体压力分布、肌电图等（图表 11 ~ 13）。

■图表 8 学校用桌椅的 JIS 规格尺寸（一部分）

号数	标准身高	桌面	座面		
		高度	高度	深度	最小宽度
0号	900	400	220	–	–
1号	1050	480	260	260	250
2号	1200	520	300	290	270
3号	1350	580	340	330	290
4号	1500	640	380	360	320
5号	1650	700	420	380	340
6号	1800	760	460	400	360

■图表 9 工作用 / 休息用椅子的基本尺寸（cm）

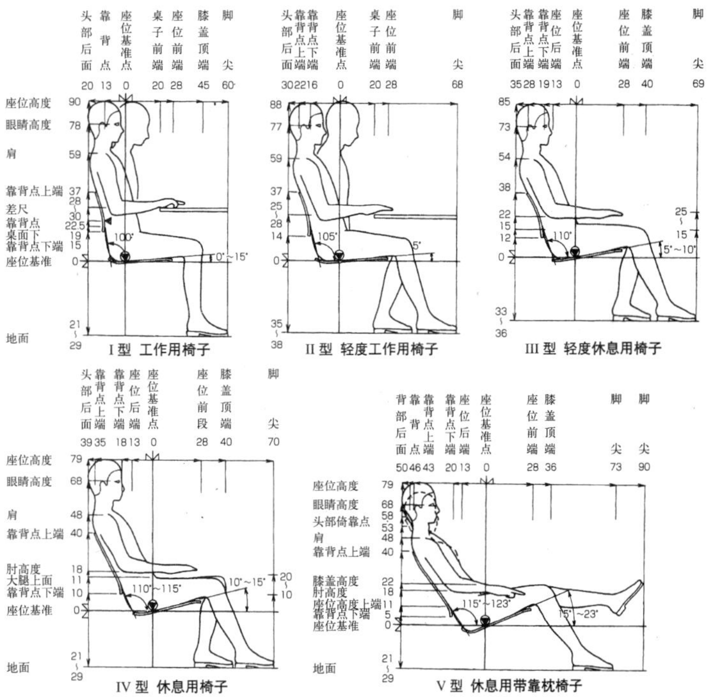

■图表 11 椅子上身体压力分布

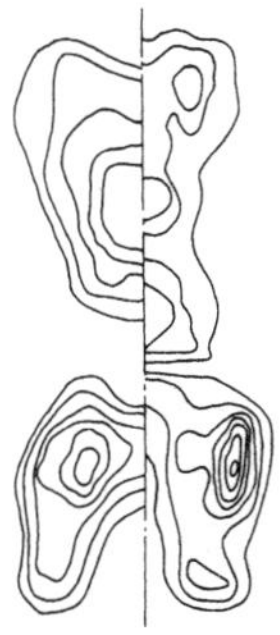

左侧为好的椅子，右侧为差的椅子。上部为背部倚靠位置，下部为座面。好的椅子在腰椎和坐骨关节点上有受力中心。

■图表 12 利用肌电图对肘部搭靠高度的分析

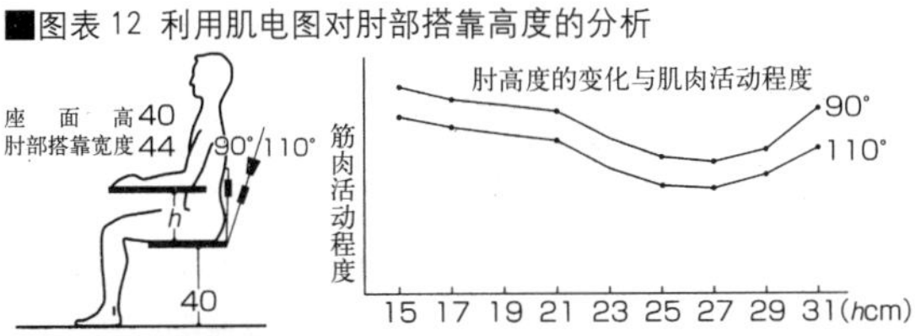

■图表 13 利用肌电图对肘部搭靠宽度的分析

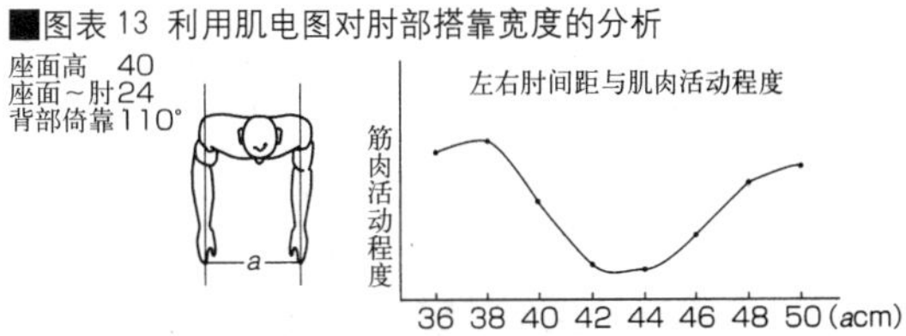

思考题

- 测算出自己的差尺，判断一下自己使用的桌子和椅子的差尺是否合适。
- 用图表 10 中的审核点评价一下自己使用的椅子。

3．室内设计与人——⑦

床与人

学习目标：了解睡眠时人的生理构造和睡眠姿势的特征，掌握床垫的柔软度和尺寸。

1）睡眠的生理特性

❶ 睡眠深度与辗转活动

图表 1 是利用脑波检测出来的人睡眠深度随时间发生变化的曲线。通常，入睡并进入深睡后，浅睡与深睡两种状态交替出现，最终过渡到觉醒状态。此周期大约在 90 ～ 120min 之间。在睡眠深度水平 1 和 2 的边界线上所绘出的虚线上部（阴影部分）称为 REM（雷姆，医学中的放射当量）睡眠*，下部称为 Non–REM（非雷姆）睡眠。REM 睡眠时，肌肉呈休息状态而脑则呈活跃状态。相反，Non–REM 睡眠时，脑呈休息状态而肌肉呈活跃状态。有视觉效果的梦境就是在 REM 睡眠中看到的。

另外，在 Non–REM 睡眠中，会不断发生睡眠翻转活动现象。据报道，人在一个晚上来回辗转反侧 20 ～ 30 次。睡眠翻转活动就是为了避免身体的某个部位因在一种姿势下长时间受压而出现的身体自然反射行为。因此，床的大小及柔软度是防止睡眠辗转活动的重要条件。这一点将在以后的章节中叙述。

❷ 睡眠姿态

图表 2 是用 X 射线拍摄的人睡眠姿态的照片。从照片来看，人的身体是以颈椎和腰椎这两个关节连接头部、胸部、臀部这三个部位的。

■图表 1 睡眠深度的时间变化

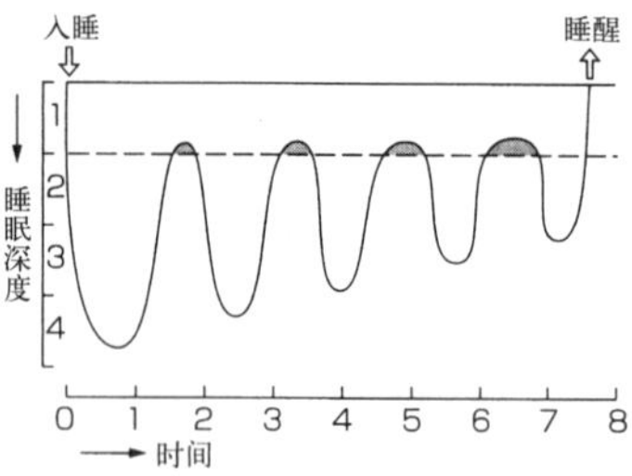

■图表 2 就寝姿势的 X 光照片

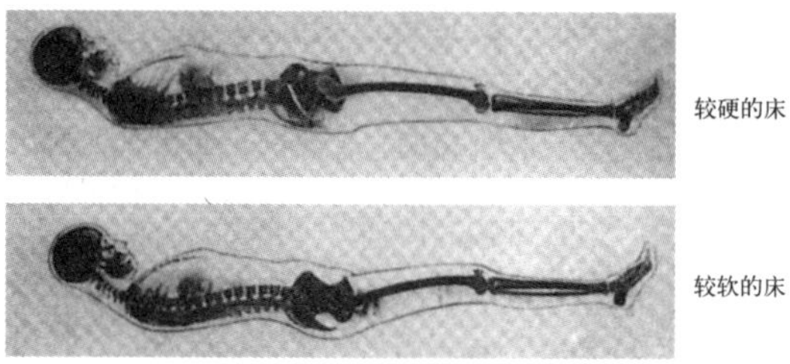

■图表 3 站立和仰卧时的背部形状（cm）

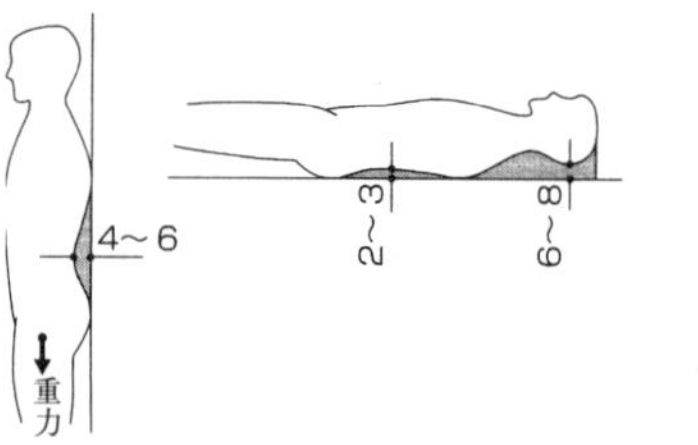

■图表 4 寝具柔软程度与肌肉活动

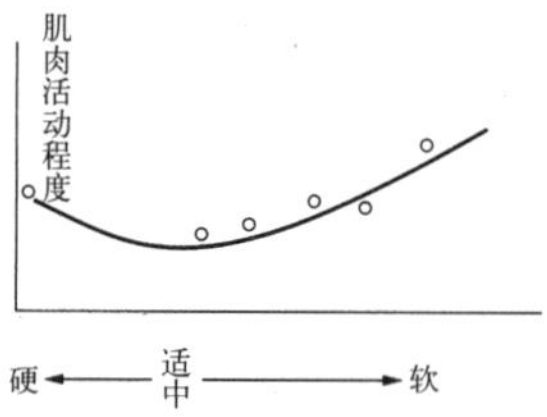

■图表 5 3 层结构的床垫

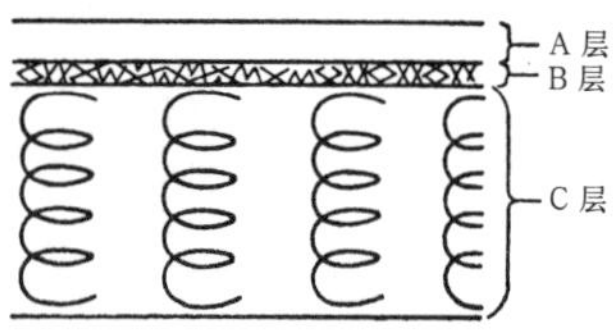

■图表 6 仰卧姿势的体压分布

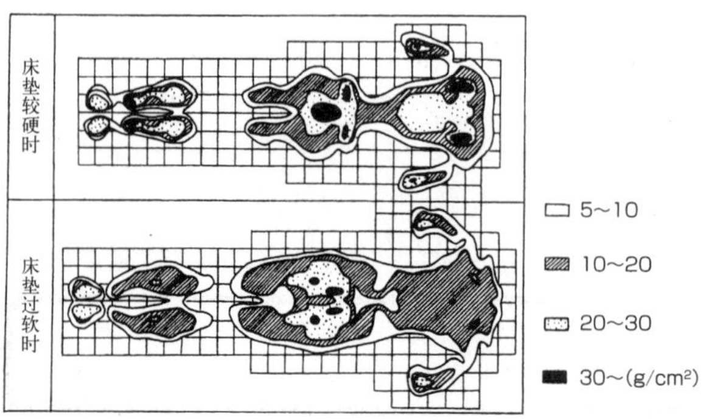

■图表 7 各种床垫睡眠姿态的差异

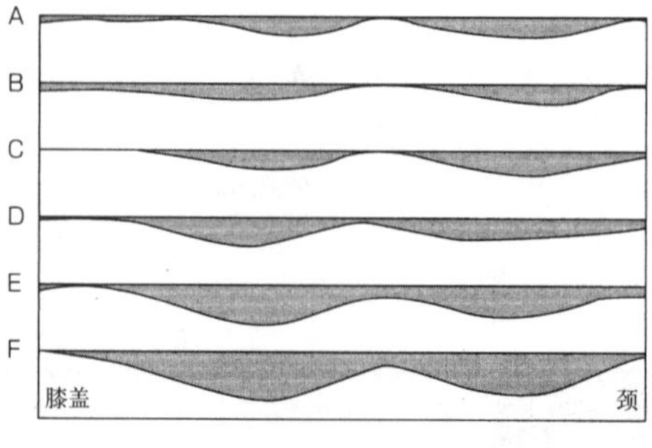

调查市面上销售的三折式床垫的结果。A、B 较好，C 以下则臀部陷入较深而睡起来比较难受。

如果用柔软的床垫支撑身体，则较沉的胸部和臀部会沉陷下去，而起连接作用的腰椎部分会上浮，整个身体呈 W 字形。腰椎过度突起会有不适感觉而难以入睡。健康人站立时脊柱腰椎部分的缝隙为 4 ~ 6cm，而躺下感到舒服的状态则是这个数值的一半，即 2 ~ 3cm（图表 3）。

2）寝具的柔软度和尺寸

❶ 床垫的柔软度与构造

为了保证正确的睡眠姿势，床垫应使用硬一点的较好，但如果过硬就会有疼痛感而睡不着。相反，如果过于柔软就会使腰椎部分突起而难以忍受。从肌肉活动这一角度来看，寝具过硬或过软都不太好（图表 4）。

因此，要选择能保证正确睡眠姿势、软硬适中的床垫。按照这种要求设计出了 3 层结构床垫（图表 5）。表面的 A 层因为直接接触身体，采用的是柔软材料。中间的 B 层为了保持睡眠姿势使用了硬质材料。最下面 C 层选用的材料能缓解睡眠中翻身时带来撞击。

图表 6 是卧床时身体压力的分布。在过硬的床上躺着时，身体感到较硬的部位其压力分布就会比较集中。而过于柔软的床，除了感到坚硬的部位压力集中外，还会由于身体被包裹住而难以翻身。图表 7 是身体陷入床垫的程度，从此结果可以断定，比重较小的床垫（C ~ F）由于胸部和臀部过分沉陷，睡起来会感到不太舒服。

❷ 寝具的尺寸

图表 8 表示在具有三种柔软度的寝具上躺着时，睡眠时的翻身范围。无论采用哪一种寝具，睡眠时的翻身都是在横向范围内进行的，该宽度大约是肩宽的 2.5 ~ 3 倍。由此可以得出，铺褥子、床垫的长度最好是只比身高多留出 40cm 左右，但如果床垫的宽度过窄睡眠就会变浅，因此最低标准为 70cm，一般最好以肩宽的 2.5 倍作为标准。

适合身体大小的寝具尺寸是通过图表 9 所示的计算方式得出来的。图表 10 是住宅用床的 JIS 规格尺寸。此尺寸为制作床的外形尺寸，床垫的最佳实际尺寸是宽度大约缩小 5 ~ 15cm，长度大约缩小 2.5 ~ 12.5cm。

* REM（雷姆）睡眠
REM 是 Rapid Eye Movement（快速眼球运动）的省略语。REM 睡眠状态因紧闭的眼皮内侧眼球反复快速运动而命名。

■图表 8 寝具的柔软程度与睡眠时的翻身

■图表 9 寝具的大小（cm）

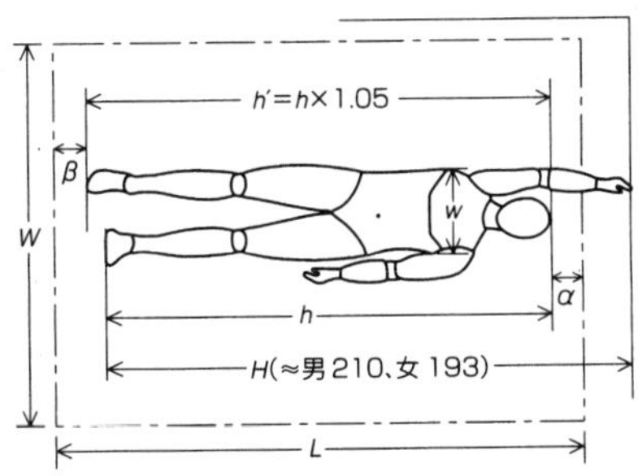

长度 $L=h\times1.05+\alpha+\beta$

但 h= 身高（平均身高、男子 165、女子 155）

$\alpha=10$、$\beta=5$

宽度 $W=2.05\times w$

但 w= 肩宽（平均肩宽、男子 43、女子 41）

■图表 10 住宅用普通床垫的尺寸规格（mm）（S1102–1993）

长度（L） \ 宽度（W）	800	900	1000	1100	1300	1500	1600	1700	1800
1900	○	○							
2000	○	○	○	○	○	○	○	○	○
2100			○	○	○	○	○	○	○

思考题

- 利用图表 9 的公式测算出符合个人身体的寝具尺寸。
- 从尺寸和缓冲性的角度评价一下自己所使用的寝具。

4．室内设计与环境——①

光与色彩调节

学习目标：本节主要学习室内空间中光环境的基础知识。研究各种测光量、色彩等视觉环境的操控方法。

1）光的感知

如果没有光，我们的生活就会感到极其不便。工作、读书等人类大多数获取知识的活动都是依靠视觉来完成。所以要根据场所和用途确定明亮度标准，然后再进行规划与设计。另外光也直接影响到空间的演绎效果，因此要充分掌握与光有关的各种知识。

2）日照功效

光是电磁波的一种，太阳光包括红外线（780nm 以上）、可视光线（380 ~ 780nm）、紫外线（380nm 以下）。太阳光是生物体生存所必需的最基本要素。但同时也是给人类环境带来负面影响的要素（图表 1）。关于温热功效将在热环境这一章节中论述。

3）光的传递

太阳的位置随地球纬度和季节而发生变化（图表 2）。研究对邻地的影响状况时，可以利用图表 3 的水平面日照图曲线来加以分析。

光通量（lm：流明）是在人眼睛的感觉度（标准视敏度：参照 23 页）上加进了能量，是明亮程度的基本物理量。

光照射到物体后，如图表 4 所示，一部分会被吸收转变成热量，剩余部分则根据物体特性发生反射或透射（还有向物体内部扩散的部分）。同一方向入射的光经反射、透射之后向不同方向分散的状态称为扩散。

■图表 1　日照功效的分类

分类	功效说明
温热（全部波长）	使物体温度升高。建议冬天积极利用，但夏天会给空调带来负荷。
明视（可视光线）	能看见物体的程度。能感知到明亮程度和色彩。
保健卫生（紫外线）	有杀菌作用，也是造成皮肤癌、白内障的原因。需在体内进行钙化合成。

■图表 2　天球上的太阳日周轨道

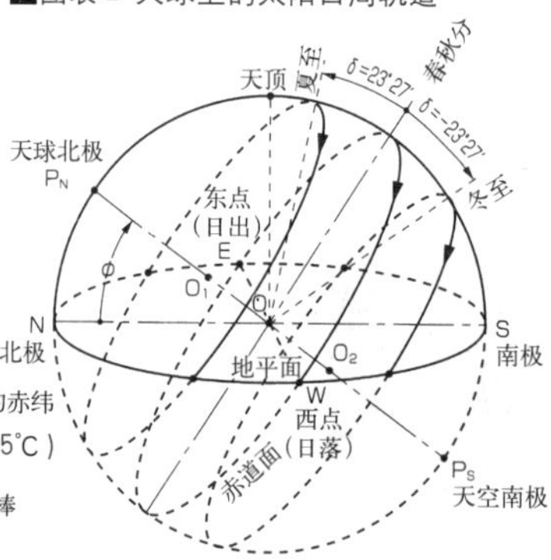

■图表 4　入射后光的路径

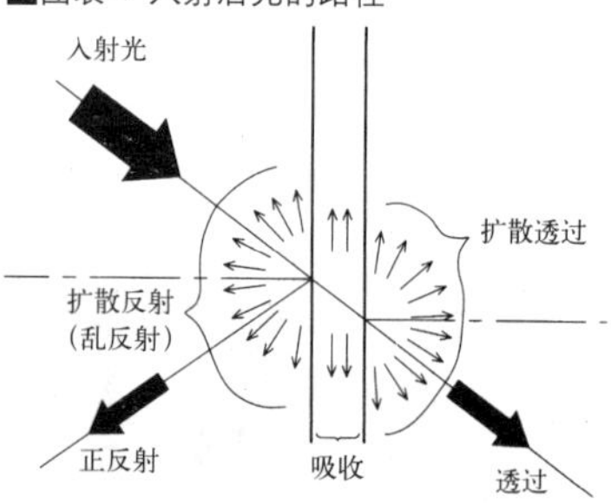

■图表 3　1 年中的水平面日影曲线（北纬 35°C）

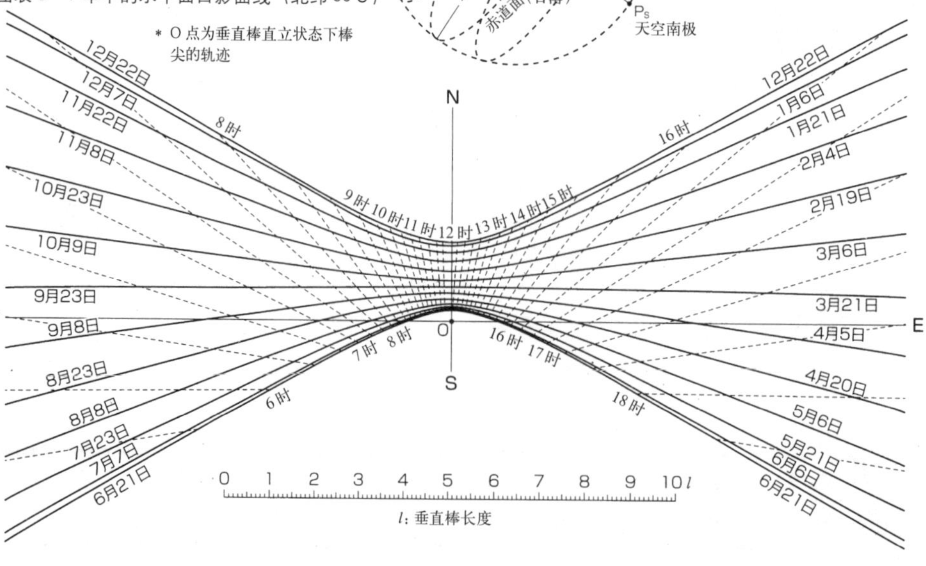

4）表示明亮程度的指标

照度（lx：勒克斯）指受光面上单位面积所入射的光通量（参照 108 页）。光通量发散度（rlx：辐射勒克斯）是光源面上单位面积所放射的光通量。这两者表示的都是相对于面所形成的 2π 立体角度空间的总量。

强度（cd：坎德拉）表示某个方向上单位立体角内辐射的光通量。在点光源的情况下，无论哪个方向上的光强度都是均等的，但通常随着方向的改变光强度会有所不同，这称为配光分布（图表 5）。

亮度（cd/m^2）表示某个面在外观上的明亮程度。

5）照度的计算

来自光源的光不向任何方向反射，由直接到达受光点的光通量所产生的照度称为直接照度，通过墙面、顶棚面等反射之后产生的照度称为间接照度（图表 6）。

直接照度是光源到受光面距离的 2 次方除以光强度。当受光面上的光不是垂直入射而呈倾斜状态时，照到受光面上的光通量就会减少，此时照度与倾斜角度的根号值成正比（图表 7），这称为余弦函数。

在室外照明中，当直接照度的比例较大而光源数量较少时，需要计算各个受光面的照度（逐点法）。而在像办公室这样的环境中，间接照度无法忽略且有多种光源存在的情况下，图表 8 所示的计算步骤是从照明设施的光通量、室内房间形状等角度计算出平均照度（光通量法）。如果使用计算机仿真技术的话，则可预测出更为精确的光环境状态。

6）照度标准

室内用途与照度以 JIS 标准为准（图表 9）。即使照度相同，但并非能获得完全均匀的效果，这种分布变化称为匀照系数。通常办公类环境中都要求有较高的匀照系数，而住宅、商业设施等则无须保证均衡的明亮度。

7）昼光率

从天空的扩散光（除太阳的直射光以外）产

■图表 5 配光分布图（极坐标）案例

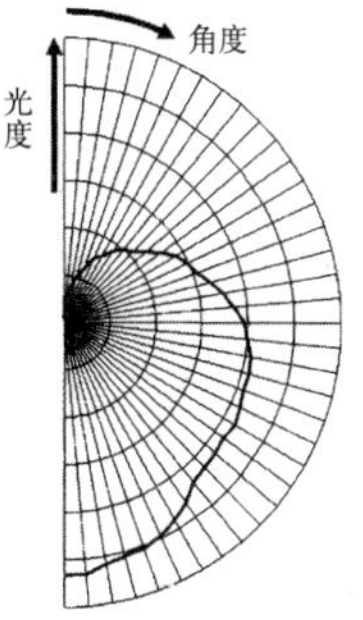

■图表 6 直接照度与间接照度

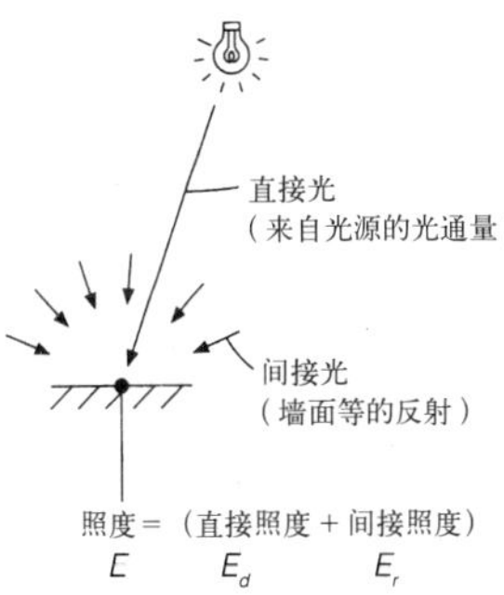

■图表 7 光强度的余弦定律

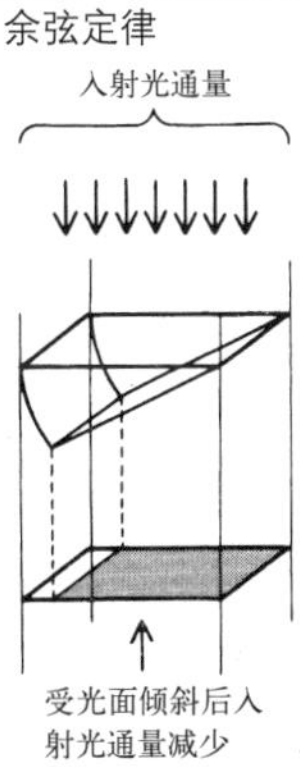

■图表 8 利用光通量法得出的照度计算方法

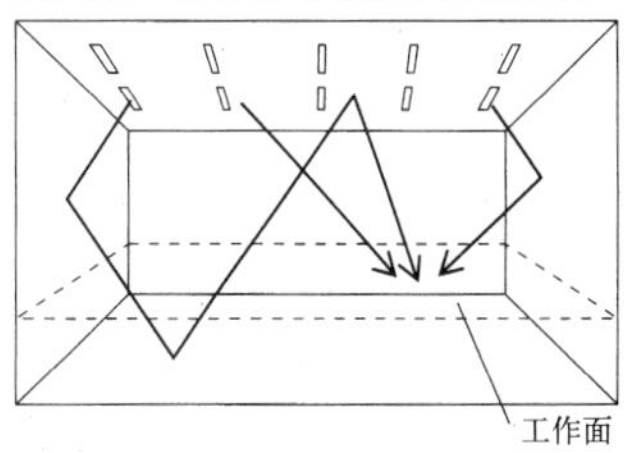

计算所有的直接照度和间接照度是极其繁琐的（现实中不可能）。

⇓

计算出从房间形状、表面反射率等入射到工作面上的光通量总量。

⇓

被工作面积相除后可得出平均照度。

■图表 9 住宅中的照度标准（各个行为内容的对象面和受光面角度不同）

房间用途	行为内容	照度（lx）
起居室	全体	30–75
起居室	团聚 娱乐	150–300
起居室	读书 / 化妆 / 电话	300–750
起居室	手工 / 裁剪缝纫	750–2,000
书房	全体	50–100
书房	学习 / 读书	500–1,000
儿童房 / 学习房间	全体	75–150
儿童房 / 学习房间	玩耍	150–300
儿童房 / 学习房间	学习 / 读书	500–1,000
客厅（西式房间）	全体	30–75
客厅（西式房间）	桌子 / 沙发 / 装饰物	150–300
餐厅 / 厨房	全体	50–100
餐厅 / 厨房	餐桌 / 烹调操作台 / 水槽	200–500
浴室・更衣室	全体	75–150
浴室・更衣室	剃胡子 / 化妆 / 洗脸	200–500
厕所	深夜	1–2
厕所	全体	50–100
楼梯 / 走廊	深夜	1–2
楼梯 / 走廊	全体	30–75
玄关（即门厅）（内侧）	全体	75–150
玄关（即门厅）（内侧）	换鞋 / 装饰架	150–300
玄关（即门厅）（内侧）	镜子	300–750
门・玄关（即门厅）（外侧）	防盗	1–2
门・玄关（即门厅）（外侧）	通道	5–10
门・玄关（即门厅）（外侧）	门牌门标 / 信报箱 / 门铃	30–75

生的照度称为全天空照度。室内某一点上光的到达率称为昼光率。其中，与出入口光的直接照度之比称为直接昼光率，与室内反射光的间接照度之比称为间接昼光率（图表 10）。直接昼光率依存于立体角投射率（图表 11）。

8）光的可见方式

刺眼的光所带来的伤害称为眩光。有不舒适感的称为不舒适眩光，使工作效率下降的称为减能型眩光。另外，在有光泽的平面物体上通过反射导致看不清的现象（光幕反射）称为反射型眩光。眩光产生的条件如图表 12 所示。

根据光的照射方法不同，对象物体的立体感觉也会有所不同。运用恰到好处的阴影关系建立较强的立体感觉的称为〝立体感好〞。当光从人体的后方照射过来时，人的表情处在阴影状态中而无法辨认，这称为剪影现象。

9）自然照明与人工照明

室内空间的照明方法有利用太阳光（日光）的自然照明和利用各种电灯的人工照明。太阳光有变动较大、过亮的缺点，但却有无能耗的优点。

另外，颜色的识别也是以太阳光下看到的颜色为标准的。由于电灯泡等人工光源的光谱（波长的分布）与太阳光线的光谱不同，因此与自然光线下看到的颜色相比，多少会产生一些差异。这种色彩的再现特性称为演色性。此外，所使用的灯泡类型不同其显色性能也会有所差异（参照 109 页）。考虑到以上这些因素，建议白天最好使用自然照明。

10）感知色彩

视觉不仅仅是只知觉明亮程度。按照光波的分布可感知到颜色。颜色的属性从主观上分为色相、明度和饱和度三种。色相表示是什么颜色。即红色或蓝色的大致色彩系统。明度表示色相的明亮程度。彩度则表示色相的鲜艳混浊程度。

11）色系表

将颜色以客观数值来表达的方法称为色系表。JIS 规定及建筑领域中广泛使用的均是蒙赛尔色系表（图表 13）。它从感觉上将颜色的 3 种属性以大致相等的间距加以划分，并用代码来标记。

色相无法设定最大、最小值，而是用 R（赤）或 Y（黄）这种称呼以环状形式布置（蒙赛尔色相环）。各个色相再以 0 ~ 10 的数值划分，相连

■图表 10 昼光率

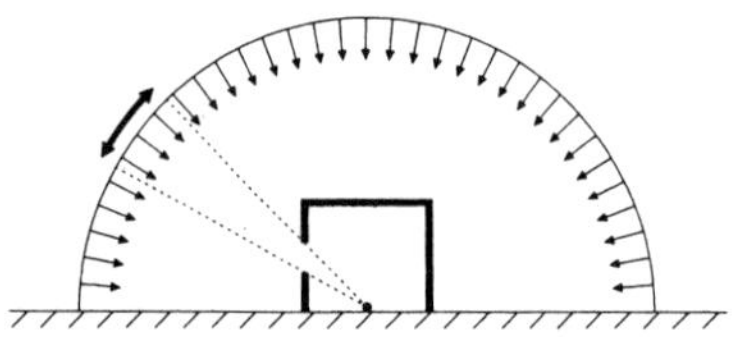

昼光率表示天空中光射入到室内的数值。

$$D=\frac{E}{E_s}$$

D：昼光率

E：室内某受光点的水平面照度

E_s：不包含直射光

■图表 11 直接昼光率与立体角投射率的定义

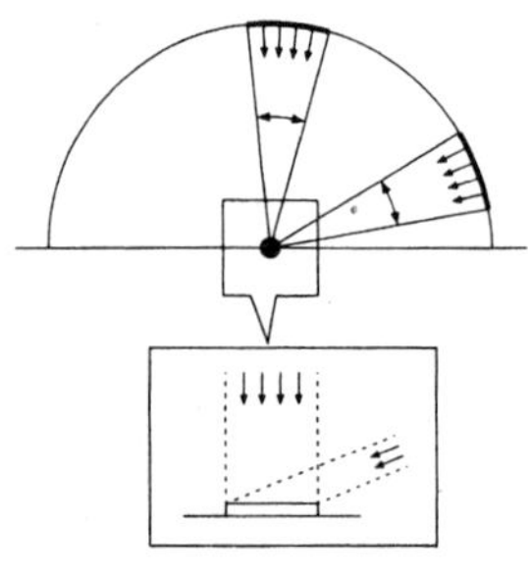

相等面积内入射的光通量不同

立体角在水平面上投影后的大小为光通量数值

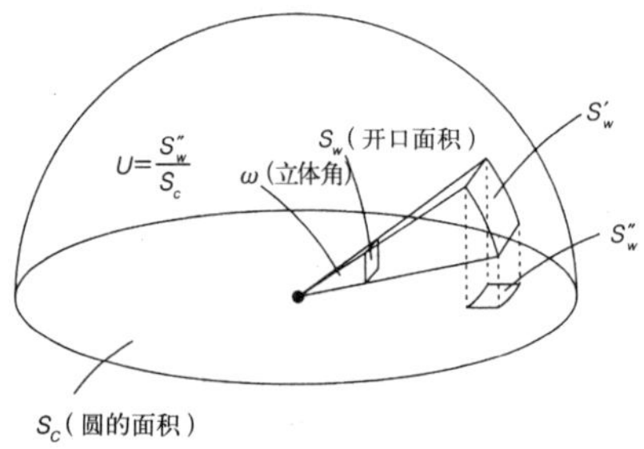

■图表 12 易产生眩光的条件

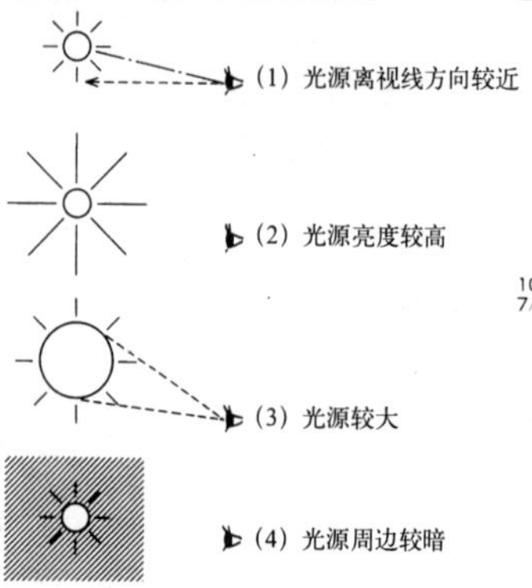

■图表 13 蒙赛尔色系表的色立体

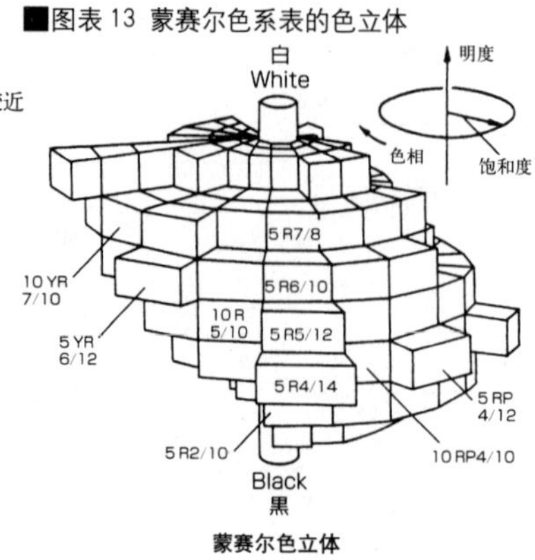

蒙赛尔色立体

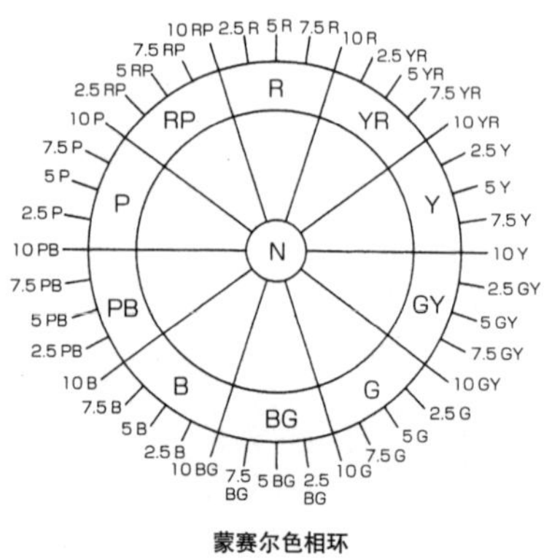

蒙赛尔色相环

的0和10为同一个色相。白、黑、灰色称为无彩色。明度表示颜色的明亮感觉，绝对的白色为10，黑色为0。饱和度与色相和明度不同，颜色不同其最大值也会有所差异，通常是以无彩色为0开始以等间隔的数值来标记。

标记的方法称为蒙塞尔记号，以色相（Hue）、明度（Value）、饱和度（Chroma）的顺序排列，在饱和度的前面加入“/”。例如接近深红棕色的颜色为“7.5R3/5”。而无彩色为“N8.5”，仅在表示Neutral的N后面标记代表明度的数值即可。

PCCS（Practical Color Coordinate System）是日本色彩研究所提供的色系表。它与蒙赛尔色系表相同，是以色相、明度和饱和度为标准。明度与蒙塞尔色系相同，但饱和度的最大值设定为10。明度和饱和度的复合指标称为色调，它具有通过色相和色调这两个要素即可表明色彩性质的特点（图表14）。色相用1～24的数字表示，色调用拉丁字母的省略号代替。

此外，还有用纯色与黑色和白色的混合比例来表示的奥斯特瓦尔德色系表。它能清晰表述物理特性的含义，且能最有效地再现涂料色彩。另外，也有在基本色（原色）的基础上进行组合使用的色系表。

12）色彩的印象

色彩有产生冷暖感、轻重感、纵深感等心理印象的作用。波长较长的色相如红色、黄色等颜色给人温暖的印象称为暖色。看起来发青的颜色给人冷的印象称为冷色。冷色及明度和饱和度较低的颜色，给人感觉较重，容易产生向后牵引的感觉。

13）面积视觉效果

面积较小的与面积较大的物体相比，较大的会给人鲜艳明亮的感觉。当所选颜色的部位面积较大时最好不要仅使用色卡来判断，尽可能使用大一些的样片会更适宜。

14）对比（反差）

视野范围内，在不同颜色相接的部位能辨别出色相、明度、饱和度之间差异的称为对比。特别是通过相接部位的对比可以在色相、明度、饱和度上起到相互强调的效果。有明显强调效果且被看成是带状区域的现象称为马赫带（图表15）。

15）色彩调和

两种以上颜色并列时，能自然产生秩序感的方法称为色彩调和理论。在诸多理论中，与PCCS色系表具有较好亲和性的是很久以来就被熟知的谢普尔（M.E.Chevreul）理论，其原理如图表16所示。

16）色彩的无障碍设计

在能感知到部分颜色且视觉细胞运动较弱的人群中，男性占5%、女性占0.2%。最多的是先天性红绿视觉障碍性色盲。他们很难辨别出有相同明度标准的红色系和绿色系。

另外，老龄者与低龄者相比，整体的对比感觉度下降，在灰暗的空间中会有视力减弱现象，对颜色的识别能力也会降低。

■图表14 根据PCCS进行的色调分类

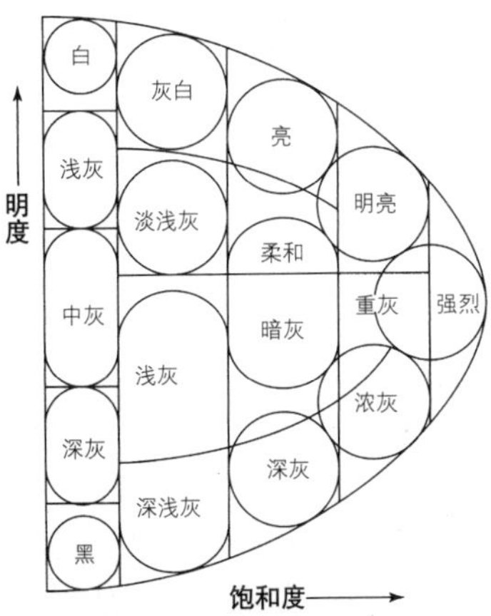

■图表15 明度的对比与马赫带

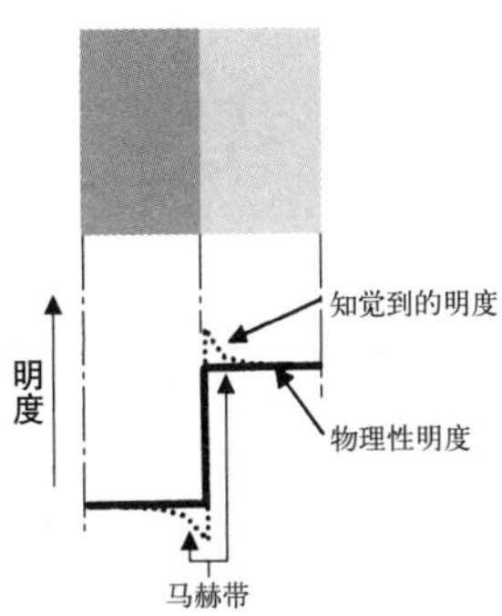

■图表16 谢普尔理论的色彩调和原则

类似	相同色相的不同色调
	类似色相的相似性色调
	主色*1
对应*2	同色相的对应色调
	相邻·类似色相的对应色调
	补色*3 色相的对应色调

*1 以特定的色彩为主色调（2种以上色彩）
*2 与对比的概念相同
*3 在色相环上位于相反位置上的色彩

思考题

- 希望灰暗的、不均匀光线的空间或场所会是什么样的地方。
- 请找一下不适型眩光、减能眩光、反射眩光的案例。分析一下应采取怎样的对策。

4. 室内设计与环境——②

热环境调节

学习目标：缓解炎热和寒冷程度是住宅最基本的功能。本节的重点是理解形成舒适热环境的条件。

1）热的感知

人通过调节热环境构建出冬暖夏凉的住宅构造体系。为了实现热环境的舒适性，就需要有一定的能源，但建议尽量有效利用自然能源，规划和设计节能型的室内空间。

2）热传递

热传递原理包括传导、放射（辐射）、对流3种（图表1）。传导是物质自身以外的内部热运动。放射是可见光线、红外线向空气中相互隔离的物质内传递热量的现象。对流是通过流体（液体或气体）移动把热能传递出去的现象。这些热传递没有气体、液体、固体的状态变化且能观测到温度变化的称为显热。与此相对，固体、液体、气体变化所必需的热量（融解热、汽化热）未发生温度变化的称为潜热。

3）热的舒适性

人的体温过高或过低都会危及生命。人体代谢所产生的热量，与环境之间出出进进达到热平衡状态，这在热能含义上称为舒适状态。与此相关的指标在环境方面有4要素（气温、放射温度、湿度、气流），在人体方面有2要素（人体代谢、着衣量）（图表2）。

4）隔热与蓄热

建筑的热环境调节通过冷暖空调设备等热源的导入和建筑本身的热能设计来完成。隔热性对于代表传导、放射、对流的全部热量传递指标的热惯流率非常重要。热传导率的代表数值如图表3所示。

另外，热容量也影响热的性能（图表4）。热容量指蓄积热量能力（蓄热），如果是同种材料，

■图表1 热的传递

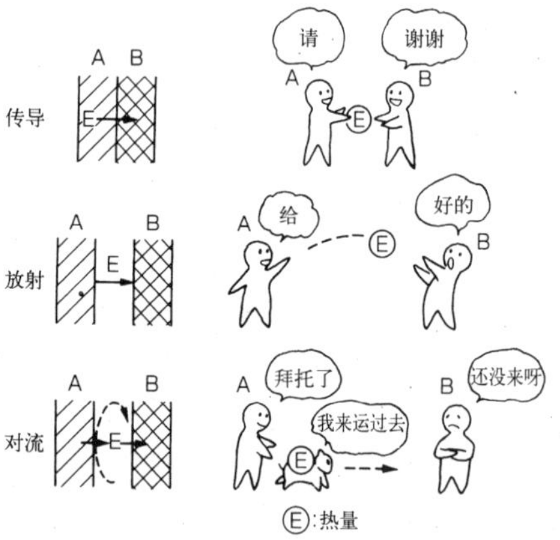

■图表2 热舒适性的条件

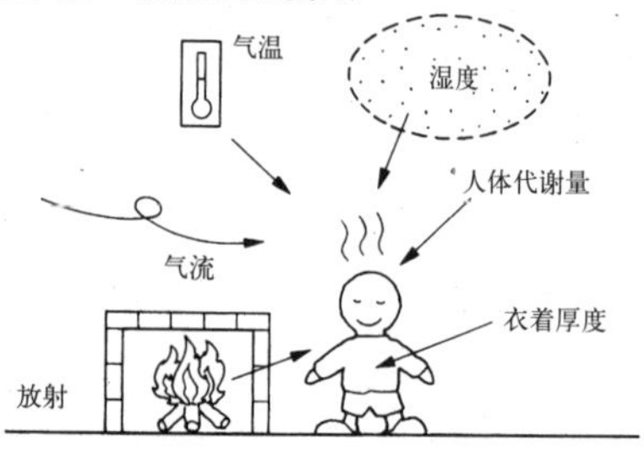

■图表3 各种材料的热传导率

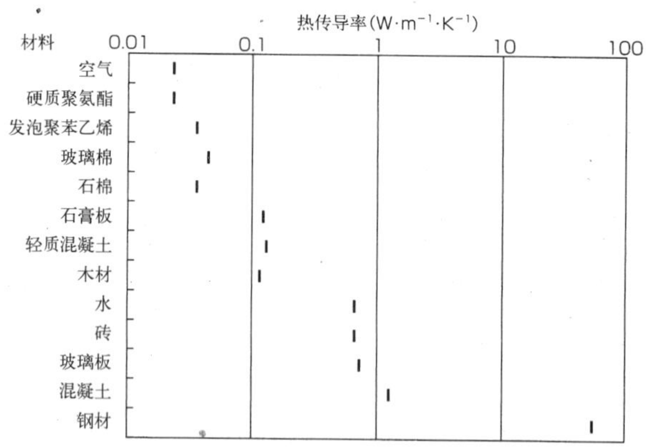

■图表4 断热性与热容量的效果

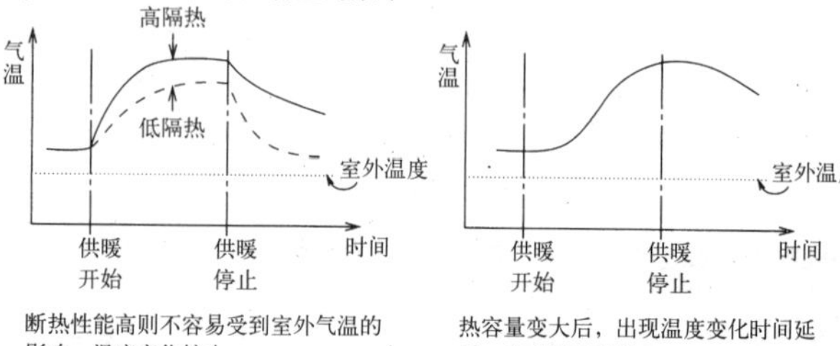

断热性能高则不容易受到室外气温的影响，温度变化较小。

热容量变大后，出现温度变化时间延缓，变动变得平缓。

则容积越大能力越高。单位容积内，空气非常低、木材和石膏板比较低，混凝土和钢材则较高。

5）隔热与气密

当建筑内部整体室温比外界高出1℃时，从室内散发出来的热量被占地面积相除就得出热损失系数，它的大小代表隔热性能。热损失系数小则断热性能高，基本是上下温差、室间的温差都较小的房间。室间的温差较大，出现热休克（血压的变动对身体的伤害）的危险性就会增加。

6）结露

物体表面的温度达到露点温度以下时，空气中的水蒸气会在物体表面凝结成水，这种现象称为结露。结露是发霉、腐烂的外部原因，能影响人体健康、导致建筑老化。

是否发生结露，要依靠湿润空气线形图来判断（图表5）。同等温度下，湿度变大露点温度就会上升，则容易发生结露。

建筑物的墙壁由多层物质组成。从外部能看到面层表面结露的现象称为表面结露，而在外部看不到的称为内部结露。维持低湿度状态或控制露点温度等方法都是防止结露的有效对策（图表6）。

7）绿色建筑

绿色建筑指使用对人体无害的材料，并利用对环境负荷较小的建筑手法建造的建筑。它不仅是从经济效益出发，也是从人体的安全性、对地球环境的影响等角度来考虑的，是现代社会所期望的一种建筑形式。

有效利用自然能源，形成舒适热环境的建筑称为节能建筑。有依靠机械设备主动完成集热的主动式太阳能建筑，也有仅利用建筑手段在某种程度上控制热环境的被动式太阳能建筑（图表7）。节能建筑也是从热环境角度实现绿色建筑的手段之一。

■图表5 结露判断　湿润空气线形图（省略图）

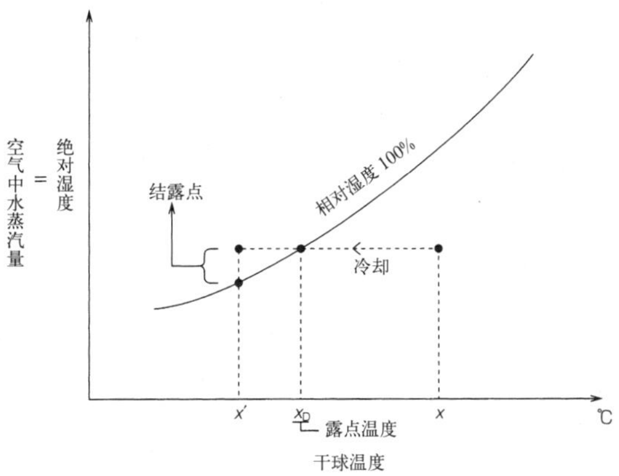

■图表6 防止结露的方法

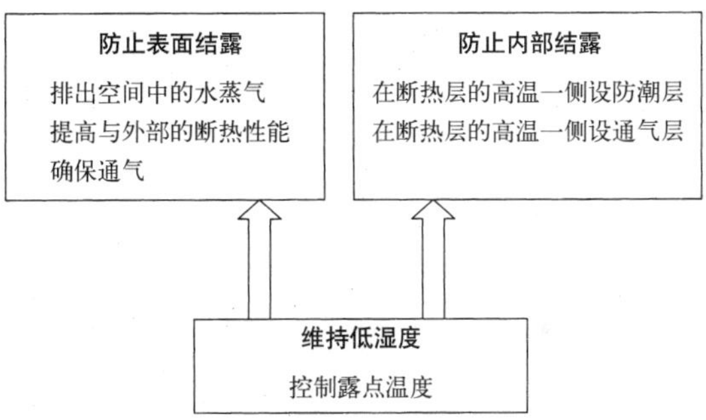

■图表7 被动式太阳能建筑的案例

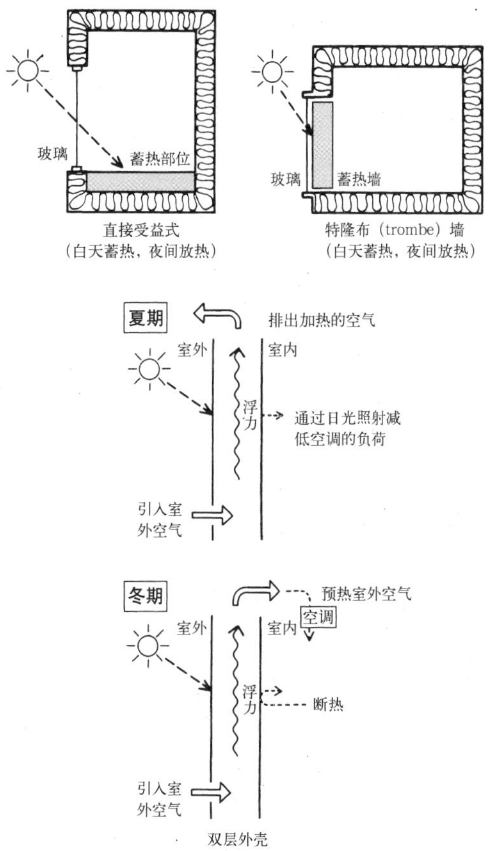

思考题	● 参考节点详图思考一下防止内部结露的具体施工方法。 ● 查找一下夏季防止太阳辐射（日照）的方法。

4. 室内设计与环境——③

空气调节

学习目标：通风和换气是保证健康居住空间不可或缺的重要条件。本节主要学习确保良好空气质量的具体方法。

1）对空气的感知

打开窗户呼吸新鲜空气，心情会变得十分愉快。室内空气中不仅有难闻的臭味，也包含建筑材料释放出来的化学物质以及壁虱、霉菌等威胁健康的生物体（图表 1）。

2）空气污染

CO_2 的浓度如果不达到一定的比值，其本身的毒性是无法显现出来的，但是 CO_2 增加会带动其他污染物质随之增加，因此常用它作为表示室内空气污染程度的指标。《建筑标准法》、《建筑物确保环境卫生的相关法律（楼房管理法）》中规定：CO_2 的室内容许浓度为 0.1%（1000ppm）。CO 的毒性极强，容许浓度在 0.001%，甚至更低。

3）换气分类

换气有自然换气和机械换气（图表 2）。自然换气是不利用人工，而依靠自然的力量来达到换气的目的，主要有根据内外温度差进行温差换气（重力换气）（图表 3），和依靠室外风力来换气（图表 4）。机械换气为第 1 种到第 3 种，要结合各自特点区分使用。

运用气流达到自然换气的称为通风。这种换气在气温较高的季节中使用具有调节室温、排放湿气的作用，但在气温较低的季节则称为透风，因而不太受欢迎。另外即使没有缝隙，但窗户周边的寒冷空气也会造成气流下降，带动空气流动，这称为冷风。

进风口和排风口相邻设置的话，只能使其周边的局部空气达到换气，形成所谓的短环路状态，而其他地方的空气则保持原来状态。虽然进行局部换气感觉比较好，但要考虑到全面换气，就必须对换气路线进行整体规划设计。

通风换气要考虑出入口的位置和种类，绝对不能留有不必要的缝隙，要尽量达到可控状态。建议结合空调设计进行整体规划。

■图表 1 污染物质的种类

二氧化碳（CO_2）、一氧化碳（CO）、氮族氧化物（NO_X）、硫磺氧化物（SO_X）、VOC（甲醛等挥发性有机化合物）、臭气、浮游粉尘、石棉、各种过敏原（花粉、壁虱、真菌及其他）、放射性物质（氡等）

■图表 2 换气的分类

送风	排风	分类名称	特征
机械	机械	第 1 种	室内压力任意设定。可进行大量换气
	自然	第 2 种	室内为正压。适合清净的房间
自然	机械	第 3 种	室内为负压。适合污染的房间
	自然	第 4 种	有通风设备等辅助设施。换气量不定
		（自然换气）	换气量不定

■图表 3 温差换气原理

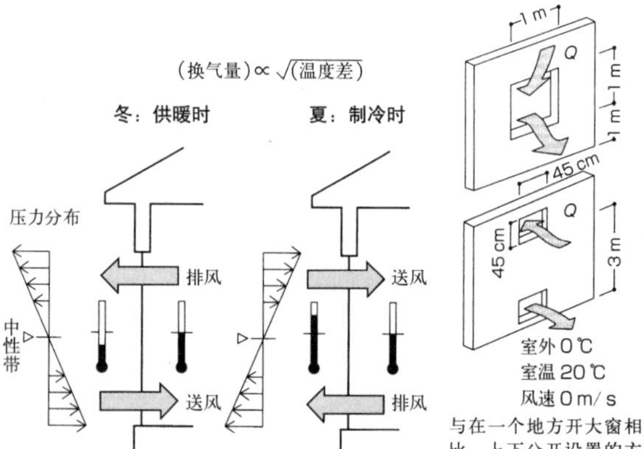

与在一个地方开大窗相比，上下分开设置的方法更有利于换气

■图表 4 风力换气原理

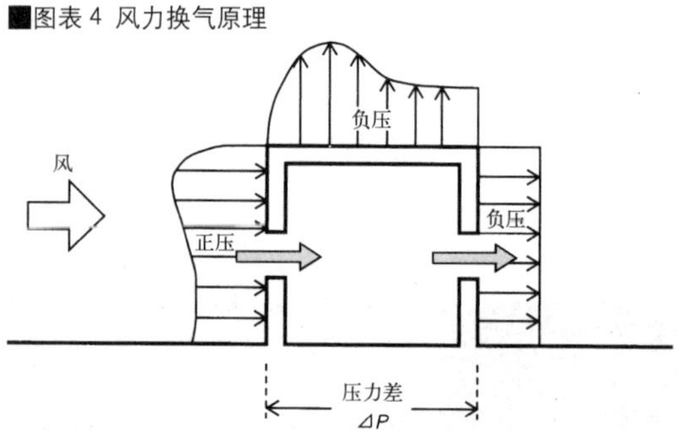

4）必要换气量的计算

换气量（m^3/h）被室内容积相除，表示 1 小时内平均分几次替换室内空气，这称为换气次数。必要换气量由容许浓度所决定（图表 5）。从容许浓度到必要换气的计算公式为（1）所示。

一般以 CO_2 的容许浓度为标准，算出必要换气量。通常每人 $30m^3/h$，换气次数大约为 0.5 回 /h。

换气量是室内外压力差的平方根与开口面积的比值。但是开口面积因边缘部位有阻力，因此并不是原有数值，而是乘以流量系数之后的数值，这称为相对开口面积（实际有效面积）。另外，有多个开口时要将开口的面积进行叠加，而开口的位置关系是并列还是直列，其叠加方法也会有所差异（图表 6）。

5）城市风

室外风的方向和强度，根据气象和地形条件有所不同。季节风在夏天从太平洋向大陆刮，冬天则反方向刮，因此成为地域的主要风力。

从城市这一宏观角度来看，风是从海面的开阔部分顺着河流刮进来的。这称为“风之路”。城市内部因为各种各样的经济活动很容易滞留废热。这种热的滞留称为热岛现象。因此，期望“风之路”能担负起将城市中的废热以及大气中的污染物质排出城市之外的功能。

距离地表面的高度不同，风力的强度也会不同。一般位置高的地方风力都比较大。为此高层住宅中，越接近高层，风力越大，所以要留意阳台上的把手、栏杆等发出的风啸声以及振动声。

由于高楼大厦阻碍了高空中风的自由流动，导致在地面形成强大的风力。这种风称为高楼风（图表 7）。高楼风有时会阻碍步行者行走，可针对性地使用植栽或其他人工构筑物来缓和气流。

■图表 5 室内污染物与换气量的关系

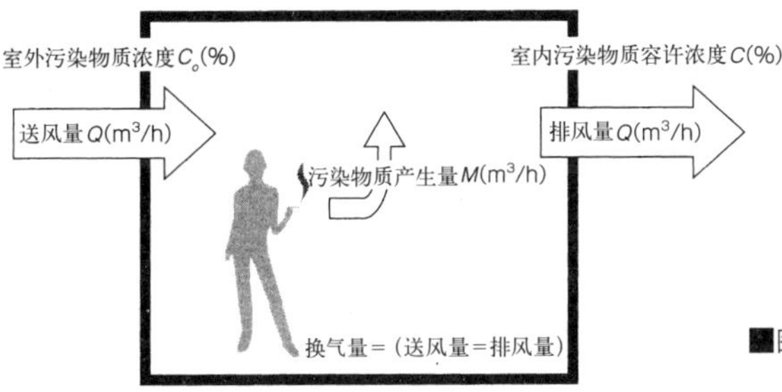

$$Q=\frac{M}{\frac{C}{100}-\frac{C_o}{100}} \quad \cdots\cdots(1)$$

Q：必要换气量（m^3/h）
M：污染物质产生量（m^3/h）
C：室内污染物质容许浓度（%）
C_o：室外污染物质浓度（%）

■图表 6 开口部的位置关系与相对开口面积总和
（流量系数 α、开口面积 A、相对开口面积 $=\alpha A$）

并列关系	直列关系
$\alpha A=(\alpha A)_1+(\alpha A)_2$	$\left(\frac{1}{\alpha A}\right)^2=\left(\frac{1}{(\alpha A)_1}\right)^2+\left(\frac{1}{(\alpha A)_2}\right)^2$

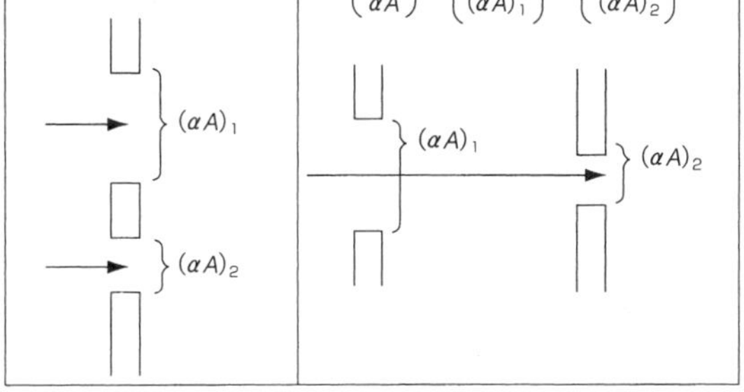

■图表 7 高楼风形成的模拟图

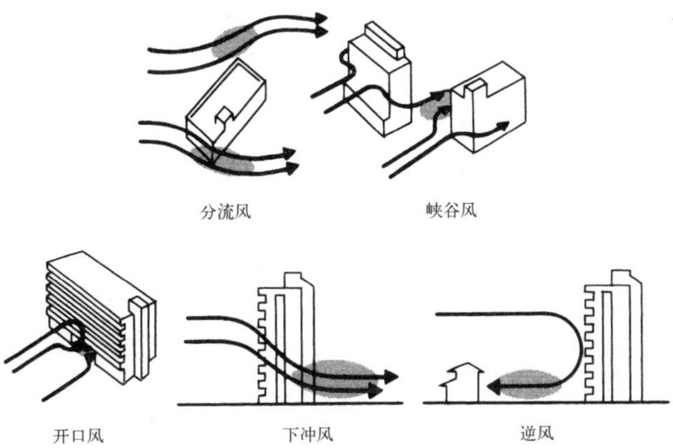

思考题

- 用图解方式描绘一下自家的换气和通风状况。
- 能感觉到风力强弱的场所特征是什么。

4. 室内设计与环境——④

声音调节

学习目标：安静程度是确保空间品质的基本条件。本节主要学习声音的传播和音响的原理，其目标是能掌握如何调节恰到好处的声音环境。

1）声音的感知

安静程度是生活品质的基础。即使再美的空间，如果被不悦耳的声音所充斥就无法称其为舒适环境。另外，如果以聆听声音作为主要目的，那么能清晰地听到声音就显得更为重要；例如音乐厅，在聆听纯美音响效果上会有更高的要求。

2）声音的传播

声音是由空气的压力变化（声压）产生的，通常被称为疏密波。低音域的声音（频率小）容易迂回曲折，且易穿透物体，因此在防止噪声方面较难控制。

一般有通过振动将声音从居室的墙壁、顶棚传出形成的固体声和声音源本身向空气中传播的空气声。固体声会影响人们的生活状态。即使是很小的声音，在集合住宅中也会很容易变成矛盾（图表 1）。

3）声音的性质

声音根据频率特性可分成纯音、复合音和杂音（图表 2）。声音的基本认知属性有响度（loudness）、音高（pitch）和音调（tone）三种。声音的响度与声压的对数成正比，因此常用声压水平（单位为 dB= 分贝）来代替。音高依据基本频率来确定。音调是由于各个频率的声压大小不同所致（参照 24 页）。

另外，听觉的感知度随频率发生变化。因此，包含有各种频率的实际声音的响度是与听觉特性相类似的频率经过叠加（A 特性）后来修正，这称为 A 特性声压标准（单位为 dB）。

4）隔声和吸声

向物体内入射的能量（E_i）有反射、吸收（E_r）和透过（E_a）。在此基础上定义出透过率 τ 和吸引率 α（图表 3）。另外，为便于计算透过率，常用透过损失 R（dB）来表示。

5）音场

音场表示空间中反射音的多少。也有把音响

■图表 1 空气声与固体声（▨ 中不包括的声音为固体声）

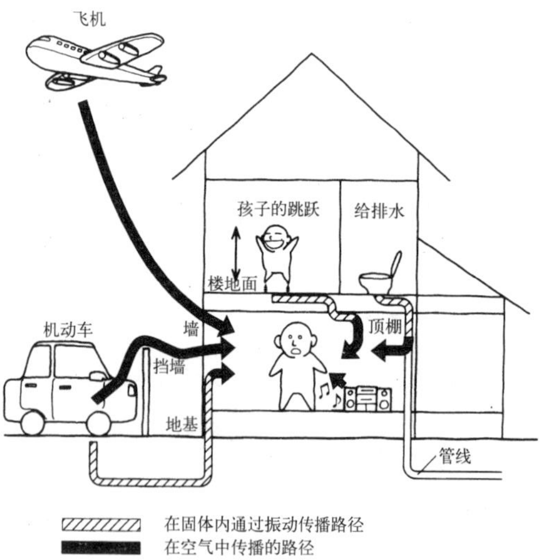

■图表 3 隔声与吸声

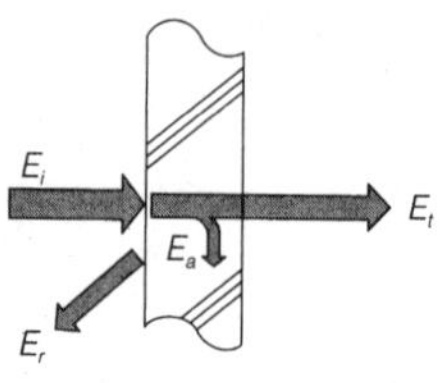

$$\tau=\frac{E_t}{E_i}$$

$$R=10\log\frac{1}{\tau}$$

$$\alpha=\frac{E_a+E_t}{E_i}=\frac{1-E_r}{E_i}$$

■图表 2 声音的波形（声压 – 时间）与频率的特性

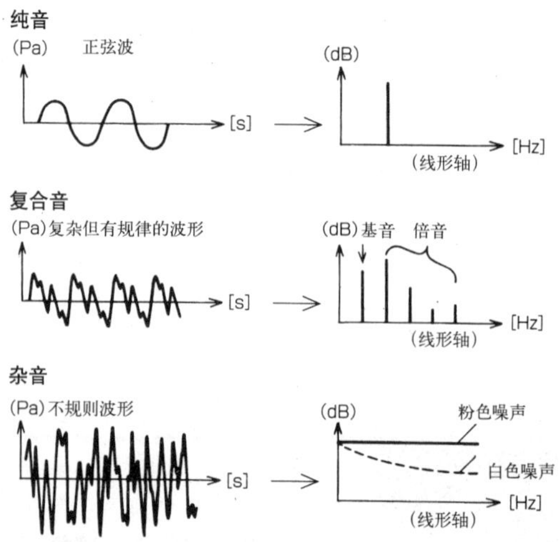

较少的空间用沉寂、音响强烈的空间用嘈杂来表达。完全没有音响效果的空间称为自由音场。比较典型的自由音场有室外空间、无音响房间。相反，由无方向性的反射音来控制的空间称为扩散音场。室内空间中，与音源接近的地方为自由音场，但与音源分离到一定程度后大多数就变成扩散音场。

6）隔声的原则与预测

透过损失基本上取决于墙的面密度（单位面积上的重量 kg/m^2）。这称为能量守恒定律。中高音域中，由于受到弯曲振动的影响，有骨架墙结构的透过损失会出现下降区域（图表 4）。提高隔声性的方法有减小缝隙，减少屋檐内侧的侧路传播也是很重要的。

7）噪声的评价指标

现实中声音的大小时时刻刻在发生着变化。因此须计算出平均值，通常是还原成物理量后再进行平均换算。此时的数值称为等价噪声等级（L_{eq}）。等间距地分成 N 个抽样噪声水平的 L_i 可利用以下的公式计算出来。

$$L_{eq}=10\log\left(\frac{1}{N}\sum_{i=1}^{N}10^{\frac{L_i}{10}}\right)$$

8）音响设计

室内用途不同对音响的要求也不同（图表 5）。音响效果短，声音听起来会非常清楚，但是要想听纯美的音乐，则音响效果稍长一点会更好。

混响时间是指声音从鸣响开始到室内声音的能量达到 $1/10^6$ 为止的时间。相当于声压水平减弱 60dB 的程度。混响时间与房间容积成正比，与室表面积和平均吸声率呈反比。

根据反射声的状态使音响效果发生变化的称为混响现象。通常，在室内无法感受到纯美音响效果，或者很难捕捉到声音，大多都是因为音响障碍在捣乱（图表 6）。

■图表 4 透过损失的普遍倾向

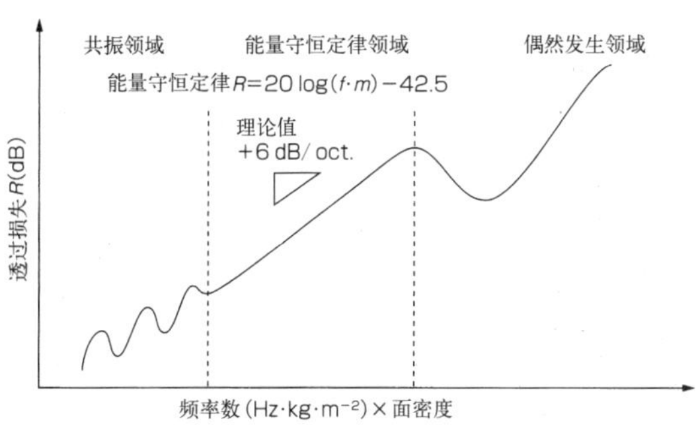

■图表 5 针对房间容积推荐的混响时间

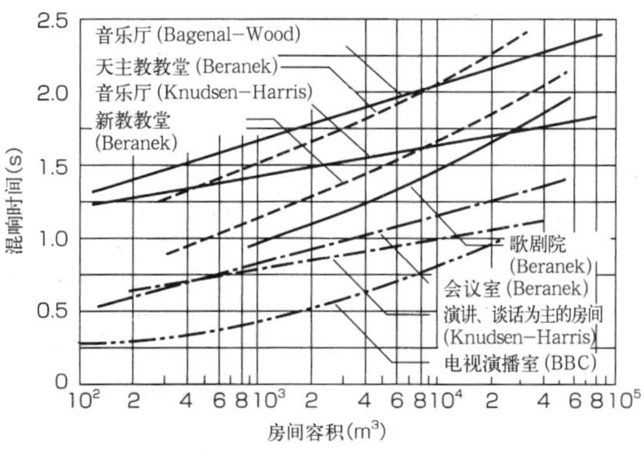

■图表 6 各种各样的混响现象

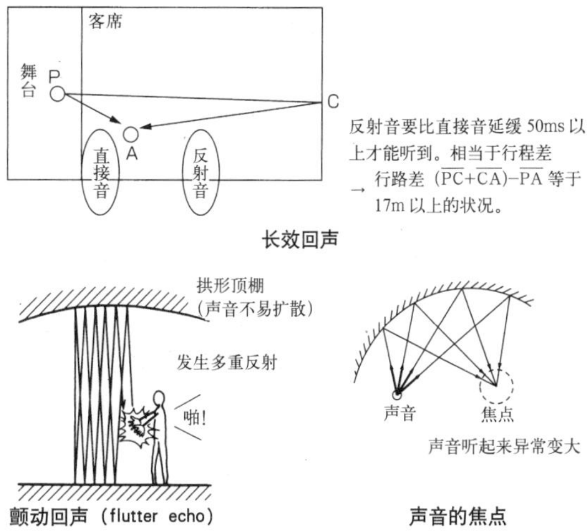

需要音响设计的只有音乐厅吗？

集合住宅中针对固体声有特殊对策。另外，飞机场和火车站等空间，如果混响时间过长则很难听到广播。开放式学校也要充分考虑到不要与相邻教室之间出现冲突。有时还需对空间整体进行音响设计。

思考题

- 有没有在物理特性上虽小，但听起来感觉嘈杂的声音？这种声音的特征是什么。
- 空间中什么样的地方会没有混响现象出现？试从身边的环境中寻找一下。

4. 室内设计与环境——⑤

设备设计

学习目标：居住环境通常是依据建筑设计来操控，但现代住宅中设备也是必不可少。本节主要学习和掌握与居住环境相关的各种设备。

1）设备设计

近现代以后，居住空间开始使用各种各样的设备。卫生、采暖、安全等设备的使用领域在逐渐扩大，使得现代建筑中，设备的设计与选择也成为设计内容的一个组成部分。

针对老龄者、残疾人的设备设计是很有必要的。即使是住宅，也有需要电梯、自动扶梯等情况。这些作为无障碍设计的一环，影响着住宅建筑的整体设计。

设备设计不仅要满足自身功能要求，也要注意噪声的出现。给水管有时会发出水锤的声音。排水声也会影响生活，成为令人不快的声音。空调设备的室外机或锅炉发出的声音，会成为与其相邻接部分的噪声源。

■图表 1 供水方式。压力罐供水方式是通过压缩空气来加压

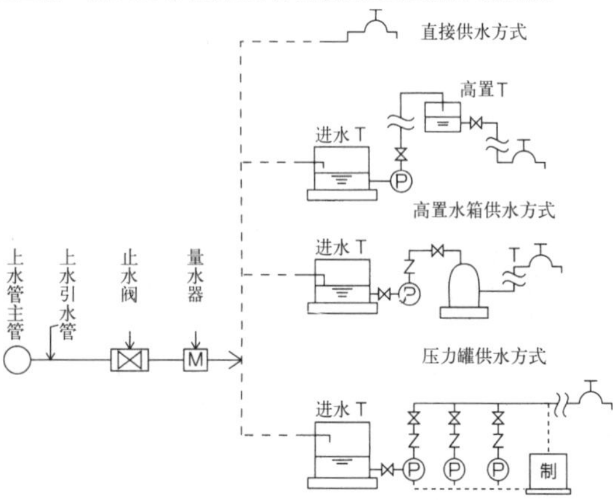

■图表 3 回水弯管的种类

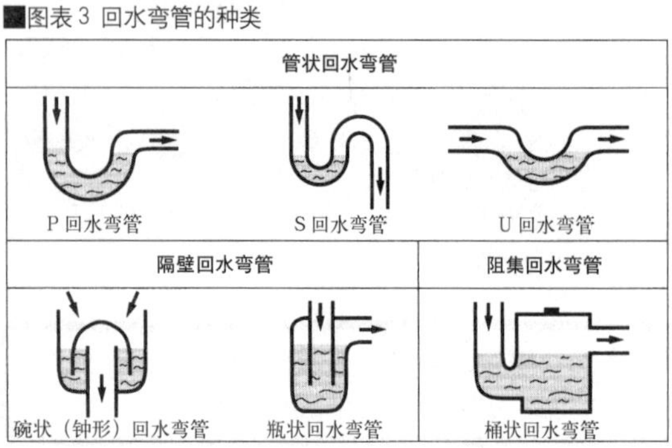

2）给排水设备

❶ 上水、供热水设备

上水供水方式的选择要考虑建筑的用途、规模、制约条件等（图表 1）。2 层以下的住宅建筑多使用"直接供水方式"。集合住宅、办公楼等规模较大的建筑，如果使用直接供水方式就会出现供水压力不足的问题。解决办法是采用"高置水箱供水方式"、"压力罐供水方式"、"水泵直接供水方式"等有加压装置的供水方式。

厨房、盥洗室、浴室等有冷水和热水两种供水需求。供热水的温度标准为 60 ～ 70℃。供热水用的热源有如图表 2 所示的种类，现在，以节省能源为目的的产品种类在不断增多。

❷ 排水设备

排水中必须设置回水弯管（图表 3），以防止

■图表 2 供热水的热源

通常的热源	以省能源为目的的热源
煤气、石油、电力（深夜电力）	太阳能、热泵 *1、利用废能发电 *2

*1 以电力为驱动能源将热量从低温向高温转移的体系。
*2 利用发动机或汽轮机同时产生电力和热量（冷热）的体系

■图表 4 回水弯管封水作用被破坏的原因

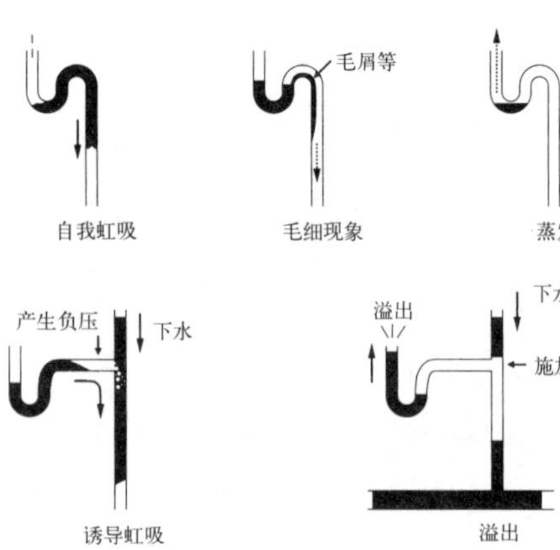

下水管中的恶臭、虫和动物等的侵入。也有一些产品合并到卫生器具中。阻集回水弯管是将可能导致配管堵塞的物质、或者有害物质以及可再利用的物质从排水中分离出来，然后回收到阻集器中的产品。有油脂、毛发、石膏粉、土沙石等的阻集器。图中所示是最简单的排除易沉淀物质的阻集产品。排水管欠缺通气条件，或不恰当的管理等造成回水弯管的封水作用消失，就会影响卫生质量，因此要充分引起注意（图表 4）。

3）冷暖气设备

住宅中最基本的供暖设备是燃烧燃料的设备（图表 5）。采用开放式时，因室内空气会受到污染，因此需保证充足的换气。另外燃烧会产生水蒸气，因此也会引起结露。

不靠燃烧供暖的方式有空调供暖、地热供暖等辐射式供暖。这些不必担心会造成空气污染，火灾的危险性也比较小。

4）空气调节设备

空气调节是指调节室内空气的温度、湿度、流通速度和保持洁净度以保持全方位的良好状态。这类设备的基本组成部分有空气过滤器、空气加热器、空气冷却器、加湿器、送风机等。按照构成方式有图表 6 所示的各个种类。

5）安全设备

有针对失窃、侵扰等的防止犯罪设备和针对火灾及煤气泄露等的防灾设备。还有其他具有感应、警报、预防、引导避难等功能的各种设备。特别是消防设备和避难设施，要同时符合《建筑标准法》和《消防法》的规定。

6）设备与基础设施

能源（电力、煤气、灯油）、上下水管、通信（电话线、天线）等，这些都是保障人类生活环境正常运转所必需的基础设施（城市中人类生活的基础设备）中的一个组成部分。灾害发生时，它与交通、食品统称为维护生命线的物质，确保和恢复这些设备的正常运转是十分重要的。

7）选定设备原则

引入设备时，将预计实现的环境状况包括在内，要从初期费用（最初成本）、维护管理费用（运转成本）等角度作全面考虑。也要考虑设备器械以及建筑本身的寿命，并从生命周期成本（LCC）的观点制定最经济的设计方案。另外，从关爱地球环境角度出发，严格控制能产生温室效应的气体排放也是很重要的。与 LCC 同样，建议以寿命周期 CO_2 排放量评价指标（$LCCO_2$）开展设备设计。

■图表 5 利用燃烧取暖的设备种类

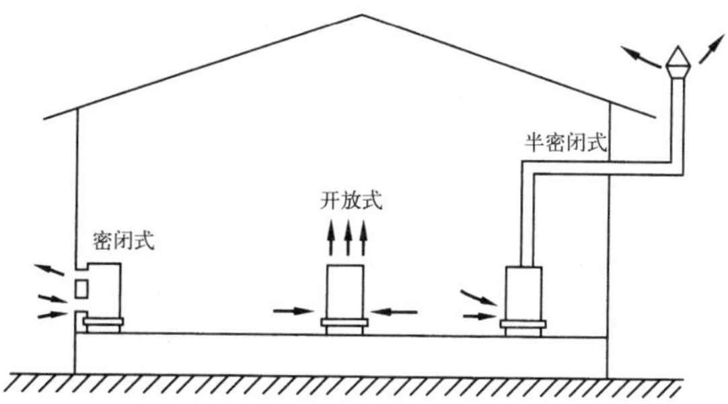

■图表 6 空调设备的分类

设置方式	中央方式（集中方式）	设备集约化效果较好。适用于中型规模以上建筑。
	个别方式（单元方式）	可以在不同领域中运转。面向中小规模建筑及住宅。
热运转方式	全空气方式	单一管道方式，适于整个房间负荷相同的建筑 双层管道方式，各个房间可分别调节温度，但设备费用、营运费用较高。 多层管道方式，对应各个楼层的负荷进行给气，因此多用于中规模建筑。
	空气／水方式	需要配备管道和管线。由于机器分散，因此维护管理有些困难。
	水／制冷方式	只有水和制冷的管线。通过风扇设备和封装设备进行空气调节，但有换气、集尘的弱点。

思考题

● 家庭中会使用多大量的水和能源。实际测量一下自家的使用量。另外，考虑一下省能源的方法有哪些。

5. 室内设计与安全 ——①

日常灾害与安全设计

学习目标：日常生活中会有各种意想不到的事故发生。了解这些日常灾害的特征及原因，并思索相应的对策。

1）日常灾害的种类

日常灾害在本章节是指日常生活中发生的与建筑有关的事故。大致可分为跌落型、接触型、危险物型。跌落型有坠落、滚落、跌倒等人坠落或物体掉落下来后被砸伤的情况。坠落是从上层阳台等较高处掉落下来的事故，滚落是从台阶上滚下后发生的事故，跌倒是在水平面上摔倒的事故。接触型是被粗糙的表面擦破、尖锐物造成的伤害等从表面看具有危险性的类型，但通常认为比较安全的门、窗等也会有被撞击、挤、夹的潜在危险，因此要十分注意。危险物型是由危险物带来的事故，但也有像浴缸中发生的溺水事故那样乍一看是看不到危险的情形（图表 1）。在建筑灾害事故的种类和比例上，溺水和跌倒的事故呈上升趋势。此外，坠落和滚落大约以相同的比例在不断地发生。

2）人的能力与事故伤害

人的动作能力随年龄发生变化。婴儿和幼儿处在发育阶段，动作能力比较低。长到成人后其能力逐渐提高，到老年后体力和判断力都会下降，能力再次降低。能力较低的儿童和老龄者遭受日常灾害的机会比较多，但同时遇到事故后也容易被人关注。

3）日常灾害的种类与对策

❶ 从高处发生的坠落事故与对策

从高处发生的坠落事故有两种，一种是成年人探身时不留神摔落下来，另一种是幼儿等握着扶手摇荡时，从扶手横木的缝隙之间挤下去的状况。扶手的高度在《建筑标准法》中规定标准值是 110cm。这是从防止不留神坠落的角度考虑的，是在日本成年男子 99.9% 的重心高度上留出一定宽余后确定的尺寸（图表 2）。对于幼儿，要求在确保无法攀登的最低高度的基础上，还要避免设置横撑，以防脚踩上后攀登（图表 3）。另外，能辅助攀登的空调室外机、阳台上放置的物品等也要考虑尽量放在栏杆的外侧。防止挤掉下去的方法是纵向栏杆杆件的间距要小于幼儿头部的尺寸（图表 4）。

■图表 1 日常灾害的种类

分类	种类	相关联的居住部分	内容
跌落型	坠落	扶手、窗户、窗户栏杆	建筑物内外之间的高差导致人跌落下去并碰撞到某个物体上，或者反过来物体落下击到人的事故群组。“跌倒”事故由于是站立状态的人特别是头部跌倒到地面上，因此也属于这一群组。
	滚落	楼梯、楼梯周边	
	跌倒	地面、地面高差	
	被掉落物撞击	顶棚、墙壁、照明器具	
接触型	碰撞	门、拉门、窗户	人在接触建筑物的某个部位时，对此部位的材料和形状没有防备而引起受伤的事故群组。玻璃在破裂时尖锐的部分也会伤及到人，所以也属于这一群组。
	夹	门、拉门、窗户	
	摩擦	墙表面	
	尖锐物体引起的伤害	玻璃、玻璃周边	
危险物型	火伤、热伤	热源、热源周边	建筑中使用电气、煤气、水或者火、热水等建筑设备，对人来说属于危险物引发事故的群组。其中浴缸等的储存水能引发“溺水”事故，因此可认为是危险物中的一种。
	触电	电气设备、器具	
	中毒、缺氧	煤气设备、器具	
	溺水	浴缸、水池	

❷ 从台阶滚落下去的事故与对策

台阶上的事故是由于脚下打滑或踩空，从台阶的较高处向下滚落造成的。为了减小事故的发生，可采取减小台阶的倾斜度、加大踏面的宽度、台阶的前端使用防滑措施、设置扶手等方法。当从台阶上滚落下来时，为了减弱事故伤害的严重度、防止一直滚落到楼梯最底端，尽量采取在楼梯的中途设置休息平台，螺旋楼梯的楔形踏步尽可能设在较低的位置上。

❸ 水平面上的跌倒与对策

为防止跌倒，地面可采取防滑措施，采用不易被绊倒的地面形式也是非常重要的（图表5）。减少跌倒带来伤害的对策就是不使用过硬的地面。

❹ 浴池中的溺水事故与对策

浴室中发生的溺水事故主要有：老龄者在浴室内跌倒、患者疾病发作引起的事故和儿童滚落到有水的浴缸内被淹的情况。防止老龄者发生事故的方法是在合适的位置上设置扶手，地面采取防滑措施。

❺ 挤、撞击事故与对策

家具、门窗构件中的门等可动物体有撞击和挤、夹的危险。住宅中使用的门分平开和推拉，因此发生事故的种类也会有所不同。平开门会撞击站在门对面的人，反方向关闭门会夹到手臂或手指而引发事故。另外，门转轴一侧的空隙也会有夹到手指的状况。撞击是因为事先没看到而引起的事故居多，有效的方法就是采取开启方便的方法或者镶上玻璃以便可以透过门能看清对面。推拉门的撞击事故比较少，但是也有可能因为门较重，依靠惯性在关闭的时候夹住手指而引起较严重的事故。采用的对策有使用上旋滑道门以减轻力度或者安装能用上力的把手等。

■图表2 扶手高度的确定方法（cm）

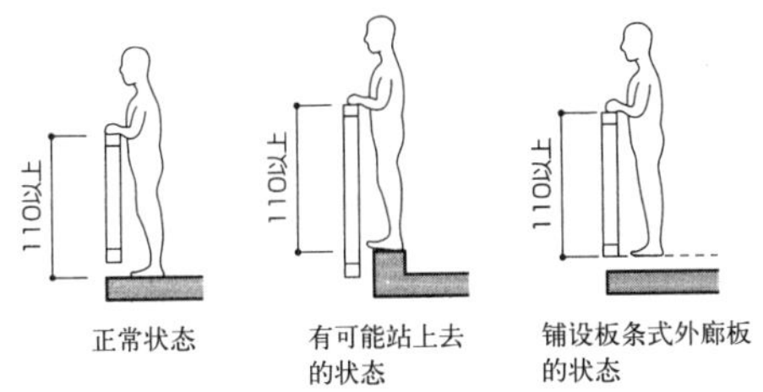

■图表3 防护幼儿攀登的设置（cm）

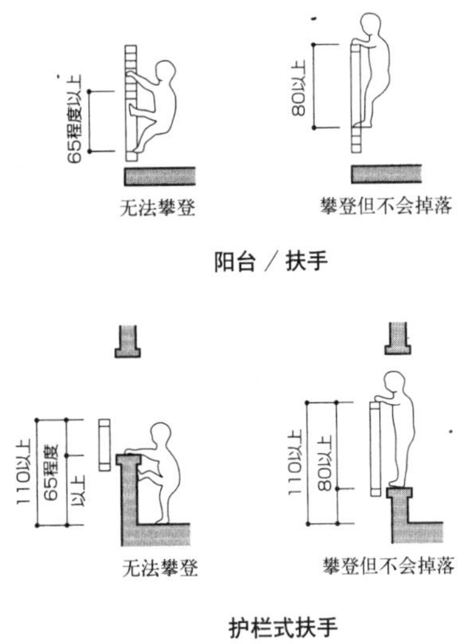

■图表4 防止幼儿挤出去的空隙间隔（cm）

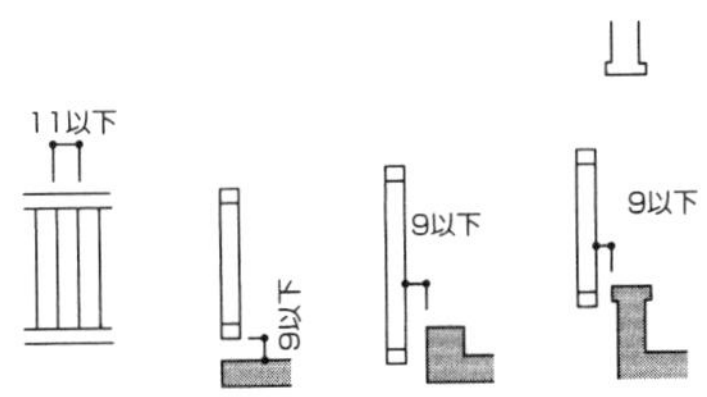

■图表5 地面阻力值

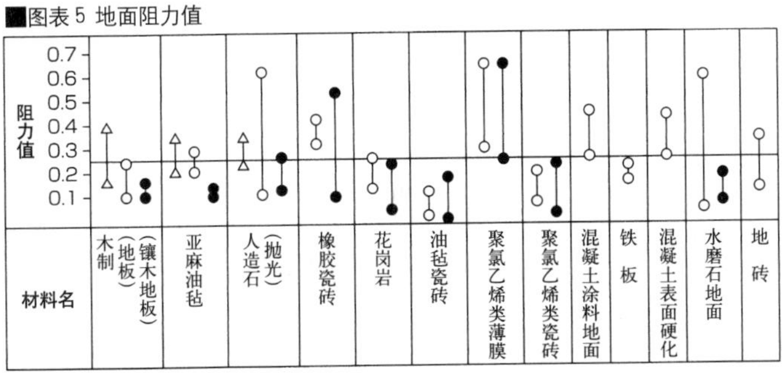

0.1以下	非常滑	0.2~0.25	普通
0.1~0.2	滑	0.25以上	不滑

●：打扫的很干净的物品
○：普通物品
△：不太好的物品
（本判定稍有偏差，实际应以0.3为标准，其以上为不滑状态）（出自宇野英隆）

思考题

● 边看图表1边查找一下自己家中会发生日常灾害的部位，并想一想怎样才能防止这些日常灾害发生。例如，看看自家的地面是否有可能会滑倒的部位。

地震、火灾与安全设计

学习目标：自然灾害包括地震、火灾、暴风雨、洪水、风暴潮、海啸、火山喷发等，事先采取预防措施可以减轻受灾程度。本节主要掌握与室内设计有关的重大地震、火灾等灾害的防御措施。

1）地震对策

❶ 地震灾害

阪神、淡路大地震在最初阶段，导致人员死亡的原因大多是由抗震性较差的房屋倒塌造成。其他引起严重受伤的还有像建筑物本身虽未倒塌，但顶棚、窗户等建筑构件遭到破坏、或者家具倾倒后被压造成的。老化的木结构住宅倒塌的危险性极高。另外，超高层住宅的高层部分，在地震时的振幅比预想的要高得多，因此也会引起室内的巨大震动。

❷ 预防地震灾害

防止建筑物倒塌 地震时为使建筑物不倒塌，在建筑设计法规中制定了相应的结构设计法规。其基本防震设计原则分为两个阶段，即中规模地震时能抵抗破坏、大规模地震时允许部分破坏但防止倒塌。中规模以上的建筑物可增设能控制地震摇摆的结构装置。相对应的案例有：在建筑物与地面之间增设有助于横向晃动的结构层；阻止地面震动传递到建筑物的隔震措施；在建筑物中加入具有制震作用的阻尼器等机械构件以衰减震动（图表 1）。

防止顶棚坠落 顶棚装修大多是在基层设置龙骨，用垂吊方式施工完成，这会导致地震时顶棚板、结构骨件发生掉落的危险。另外，嵌入式或垂吊式照明器具也有脱落的危险性，要采取措施防止其晃动（图表 2）。

防止玻璃破碎 未采取任何措施的窗框在地震时会发生变形。窗户是玻璃根据窗框的形状来安装的，当窗框变形较大时，玻璃会破损而有脱落的危险。防止脱落的对策有：在窗框上粘贴破损后不易掉落且能防止玻璃飞溅的塑料薄膜；在窗框上设置能支撑玻璃的密封材料以防止玻璃破损；采取有变形余地的对应措施。为了防止掉落到下一层，可采取在外侧张拉上网或设置阳台等方法。玻璃在掉落时其飞溅范围是窗户高度的 1/3 ～ 1/2，因此地面部分可考虑在此范围内栽种植物以防止人进入。

防止家具倾倒 地震时未固定的家具会发生不同程度的移动，例如倾倒、掉落、损坏。大型家具倾倒后压倒人的危险性极大，因此要固定好家具以防止倾倒。另外，叠摞在一起的家具，在

■图表 1 各种结构设计

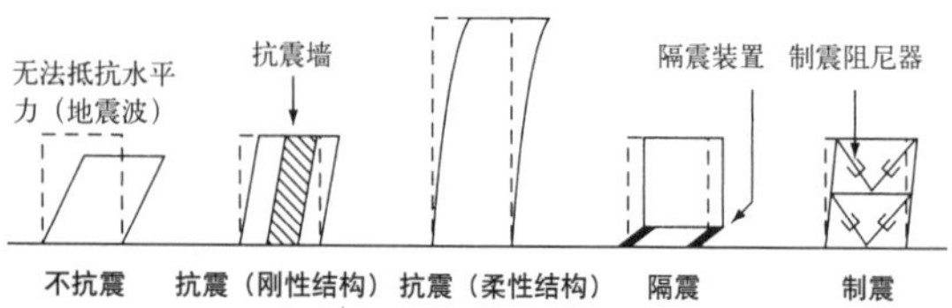

■图表 2 地震时顶棚等掉落方式

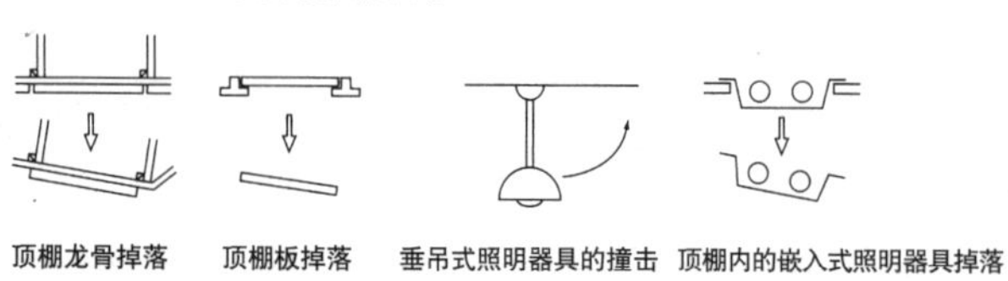

■图表 3 地震时家具的移动

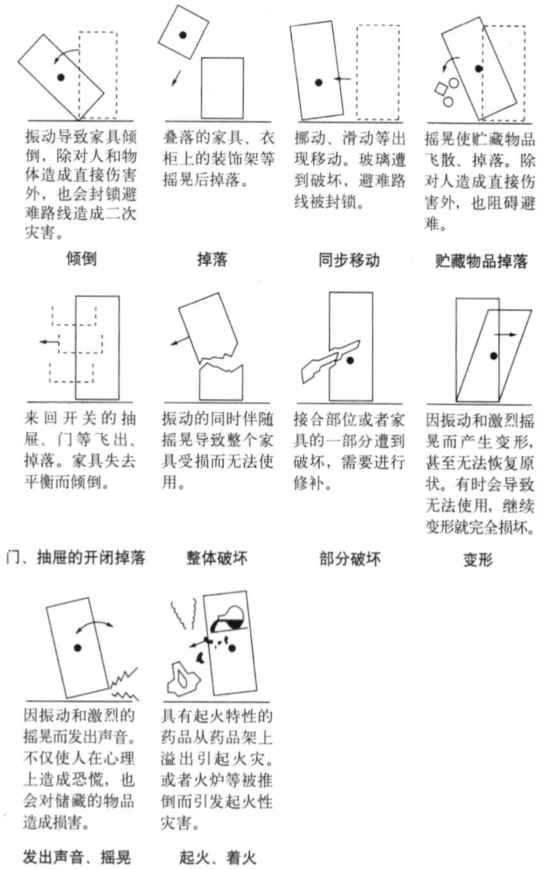

地震时因为各自都能发生移动，有时会出现家具被甩出的现象，要引起充分注意。镶有玻璃的家具遭到破坏后更增加危险，因此要仔细斟酌设置的场所（图表3）。

2）火灾的对策

❶ 火灾灾害

2006年全年，住宅中（普通住宅、公寓住宅以及公寓）纵火以外的火灾事故共有18328件，占建筑火灾事故总数（31506件）的58.2%，超过了半数。一方面住宅的火灾事故数量在增加，另一方面感到棘手的是无法做到将相应的防火对策完全交由个人来进行彻底防预管制。火灾受害者中，65岁以上的老龄者和5岁以下婴幼儿的死亡人数居多，受害集中在弱势群体的倾向比较明显。

❷ 火灾灾害的对策

为了减轻火灾的受害程度，可采取如下措施：①不制造明火；②迅速发现火情；③防止火势蔓延；④迅速灭火；⑤尽快逃离。①是住宅中由炉灶、香烟等引发火灾的情况居多，因此严格管制火源很重要。②是根据消防法规，在住宅中有责任和义务设置住宅用火灾报警器。住宅用火灾报警器主要是为了不延误逃生时间，在普通住宅的卧室及楼梯的二层以上加以设置。③是与建筑规模相对应，室内的地面、墙壁、顶棚等使用不易燃烧的结构材料并实行内部装修限制，同时采取规范措施，利用不易燃烧的混凝土、防火门、夹丝（网）玻璃等材料将房间按照防火区进行分隔。④是引入灭火器，近几年开始讨论将家庭用喷洒装置引入到住宅中。⑤是迅速发现火灾，并在火灾发生时确保两条避难通道，以便一条避难通道被堵塞后也能迅速逃离，利用阳台、室外楼梯来进行避难的措施也是一种行之有效的方法。

❸ 火灾与避难设计

火灾发生时，为保证建筑物内部通往室外地面的安全避难通道畅通，《建筑标准法》中规定了依据避难计算来进行评价的措施。火灾时避难所需要的时间要与火灾时的避难行为相结合来进行调整。建筑内部即使出现火情，避难者也不会马上就能处在撤离状态，发现火灾后灭火、准备避难等初期应对措施是需要一定的避难开始时间。避难开始后，从居室到走廊、楼梯最后一直到地面的室外空间，完成这些避难行为需要花费一定时间。为了缩减总的避难时间，使其比建筑物内危险对人造成危害的波及时间更短，要对建筑物实行防灾设计（图表4）。拖延危险波及时间的有效方法有：内部装修材料使用不燃物（图表5）、设置排烟装置将火灾产生的浓烟排出室外、设置灭火设施如喷洒装置等。这些应根据建筑规模制定相应的法规标准。

有效缩短避难时间的方法是设置火灾感应器、报警器等使人们容易发现火情。另外，适当扩大居室门的宽度、楼梯宽度等可有助于尽快逃离火场并撤离到室外，这也是一种很有效的方法。

为防止火灾扩散，在房间或走廊、楼梯内设置隔墙、防火门、防火玻璃等防火分区（图表6）以确保安全的避难通道也是非常重要的。

■图表4 避难需要的时间

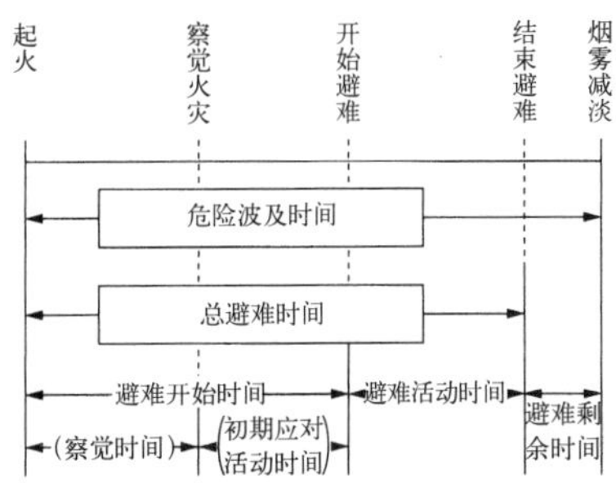

■图表5 防火材料的性能标准

不燃材料	混凝土、砖、瓦、钢铁、铝合金、玻璃、灰浆、石膏、其他与此类似的建筑材料
准不燃材料	水泥板、石膏板、其他建筑材料
难燃材料	难燃合板、难燃纤维板、难燃塑料板、其他建筑材料
装修材料	较薄的面层装修材料在按规定的施工方法施工时，内部骨架要使用在防火性能上被认可的材料（涂料、壁纸、喷涂材料）

■图表6 安全防火分区的案例

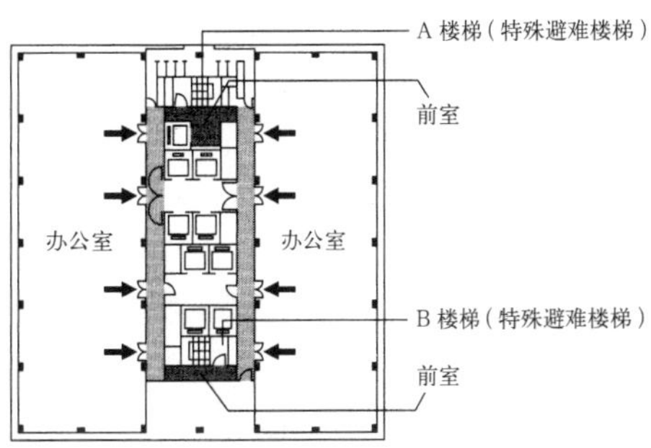

思考题

- 确认一下卧室中的家具内部是否有地震时容易翻倒出来的危险物品。
- 确认一下经常光顾的建筑设施是否有两条以上可供逃难的通道。

5. 室内设计与安全——③
群体拥堵事故与安全设计

学习目标：在人群拥堵的地方必须考虑到日常事故和灾害发生时的安全问题，明确如何对人群聚集较多的空间开展设计。

1）群体的特性

有种说法，"人在独自一人和在群体中所表现出来的举止完全判若两人。" 人在个体的时候可以依据自己的意愿去行动，但是聚集到一起成为群体后，由于受到周围其他人的行为限制，大多会在整体上采取一致的行为。在这种情况下，群体有时也会很难针对某种变化采取应对措施，比如方向的迅速转换或停止。因此当建筑内集中有大量人群时，要结合其特性实施安全引导群体的设计。

2）个体的步行

群体的步行由个体步行的总和构成。个体的步行动作分为 4 个步骤。后脚从后面迈出、左右脚交叉、后脚变为前脚落到地面支撑后另一侧的脚迈出、最后相对一侧的脚落到地面支撑体重回到最初同样的姿势，这称为一个周期（图表 1）。步行时，为了保证脚能迈出，前脚跟到后脚尖之间的距离为 10 ~ 20 英寸，手臂挥动的横向幅度应达到 70cm 左右才能保证宽松的行走尺寸（图表 2）。

■图表 1　步行动作的 4 个步骤

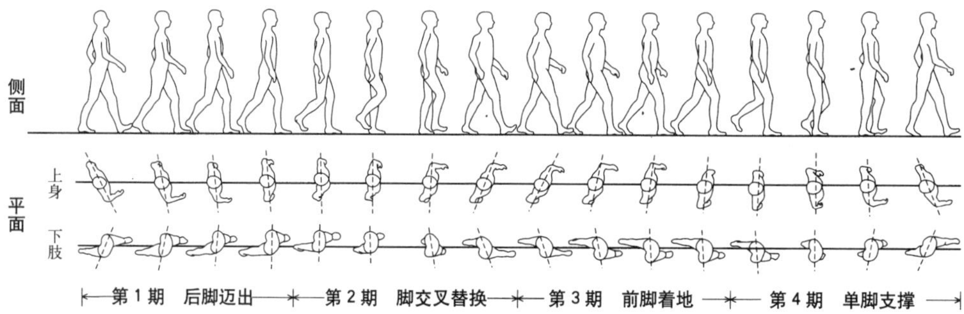

■图表 2　步行带与知觉带（cm）

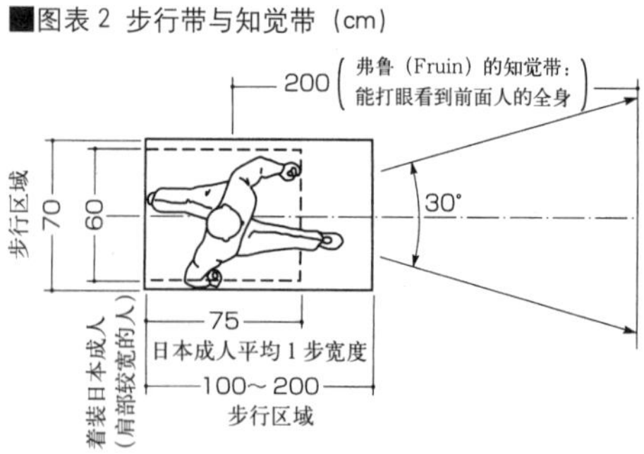

■图表 3　群体拥堵事故的状况

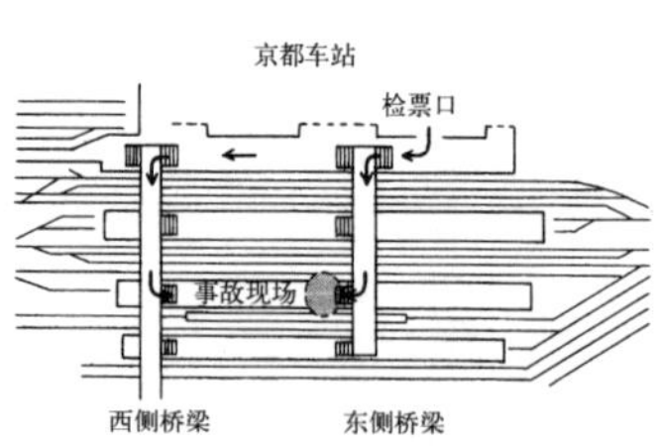

京都车站事件（1934）

送行士兵人流从台阶开始向大厅一个接一个倾倒下去

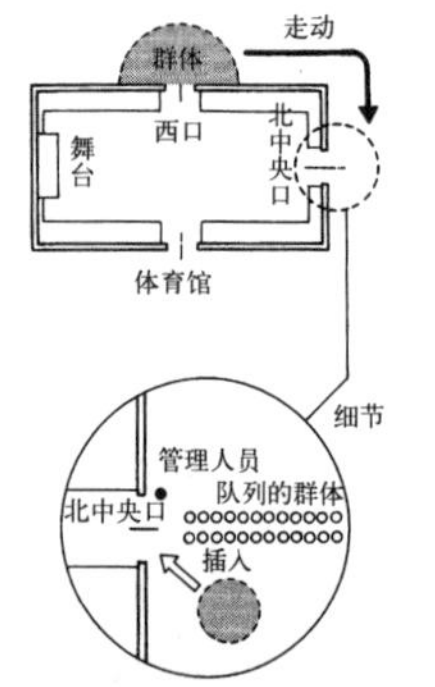

横滨体育馆事件（1960）

等待音乐会的队列发生变更时人流突然插入导致一个接一个倾倒。

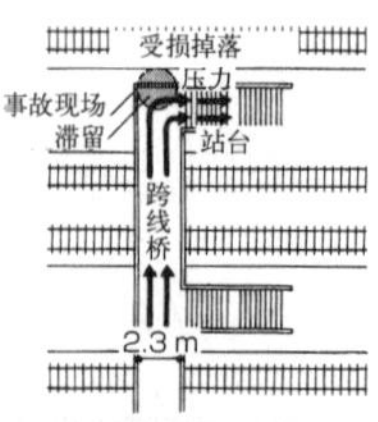

日暮里车站事件（1952）

天桥上人群密集压力过大导致天桥末端的墙壁倒塌坠落。

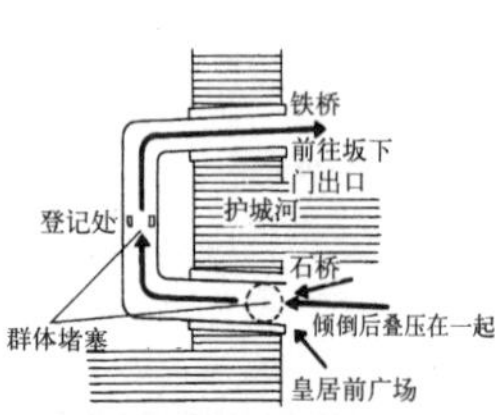

二重桥事件（1954）

正月例行参拜、祝贺，开场时在广场等待的人群蜂拥而入导致人流一个接一个倾倒。

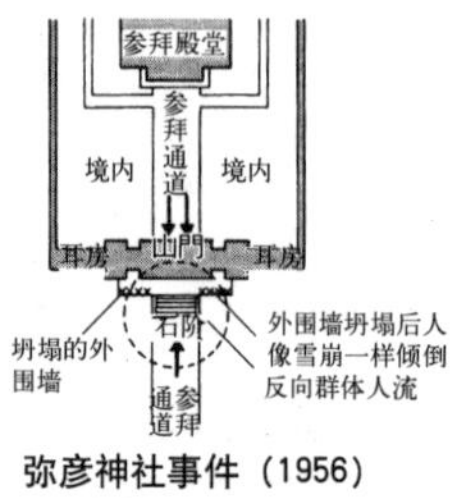

弥彦神社事件（1956）

正月举行的摊饼活动中石阶上下的人流出现混乱，在跌倒的人身上形成倒压状态

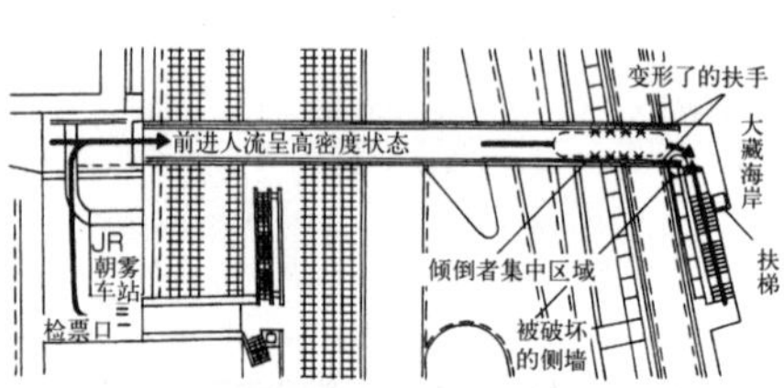

明石烟花大会事故（2001）

连接车站与会场的天桥上，来往人群出现混乱产生暴乱倒塌。

3）群体拥堵事故

如果对群体拥堵不采取恰当的措施，就会造成意想不到的严重后果。过去发生过很多群体拥堵事故，其中主要有踩踏类（如：前面的人摔倒后导致后面的人压在前面人的身上）和群体倾斜类（如：因为密集而出现人群间相互拥挤、躁乱，从而导致群体平衡崩溃，人像雪崩那样整体倒向其间留有空隙的地方）（图表 3）。群体拥堵事故是因为人群过度集中或蜂拥而至引起，但大多数原因是由于不恰当的空间形态或信息传达不完善所至。

4）群体拥堵状态

为了防止群体拥堵事故，就要掌握群体的特性，以便能对群体采取恰当的控制措施并开展设计。群体拥堵的状态用群体密度（每平方米的人数）来评价。以各个不同密度中静止的群体状态来表示（图表 4）。步行状态时要留出迈腿的空间，因此比同等密度的静止状态时的混杂感要强。4 人／m^2 是火车站客流高峰时段从大厅下楼梯时的密集状态，是非常混杂的。群体的步行速度和密度的关系为：密度增大混杂增强，速度就会下降，大致呈反比关系（图表 5）。

5）群体拥堵的控制方法

控制群体拥堵的有效方法有：确保流动顺畅、事先发出预告信息、明确告知指令或规则等。具体的方法有：对应人数设定通道的宽度、中间不做局部变窄的设计、设置能短暂停留的空间、以不同目的按不同方向将群体分散开来等。另外，与通常的建筑设计不同，延长流动路线反而能有效地控制和避免人群集中（图表 6）。

当公共设施内有多种类型的群体使用时，既要考虑到在正常时期控制群体拥堵，也要对非常时期采取重点避难防御对策。

■图表 4 静止状态人群拥堵的标准

密度	状态
1 人 /m^2	雨天群体中的每个人撑着伞时的状态，JR 新干线绿色列车的密度。
2 人 /m^2	席地而坐稍微挨着的状态。宽敞的剧场内坐席的密度。长期连续拘留犯人时的极限值。
3 人 /m^2	窄小电影院内坐席的状态，前后左右紧挨着排列群体的状态。
4 人 /m^2	棒球场看台上的座位并排就座的状态。混杂度为 150%（1.5 倍）的通勤电车内的密度。
5 ~ 6 人 /m^2	电梯内挤得满满的状。前后接触不到，只是相互触及的程度。阅读着的书刊杂志掉落后拣起来比较吃力的状态。混杂度为 200% 的通勤电车内的密度。
7 人 /m^2	肩膀和胳膊肘能感觉到压力。达到 7.5 人 /m^2 则人与人之间几乎不能穿梭。手臂能够抬起放下。
9 人 /m^2	在人与人之间穿梭比较困难。
10 人 /m^2	周围能感觉到身体压力。
11 ~ 12 人 /m^2	周围能感觉到较强的身体压力，这边那边的传来叫苦不迭的声音。
13 人 /m^2	呻吟声、悲鸣声变得急切。

■图表 5 水平路中同一方向流动的密度与步行速度

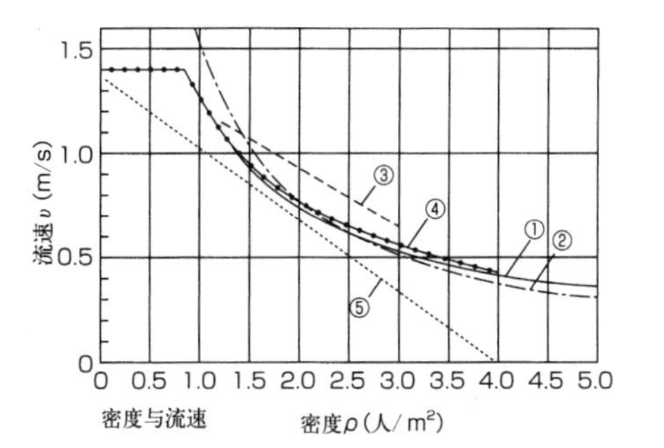

① —— $\upsilon=1.272\rho^{-0.7954}$

② —·- $\upsilon=1.5/\rho$

③ --- $\upsilon=1.48-0.28\rho$

④ ·—· $\upsilon=-0.26+\sqrt{2.4/\rho-0.13}$

⑤ ······ $\upsilon=1.365-0.341\rho$

■图表 6 群体拥堵人流的处理方法

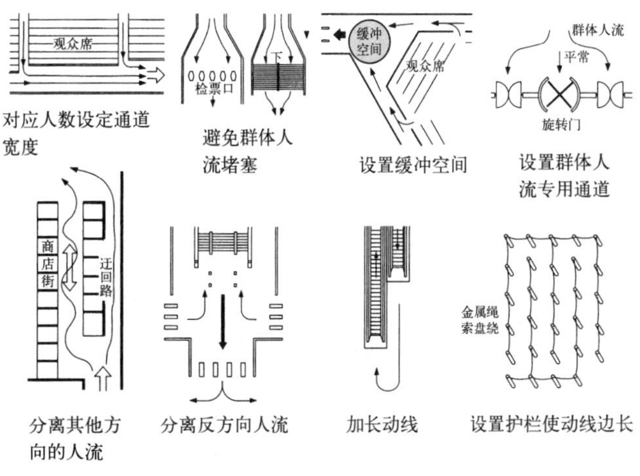

思考题

● 测量一下自己一个人在行走时的步行速度。测出一定距离（D[m]）内移动时间［T(s)］，计算出 D/T(m/s)。

预防犯罪与安全设计

学习目标：了解易发生犯罪的场所以及容易被犯罪者瞄上的住宅特征，在此基础上思考一下防止犯罪的安全设计方法。

1）通过环境设计防止犯罪

防止犯罪的方法之一是"利用环境设计来防止犯罪"。它的目标是通过整治建筑和城市环境，建立对防止犯罪富有成效的住宅和城市。其方法可概括为以下四点：强化对象物、控制接近、加强监控性、确保领域性（图表1）。

❶ 强化对象物

强化建筑物本身的方法有：强化容易遭受破坏的窗户玻璃和扣锁以避免入侵，围护好放有易燃物品的场所以免犯罪者实施纵火等。

❷ 控制接近

以犯罪者不容易接近对象物（人）为前提，采取提前预防、有组织性防御（利用人来防御）、机械性防止犯罪（锁等设备）、自然防止犯罪等方法（空间限定）。犯罪者经常光顾的入侵口有一定的规律，搬走那些能成为立足点的物品，对某些场所实施限制通行等办法可达到不易接近的目的（图表2、3）

■图表1 防预犯罪的环境设计4原则

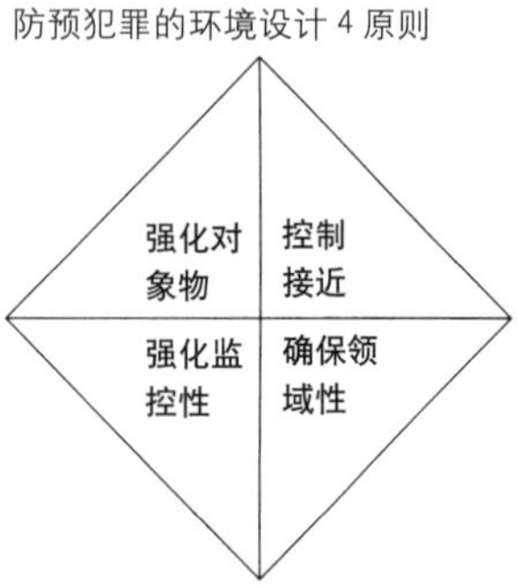

❸ 加强监控性

确保通透性，让更多的人都能看到，这也是防止犯罪的有效方法。可设置灯具以提高亮度，或者修剪植被加大居住用地内外空间的通透性，集合住宅中可将窗户面向小区花园、广场方向设置，以便让更多的人能够看见。

❹ 确保领域性

集合住宅中防范公共区域的入侵，必须按照居民能控制的方式进行设计。容易防守的居住空间（图表4）应从公共到私密按阶段性、连续性的组合方式进行设计（图表5）。在任何人都可以进入的公共空间和个人领域的私密空间之间留出过渡空间，并设计成半公共空间／半私密空间，这可以保证他人难以入侵。

这种确保领域性的方法还有在墙壁、建筑物等与外部连接的边界部位上设置构筑物。如：在入口处设置大门、通道、标识，这在领域的划分上起到暗示作用。如此设立的半公共领域是确保空间安全、安心的方法之一。另外，确认出必须守护的空间领域，采取措施增加通透性，以提高监控能力，使犯罪者无法接近住户。

多层集合住宅中的半公共空间有楼梯、走廊、建筑物之间的广场空间等，半私密空间有个人的庭院、玄关门廊等。半公共空间可防御外来者的入侵。半私密空间中个人支配权力较大，比较容易控制外部入侵者。

划分领域用的分隔墙有实体隔墙和象征性隔墙。实体隔墙是利用物理性手段防止入侵，像带

■图表2 共同住宅的入侵口

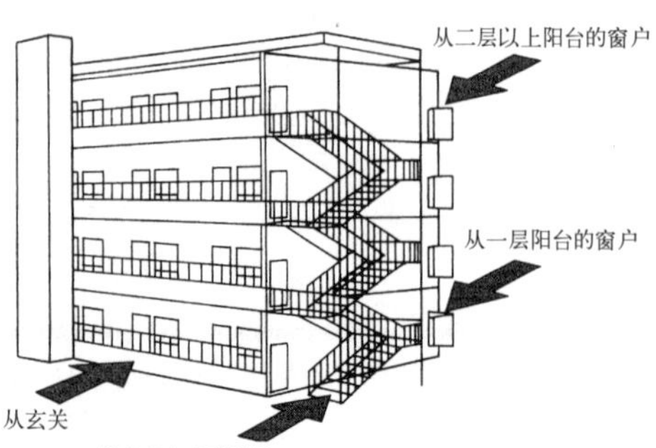

■图表3 独立住宅的入侵口

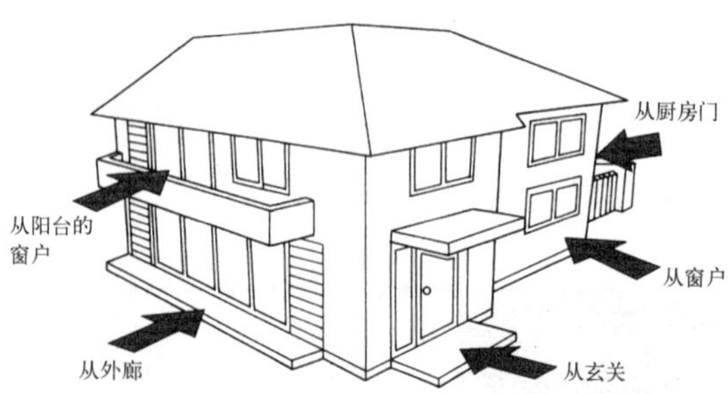

有围墙、栅栏、门扇等的门廊。象征性隔墙有无门扇的门廊、地面的构造变化、台阶、标识等，这种建造方法虽然不能防止物理性入侵但对心理性入侵具有防御作用。

2）犯罪分析与防止犯罪

犯罪分析之一是对犯罪类型的分析。犯罪类型分析可按作案时间带、犯罪种类、犯罪手段、犯罪引起的被害方式等方法来归纳整理，也可通过犯罪分析图利用图示的走向关系来分析。通过这些分析，可推断出犯罪多发区域、易发生犯罪的周边环境特征以及空间的构成方式，这些均能有效防止犯罪发生。

3）开放防守、封闭防守

防止犯罪的设计有两种思维方式，即向外部开放提高监视性和从外部封闭防守内部。例如：学校既是教育设施，同时也是谋求与地域之间开展交流的设施，因此防止犯罪的思考方法要区别对待。方法之一，是向地域开放，将外部的人引入进来，利用整个街区进行防守，提高监视性，加大防止犯罪性能。还有一种就是防守的方法，利用围墙、门等物理性屏障使学校与周边环境相互隔离，形成以内部防守为主。这种防御会妨碍与地域之间的自然交流，但让两者相互兼容却是一个比较难解决的问题。

4）防止犯罪与防灾

建筑物防止犯罪的对策是在日常状态下预防偷盗者从外部入侵。另一方面，在火灾等非常时期，要迅速开放出入口，以方便消防人员从外部进入以及内部人员向外避难疏散和逃离。这种同时防止犯罪和防灾的不同对策极为必要，要引起充分重视。

■图表 4 私密 公共

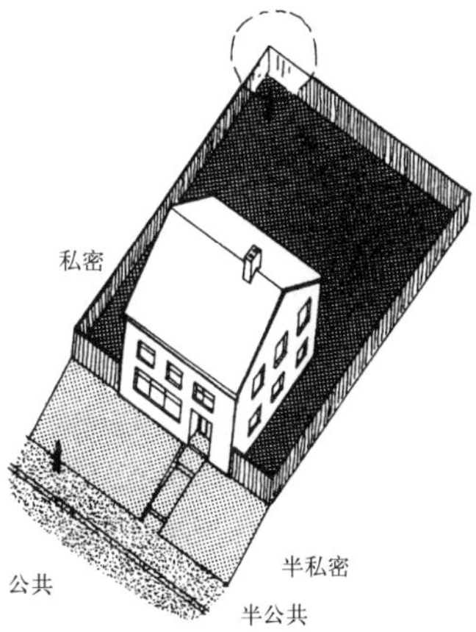

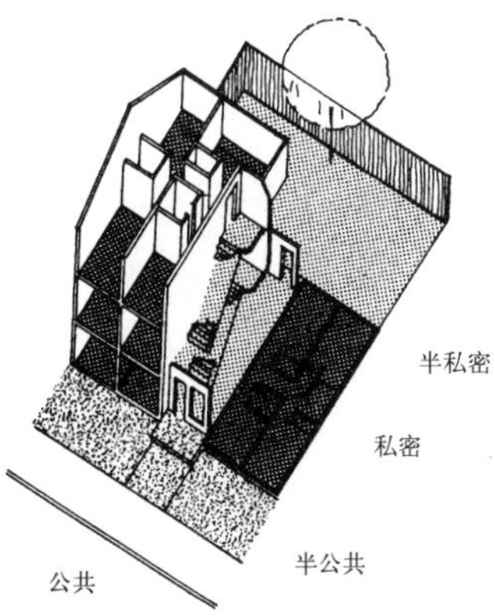

■图表 5 容易防守的空间

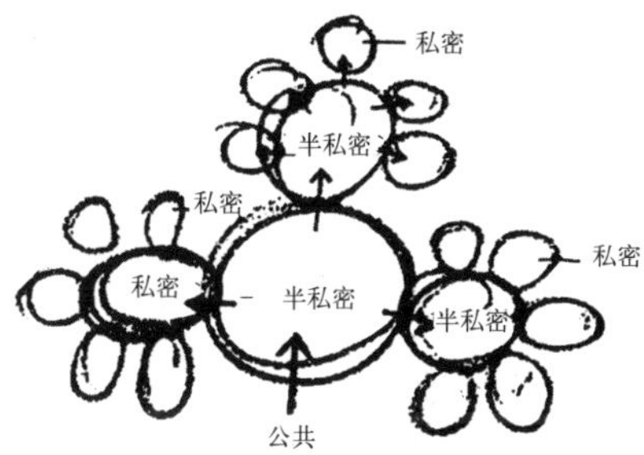

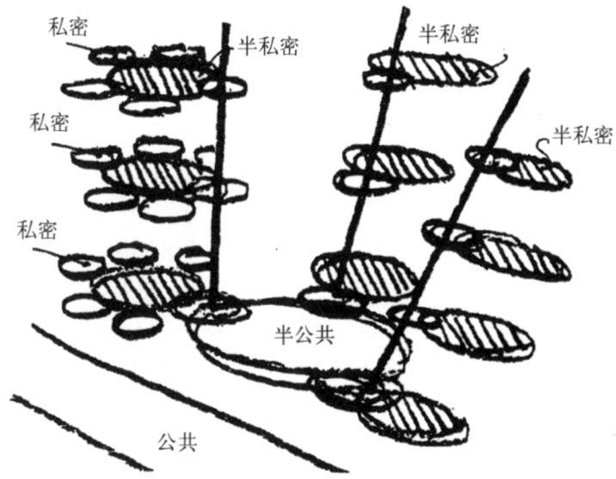

奥斯卡·纽曼（1972）认为，人为了控制环境需要有从开放到私密之间的阶段性过渡，此方法可用图示关系来表达（上图）。下图为高层住宅楼的图式关系。

思考题	● 试思考一下自家及其周边是否有如图表 4 所示的四种空间边界。 ● 思考一下周边的空间是否有眼睛能触及到的安全场所以及并非如此的场所。

5. 室内设计与安全——⑤

室内装修综合症（sick house）房间与预防设计

学习目标：室内装修材料如果使用不当会产生有害物质，从而威胁人体健康。本节主要分析引起这种室内装修综合症的原因及防止其发生的对策。

1）什么是室内装修综合症

在新建的住宅或重新改装的居住空间内，引起各种身体不适的症状统称为室内装修综合症（sick house）。这种综合症大多在刚迁入新建建筑后引发的情况居多，其中多数案例出现在使用大量新建材及密封性较好的建筑物内部。和户外与化学物质接触后出现的化学物质过敏症相比，室内病症候群是只发生在建筑内部。

2）室内装修综合症房间的问题起源

室内装修综合症房间主要是室内有害化学物质的挥发量增加，室内换气量减少，从而导致对化学物质有过敏反应的人群增多。墙体、地面材料中使用的壁纸、合成材料以及黏结剂中的化学物质，木制家具中产生的甲醛，香水或喷剂等生活用品，防虫剂或杀虫剂等含有化学物质的新建材都会对人体带来危害（图表1）。

■图表1 室内空气污染的发生源

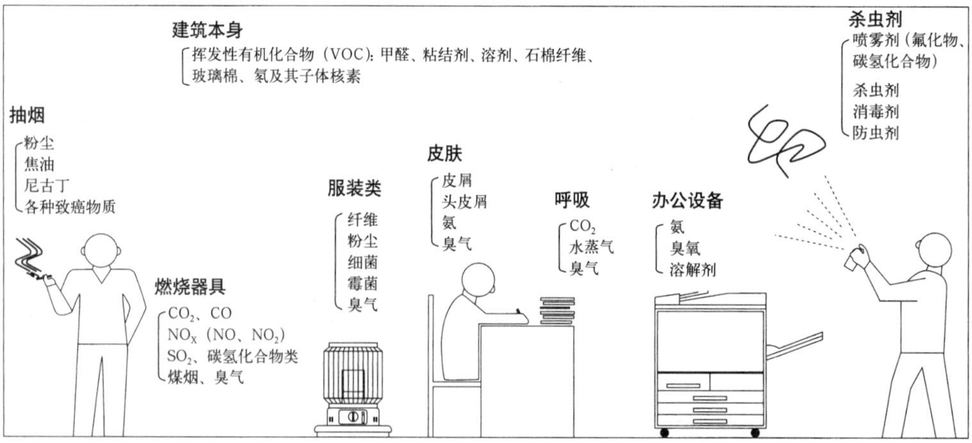

在室内污染物质发生源中，甲醛及VOC等的产生原理及对人体的危害尚有很多不明之处，因此在最初选择建筑材料时要做好充分验查。

■图表2 VOC浓度标准值

挥发性有机化合物	毒性指标	室内浓度指标数值*
甲醛	人体曝露实验能刺激鼻咽喉粘膜	100μg/m（0.08ppm）
甲苯	人体曝露实验对神经行为功能及生殖发育有影响	260μg/m（0.07ppm）
二甲苯	妊娠鼠曝露实验对新生幼鼠的中枢神经系统发育有影响	870μg/m（0.20ppm）
二氯苯	小猎犬曝露实验对肝脏及肾脏有影响	240μg/m（0.04ppm）
乙苯	小白鼠及鼠的曝露实验对肝脏及肾脏有影响	3,800μg/m（0.88ppm）
苯乙烯	鼠曝露实验对脑和肝脏有影响	220μg/m（0.05ppm）
毒死蜱	母鼠曝露实验对新生幼鼠的神经发育带来影响以及新生幼鼠脑部的形态学产生影响	1μg/m（0.07ppb）。但是有小儿时为μg/m（0.007ppb）
二正丁酯邻苯二甲酸 酞酸二丁酯	母鼠曝露实验对新生幼鼠的生殖器官造成构造异常等的有影响	220μg/m（0.02ppm）
十四（碳）烷	鼠经口曝露实验获知对肝脏有影响	330μg/m（0.041ppm）
邻苯二甲酸（2-乙基己基酯）	雄鼠经口投放对精巢有影响	120μg/m（7.6ppb）
二嗪农	从鼠的吸入曝露毒性实验获知对血浆和红血球胆碱酯酶活性有影响	0.29μg/m（0.02ppb）
壬醛	鼠的经口曝露实验在毒性学方面有影响	41μg/m（7.0ppb）

*单位之间的换算为25℃条件下的结果

过去从节能的角度考虑，推进实施高密闭、高隔热性住宅，但由于没有采取恰当的换气措施，室内空气与有害物质同时被滞留，这是形成室内装修综合症房间的原因之一。2003 年以消除室内装修综合症房间为目的，对《建筑标准法》进行了修改，要求住宅、公寓、办公、医院等大多数建筑的居室内必须设置 24 小时换气设备。

3）化学物质浓度标准

在室内化学物质的空气污染中，世界卫生组织（WHO）制定了室内空气化学物质浓度标准。其中，挥发性有机化合物（VOC）产生的空气污染问题较大，为此厚生劳动省对室内空气中的浓度标准进行了规定（图表 2）。规定中设定了人体长时间暴露在这些物质中但能保证安全的气体浓度上限，并把它作为建材产生化学物质的量性规定以及必要换气量标准。

4）防止形成室内装修综合症房间的对策

防止形成室内装修综合症房间，就要使室内污染物质的浓度降到一定数值以下（图表 3）。为此所采取的有效方法有抑制挥发、换气、清除等。抑制挥发的方法是选用不含室内污染物质的室内建筑材料，同时也要注意黏结剂的选择。封闭性好、高隔热住宅，要有计划地设置换气系统，但更重要的是使用者要有主动换气意识。室内污染物质在挥发期间，可放置一些能有效吸收、分解污染物质的材料或使用空气清新器。最基本的原则是，防止有害气体在室内挥发并随时换气，这是非常重要的。

5）选择材料

建筑材料中，木质等面层材料以及壁纸上对符合 JIS 或 JAS 规格的材料都贴有明确的标志。选择这种材料可有效控制室内有害物质的挥发量。粘结剂、隔热材料、涂料等在 JIS 中没有对甲醛或挥发性有机化合物（VOC）作出规定，因此制造商的资料及行业协会自行制定的标准就成为重要的参考依据（图表 4）。

6）清除化学物质

为了清除挥发的化学物质，可以使用空气清新器或能吸附化学物质的薄膜。另外，也可利用挥发性有机化合物在室内高温情况下挥发量会增加的特性，封闭室内、打开供暖设备，使其充分挥发后再进行换气，这称为烘烤蒸发法。无论哪种方法都是为了清除挥发的化学物质，这是必备的辅助手段。

■图表 3 污染物质浓度的允许值

污染物质	浓度允许值
二氧化碳	1000ppm（综合指标的标准）
	3500ppm（单项指标的标准）
一氧化碳	10ppm
浮游粉尘	0.15mg/m^3
二氧化氮	210ppb
二氧化硫	130ppb
甲醛	0.08ppm
氡	150Bq/m^3
石棉纤维	10 本 /L
总挥发性有机化合物（TVOC）	0.3mg/m^3

空气调节：卫生工学规格 HASS102—1997

■图表 4 建筑材料、施工材料中可优先组合物质的案例

建筑材料／施工材料	可以含有的优先组合物质
胶合板、刨花板、MDF	甲醛（黏结剂）
隔热材料（玻璃墙）	甲醛（黏结剂）
复合地板	甲醛（黏结剂）
聚氯乙烯壁纸	甲醛（防腐剂）、可塑剂
防蚁剂（木材处理、土壤处理即等）	有机磷类、合成除虫菊酯类杀虫剂
木材保存剂（现场施工用）	有机磷类、合成除虫菊酯类杀虫剂
油性涂料	二甲苯
醇酸树脂涂料	二甲苯
丙烯酸树脂涂料	二甲苯
油性清漆	甲苯、二甲苯
〈上述之外的黏结剂〉	
壁纸施工用浆粉类黏结剂	甲醛
木加工用黏结剂	可塑剂
氯丁二烯橡胶	甲苯、二甲苯
环氧树脂类黏结剂	二甲苯、可塑剂
乙烯醋酸乙烯树脂类乳剂型黏结剂	甲苯、二甲苯、可塑剂
聚氨基甲酸乙酯（溶剂）类黏结剂	甲苯

思考题

- 调查一下污染物质浓度单位中使用的 ppm 的含义。1ppm 应该指一立方米中含有多少立方厘米物质的比例。

6. 室内设计与建造方法——①

建筑建造方法

学习目标：在考虑室内设计建造方法时，建议先理解建筑的结构及建造方法，在此基础上再理解室内设计构造的基础知识。

1）建筑的结构和建造方法以及施工方法

"结构"表示的是建筑物抵抗外力的骨架与机构。而"构法"则是建筑物的建造方法、构成方式等，它具有多方面的含义，是表达建筑物实体部分的整体结构原理。此概念不单指建筑形成后的状态，也包括建造过程。在满足建筑物诸多条件基础上，从如何搭建建筑物这一角度来看，它与"施工方法"是有区别的，施工方法是确定建筑物的实际建设步骤和方法。应在建筑的用途、规模等基础上去确定结构、构造和施工方法。

2）建筑物力的传达

❶ 荷载与外力

作用于建筑物上的荷载及外力种类如图表 1 所示。按荷载作用方向分为垂直荷载与水平荷载，按作用时间分为长时间荷载和短时间荷载。垂直荷载有建筑物的自重固定荷载和家具、人等的累计荷载，水平荷载有风荷载和地震荷载。日本大多以地震荷载的大小来确定结构，另外也有根据地区及构筑物的形态来决定风荷载和积雪荷载的大小。

❷ 建筑物中力的传递

各种荷载、外力通过结构骨架把力传递到基础和地基中。这些力的传递方式如图表 2 所示。

3）结构类别与结构形式

❶ 建筑物的结构种类

通常建筑物的结构类别由起主要作用的结构材料来决定，日本建筑物的结构种类大多为木结构、钢筋混凝土结构（RC 结构）、钢结构（S 结构）、钢骨混凝土梁结构（SRC 结构）。独立住宅多使用木结构，低层及中低层集合住宅使用 RC 结构，高层、超高层集合住宅多使用 S 结构或 SRC 结构。

另外，木结构住宅中多采用传统的框架建造方法和木框架做法（图表 3、4）。

❷ 结构形式

主要的结构形式有墙体承重结构和框架承重结构（图表 5、6）。墙体承重结构是通过墙壁来承受荷载重量和外力，框架结构是利用柱和梁来承重。需要注意的是，结构形式不同，会影响以后建筑物修改建时墙壁是否拆留的判断。

另外，近几年高层建筑中开始使用抗震性较好的隔震结构（图表 7）和制震结构（参照第 50 页）。

■图表 1 荷载 / 外力的种类

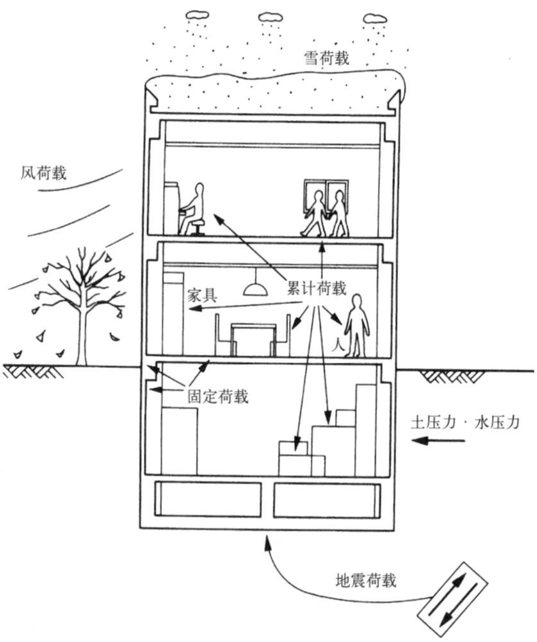

根据作用方向的分类	根据原因的分类	根据作用时间的分类
垂直荷载（地球引力产生的力）	固定荷载	长时间荷载（长期）
	累计荷载	长时间荷载（长期）
	雪荷载	长时间荷载（长期）/ 非常时期荷载（短期）
水平荷载（空气、地基的作用而产生的力）	风荷载	非常时期荷载（短期）
	地震荷载	非常时期荷载（短期）
	土压力 / 水压力	长时间荷载
其他	振动、撞击、热、强行移位	根据实际状况

■图表 2 力的传递

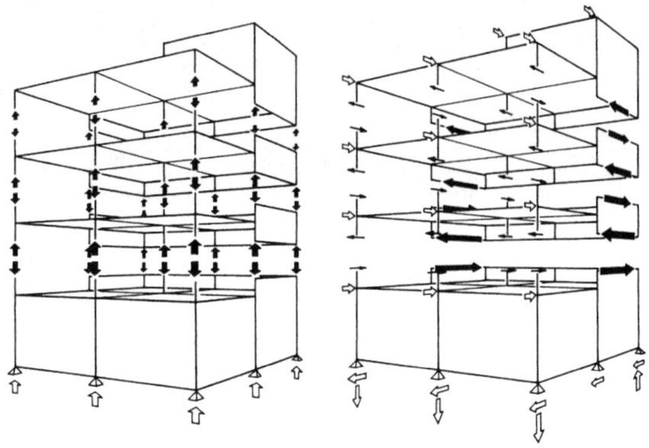

垂直荷载的传递原理　　　　水平荷载的传递原理

■图表 3 传统柱网结构

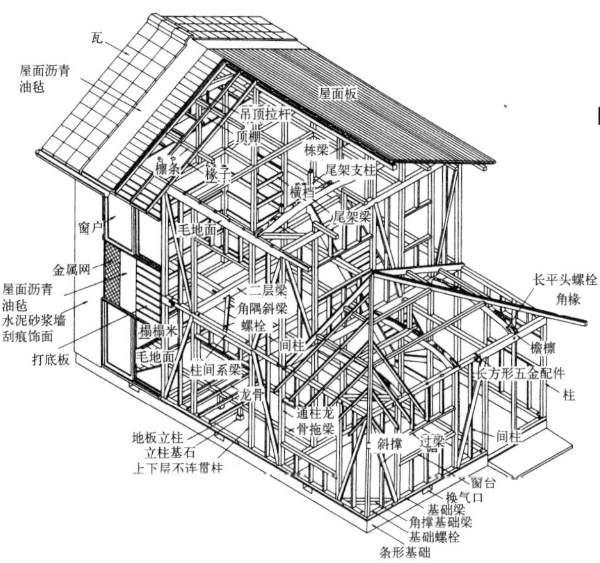

■图表 4 木框架做法

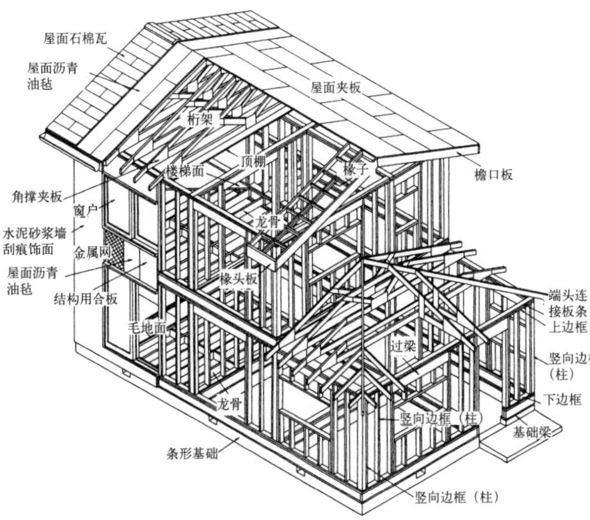

■图表 5 墙体承重结构

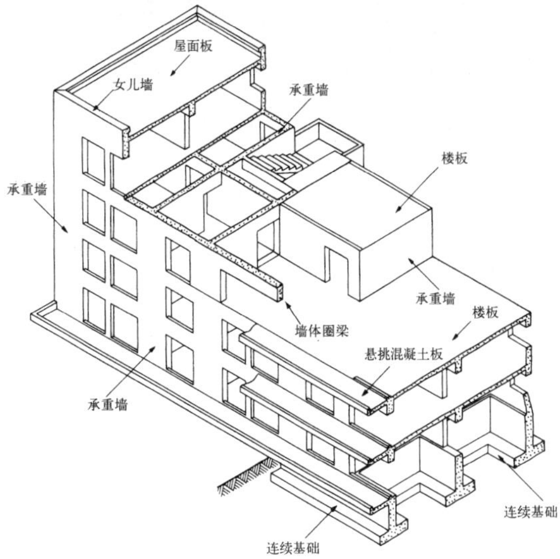

■图表 6 框架承重结构

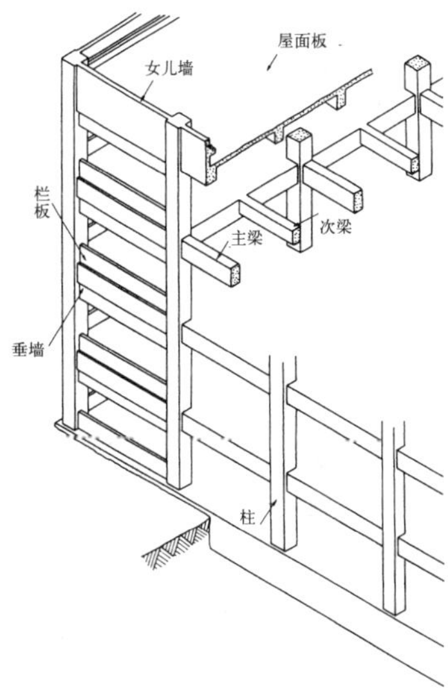

■图表 7 隔震结构原理

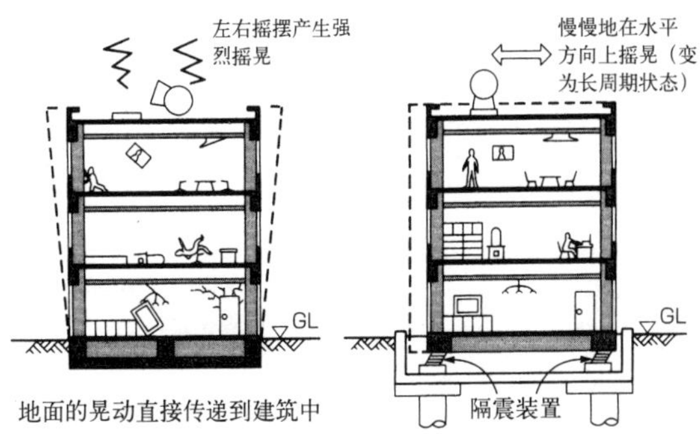

传统结构　　　　隔震结构

思考题	● 确认一下自己的居住环境及周边建筑物的结构及建造方法的种类。 ● 请思考一下有荷载作用的建筑物中，不同的结构形式其力的传递方式有何区别。

6. 室内设计与建造方法——②

地面建造方法及面层做法

学习目标：在学习地面的结构、功能、性能的基础上，进一步掌握建造方法、面层材料的种类以及收边做法等节点构造方面的基本知识。

1）地面的功能与性能

地面的作用是直接支撑建筑内部的人与家具、仪器设备等。地面的表面通过触觉与人体直接连接，因此比墙壁、顶棚更贴近人的生活。

地面的性能要求如图表 1 所示。最基本的条件是安全（安全性）和平整，此外便于行走（步行性）也很重要。另外，为了尽量减小上下两层之间的声音引发纷争，近几年在集合住宅中重视隔声性的设计也逐渐增多。

此外，对于强度方面的安全性要求也很重要。通常先根据不同用途确定荷载物后再进行强度计算，因此如果出现像把住宅当仓库这样特殊使用方式的话，就会发生危险（图表 2）。另外，应选择恰当的材料，避免过滑导致摔倒或绊倒而受伤。行走困难的地面不仅会有不舒适感，也是产生疲劳的主要原因，因此要兼顾缓冲性能和反弹性，确保步行安全。

2）木结构的楼板构造

木结构的楼板构造有架空楼板和素土地面。近几年由"木基础梁"、"立柱"、"龙骨托梁"、"龙

■图表 1 对地面要求的性能

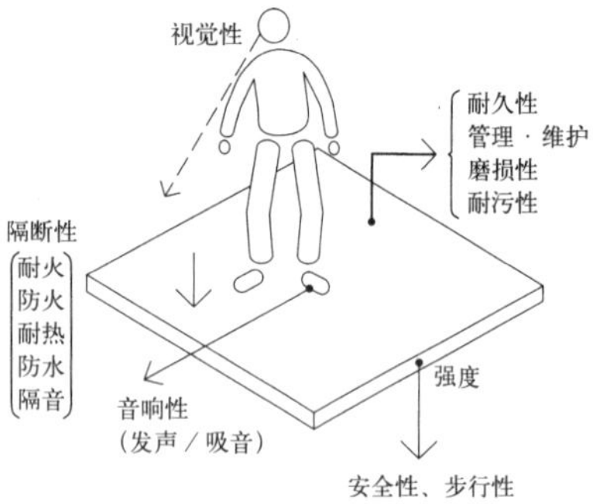

■图表 2 地面累计荷载（建筑标准法施行令）

房间种类	累计荷载（地面）N/mm²
1 住宅的居室、住宅之外的病房等	1800
2 办公室	2900
3 教室	2300
4 百货商店、店铺的卖场	2900
5 剧场、电影院、音乐厅、公众大厅、聚会场所等的客席、聚会室等	2900（固定坐席） 3500（其他）
6 机动车车库、机动车车道	5400
7 走廊、玄关、楼梯	连接上述 3～5 中所列举的房间时，数值选择上述 5 中（其他）的数值。
8 屋顶、广场、阳台	选择上述种类 1 中的数值。学校、百货商店等建筑物则选择上述种类 4 中的数值。

■图表 3 地面构造案例

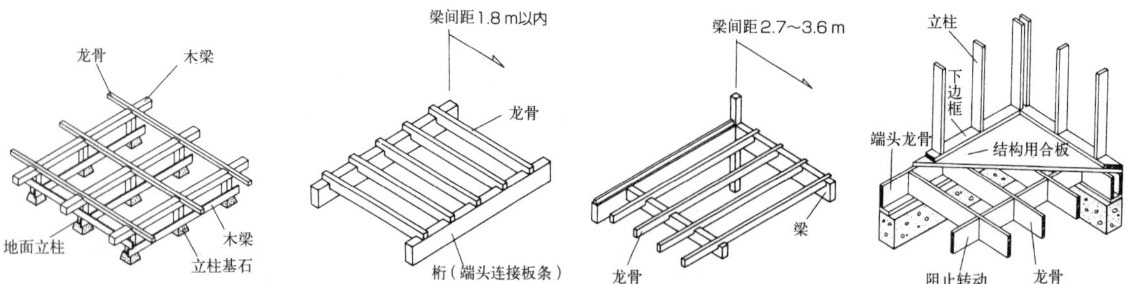

木结构楼板构造：立柱支撑地面（一层地面用）

木结构楼板构造：龙骨地面（单层地面）

木结构楼板构造：梁支撑地面（双重地面）

2 x 4 建造方法（平台建造方法）的地面构造

■图表 4 木结构无立柱构造张贴外廊板

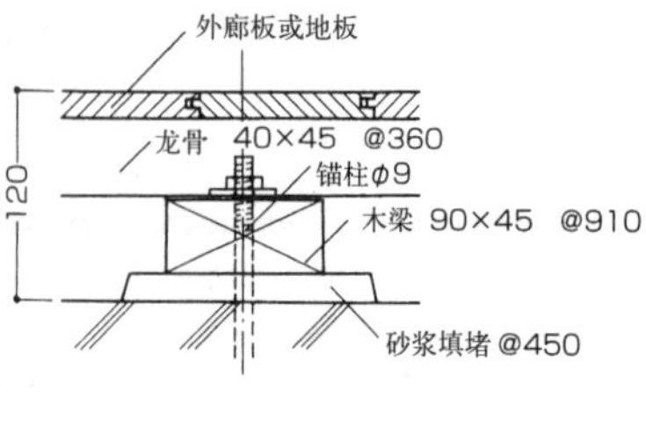

■图表 5 木结构无立柱构造铺设榻榻米

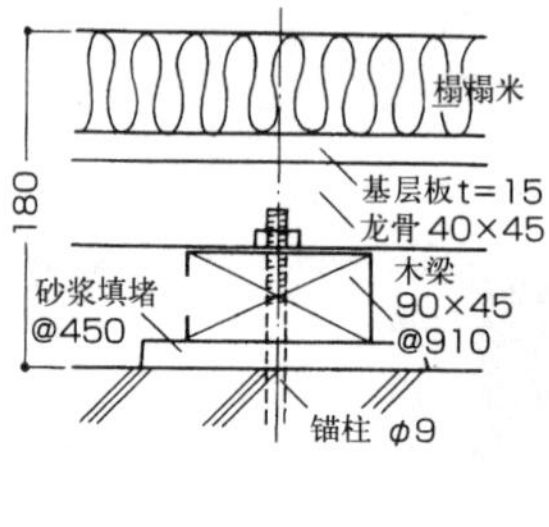

骨”、“梁”等组成的地面比较普遍，为了不受地面湿气影响，在《建筑标准法》中规定，地面的高度从基层地面开始450mm以上（参照68页）。另外，一层与二层、日式房间和西式房间的地面构造也各不相同（图表3～5）。

3）地面材料的条件

地面材料要满足安全性、步行性等功能要求，这是非常重要的，但在选择地面材料时也要考虑耐久性，如耐磨损性及耐污染性等。特别建议选择初期成本和维护成本均考虑在内的材料。

另外，耐火、防火、防水、隔声等性能也是地面材料的重要性能，特别是集合住宅，要作为必要条件来考虑。

4）地面面层

实际生活中使用的地面面层，根据用途有榻榻米、地板、地毯、瓷砖等各种形式。使用水的房间还要考虑防水性，有儿童玩耍跑跳的家庭，客厅要着重考虑耐撞击性，应根据用途与性能特点来选择材料。毋庸置疑，还要考虑到防火性，同时也要注意健康性。地面面层的材料种类如图表6、7所示。

此外不同的地面材料，收边做法也各式各样，地毯使用的是钳钉施工做法（图表8）。

近几年，住宅中使用地热（热水配管、电热散热板）、隔声地面的案例开始增多。另外在办公以及商业设施等大型建筑中，自由组合式地面和隔震地面等具有其他功能特性的地面也开始多起来。

■图表6 地面面层材料

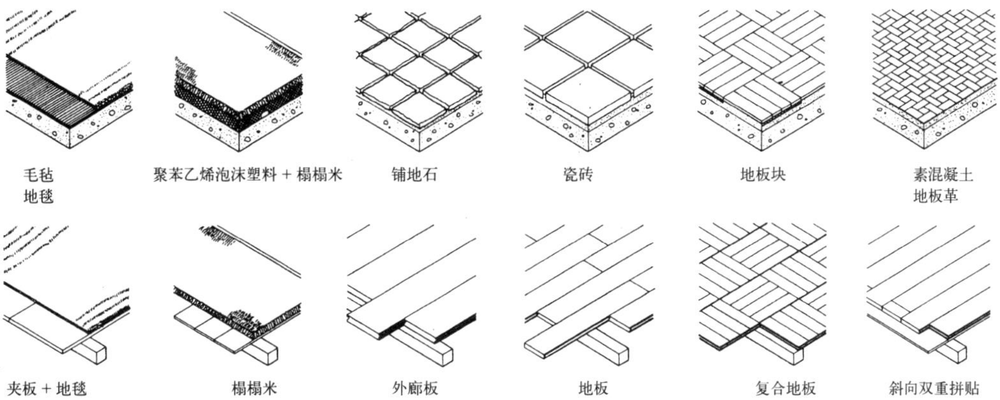

■图表7 地面面层种类

粘贴式面层

- 粘贴板材 —— 胶合板、地板
- 粘贴瓷砖 —— 乙烯基瓷砖（干式施工法）
  - 沥青类瓷砖
  - 橡胶类瓷砖
  - 陶瓷质感瓷砖（灰浆打底）
- 粘贴薄膜 —— 氯乙烯类
  - 油毯类
  - 橡胶类
- 粘贴石材 ——（水磨石、人造石、砖）

铺装地面

- 放置榻榻米（龙骨的基础上放置胶合板、榻榻米）
- 铺地毯 —— 满铺
  - 局部铺、居中铺

■图表8 铺设地毯的施工方法案例

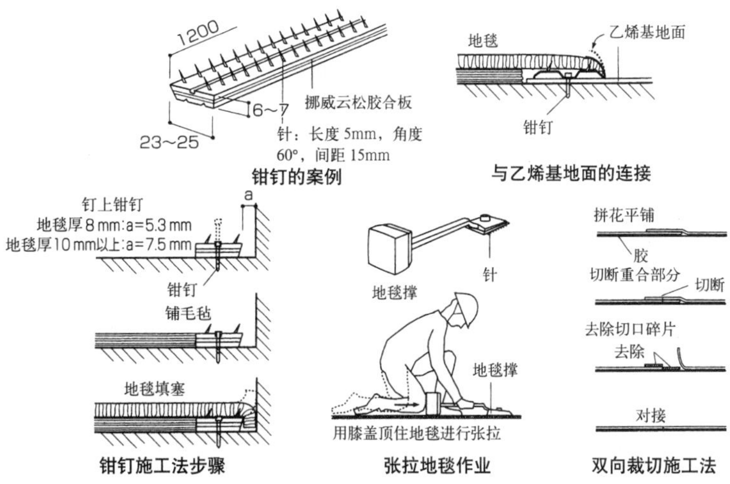

思考题

- 请确认一下自家各个房间的地面都确保了哪些性能。
- 调查一下自家各个房间的地面面层材料都有哪些种类。

6. 室内设计与建造方法——③

墙壁的建造方法及面层做法

学习目标：在学习墙体的种类、功能和性能的基础上，进一步掌握墙壁的建造方法构造、面层材料的种类以及收边做法等节点构造方面的基本知识。

1）墙壁的功能和种类

墙的种类有区分室内外的外墙体和分隔房间的分隔墙。集合住宅中还有分隔连续住户之间的分户墙。另外也有外墙、内墙的划分方法，外围墙体的室内一侧就是根据这两者进行分类的。此外，按墙在建筑物中的受力情况，又可分为承重墙和非承重墙（玻璃幕墙）。

墙体的基本作用是遮挡人们的视线和阻断移动路线，控制空气的流动、声音的传播、热量的转移等，根据墙体的种类其所要求的性能会有所不同。

❶ 外墙

建筑物的基本特性是作为避难空间来使用，因此建造的目的应从抵御外部侵扰、火灾、每日气象等角度去保护内部空间。为此要求外墙体具有耐破损性、耐火性、耐水性、耐气候性、隔热性、隔声性等。

❷ 分户墙

为确保私密和安全性，应具有隔声性和防火性。

❸ 分隔墙

居室的墙体具有遮断视线和隔声的功能，厨房和浴室的墙体则要求具有耐火性、耐水性和防水性。

■图表 1 不同结构类型的墙壁建造方法

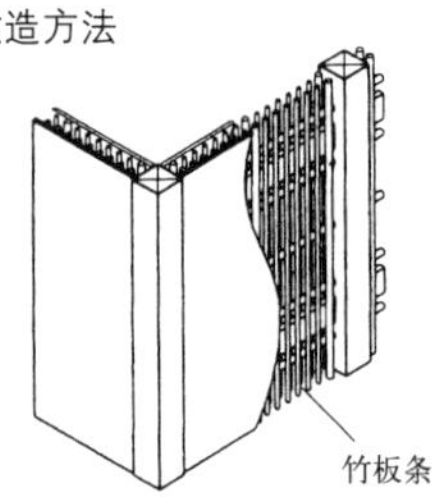

板条抹灰墙

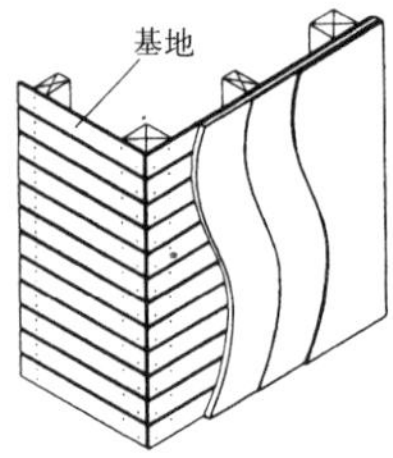

木板条基层石灰墙

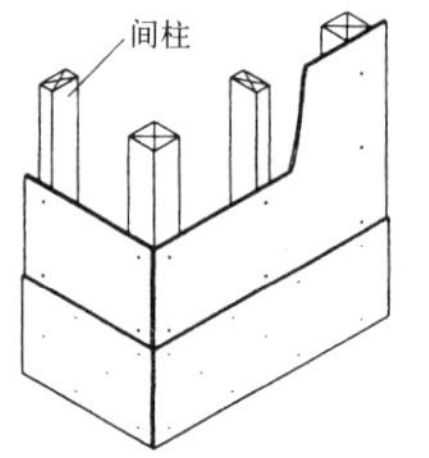

木基层石膏板墙

木结构墙体

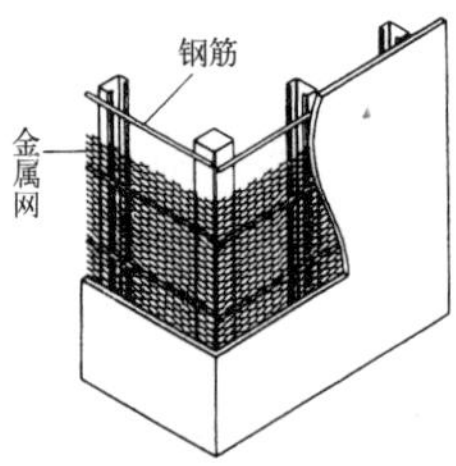

金属网上涂抹灰浆

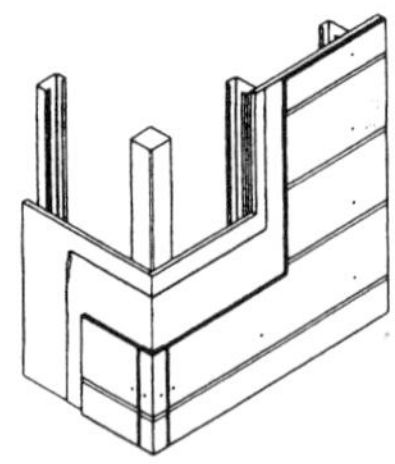

轻钢龙骨基层水泥制板墙

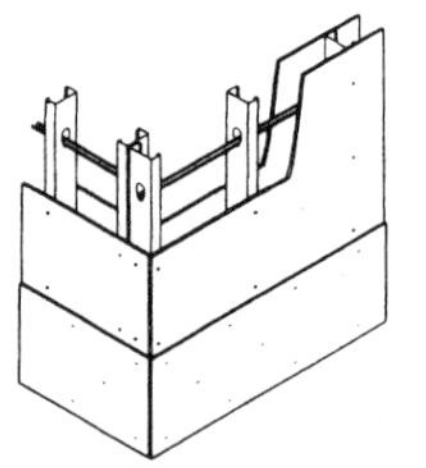

钢基层石膏板墙

钢结构墙体

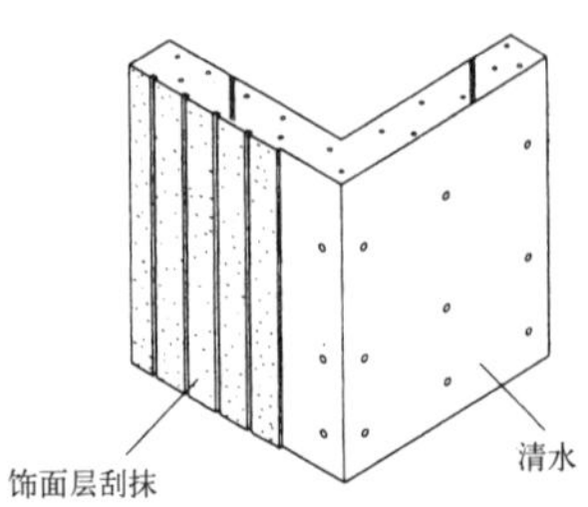

清水混凝土

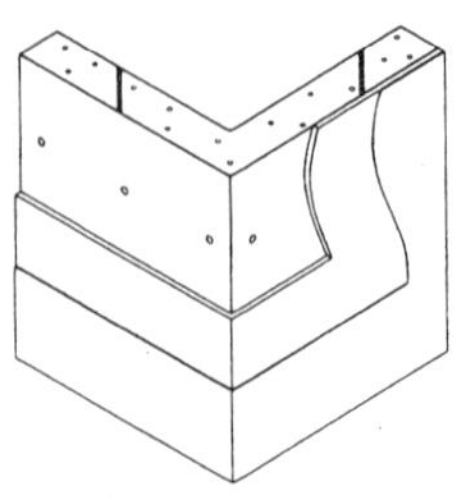

刮大白墙

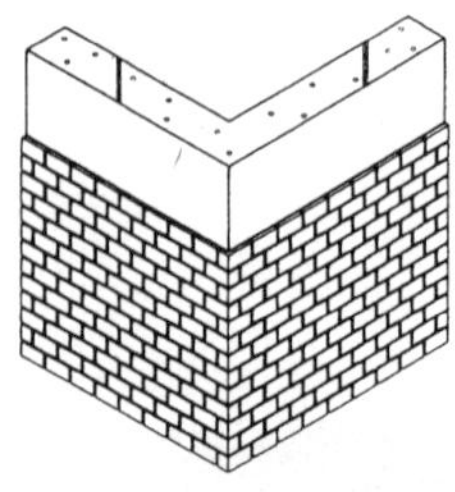

粘贴瓷砖

钢筋混凝土结构墙体

❹ 其他

设置钢琴室、影音室时，最基本的条件是具备隔声性和吸声性。

2）墙壁的建造方法

墙壁的建造方法根据结构种类而有所差异（图表 1）。钢筋混凝土结构的墙体可按原始条件使用，木结构和钢架结构的墙体要么与填充墙组合、要么张贴板材或护墙板后才能形成墙面。张贴板材或护墙板通常称为干式施工法，在填充墙上涂抹涂料的方法称为湿式施工法。墙体面层的种类及瓷砖粘贴方法的案例如图表 2、3 所示。

3）木结构住宅的墙体

木结构传统住宅中的墙壁分为露柱墙结构和隐柱墙结构。露柱墙结构的墙体在外观上保留了柱、梁的柱网结构，隐柱墙结构则是将这些结构材料隐藏在内部去处理墙体外观，露柱墙结构大多在日式住宅中、隐柱墙结构多在西式住宅中使用（图表 4）。

现在，传统的墙壁建造方法不断变化，基本上采用干式施工法。以往采用水泥灰浆加工的墙体被称为湿式施工法，但是，由于在工程中需要底涂、中涂、表涂等复杂的工序，因此需要依靠熟练技术工人才能操作，而最近利用板条、壁纸等材料仅靠工匠的手艺就能完成的粘贴式墙体施工法已经成为主流。这种方法能快速、廉价地完成墙体表面施工，但也有欠缺品位的弱点。

近几年，由于出现室内装修综合症房间等问题，使人们对建筑材料的选择格外关注，因此硅藻土、无粘结剂木材、石灰等自然材料特别受欢迎。

■图表 2 墙体面层种类

- 石・擬石 人造石
  - 贴花岗石
  - 贴大理石
  - 砌砖
  - 贴水磨石
- 贴瓷砖
  - 贴陶瓷质感瓷砖
  - 贴马赛克瓷砖
- 水泥灰浆面层
  - 涂抹灰浆
    - 棱形金属网
    - A 型金属网
  - 涂抹混合石膏
  - 涂抹石灰墙
  - 涂抹底子
- 胶合板 板材类
  - 贴胶合板
  - 贴饰面三合板
  - 贴硬纸板
  - 贴石膏板
- 贴布・纸
  - 水泥灰浆基层
  - 拼接胶合板基层
  - 石膏板基层
- 木制壁板板条类面层
  - 贴竖向板条
  - 贴木制棱条
- 玻璃砖堆砌

■图表 3 瓷砖的粘贴方法

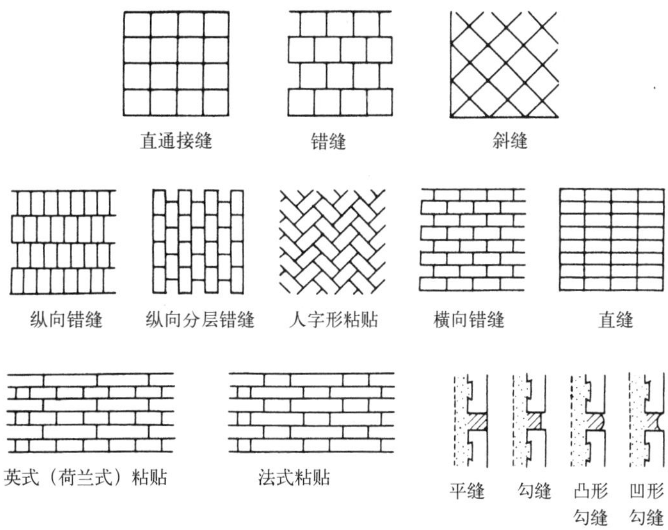

■图表 4 隐柱墙与露柱墙的构造图

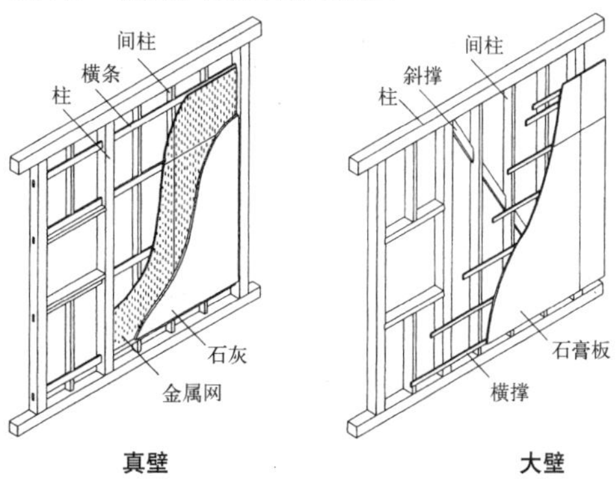

思考题	● 请确认一下自家墙体的种类并思考一下它所要求的性能。 ● 确认一下自家墙体是干式施工法还是湿式施工法，如果是木结构的话确认一下是露柱墙结构还是隐柱墙结构。

6．室内设计与建造方法——④

顶棚的建造方法及面层做法

学习目标：在学习顶棚的种类、功能、性能的基础上，进一步掌握顶棚建造方法、面层材料的种类以及收边做法等节点构造方面的基本知识。

1）顶棚的功能与种类

顶棚具有遮盖屋顶内侧，划分人字屋架和屋面板、梁，以及防尘隔热的作用。另外，在设备较多的建筑物内，为保证室内空间的美观效果，还要求顶棚在视觉上具有遮蔽配线、配管、管道等作用。

顶棚是居住者不直接接触的部分，因此与地面、墙壁相比，对触觉和强度的要求比较小，另外受居住者撞击的影响较小，因此在构造方面的制约也比较宽松，加工较自由。顶棚的形状如图表 1 所示有多种多样。平顶的形式最普遍，但也有倾斜式顶棚。

还有其他种类，如：使用悬吊构件的吊顶棚（图表 2）、不使用悬吊构件直接安装在结构材料表面粗糙部分的粘贴式顶棚（直接式顶棚）、在混凝土表面直接喷浆或涂抹涂料等直接喷涂式顶棚（图表 3）。近几年由于经济性和工期等原因，干式施工法越来越普遍，因此吊顶棚和直接粘贴式顶棚成为主流。

公寓中西式房间的顶棚大多是在 RC 结构骨架基础上直接施工的直接粘贴式顶棚。这种顶棚价格比较便宜，顶棚内侧无需额外空间，因此房间使用起来比较宽松，但是构造材料的材质受到顶棚形状的制约，因此设计不太自由。另外，混凝土还有楼上的声音很容易传递到楼下的缺点。

■图表 1 顶棚的种类与名称

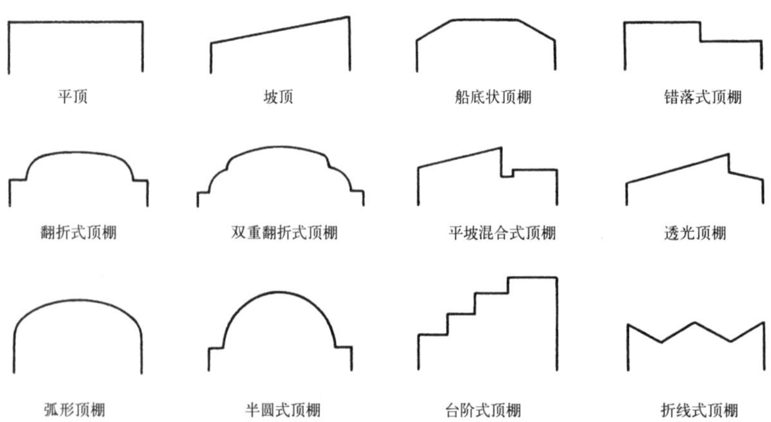

■图表 3 顶棚面层的种类

- 水泥灰浆面层
  - 砂浆抹面
  - 涂刷混合石膏灰浆粉
  - 涂刷混合石膏灰浆粉
  - 涂刷灰浆粉
- 胶合板
  板材类面层
  - 贴胶合板
  - 贴石膏板
  - 贴硬纸板
- 贴布 · 纸的面层（拼接胶合板基层）
- 吸音纤维板面层——贴吸音纤维板
- 木制板类面层
  - 贴悬挂板
  - 日式夹芯胶合板
- 贴金属板等面层
  - 贴铝合金百叶
  - 贴拱梁
  - 贴合成树脂成型板

■图表 2 不同结构的吊顶构造及名称

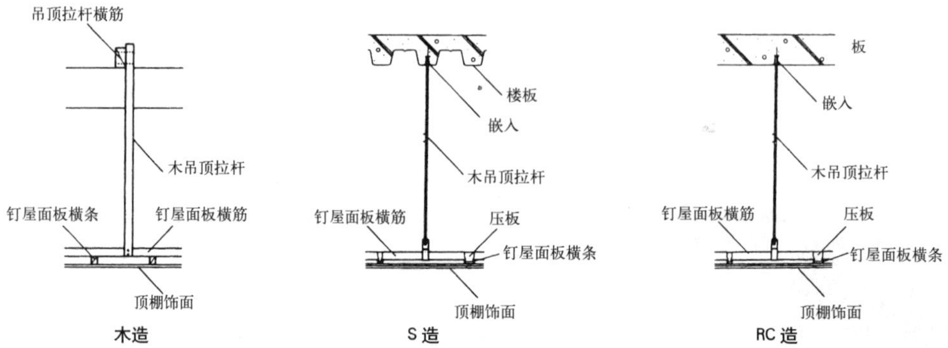

吊顶棚因为施工性能较差且易产生震动，因此要设置压条以防止摇晃带来危险。

2）顶棚的性能

顶棚要求具有隔热性。采用隔热结构的顶棚可节约空调能源消耗。提高隔热性能的方法不仅要使用隔热材料，还要减少缝隙。另外，房间与房间之间的隔断墙在顶棚内侧如果不进行隔断，声音会传到相邻房间内，降低隔声性能。使用吸音性较高的材料也是很好的方法。浴室的顶棚要求具备耐潮湿性。

此外，火灾时火焰燃烧到顶棚后，火焰跳落飞溅的可能性非常大，因此应使用耐火性较高的材料。

3）顶棚的建造方法

日本木结构住宅中的日式顶棚通常使用木条固定式顶棚。木条固定式顶棚是在墙体和顶棚的连接部位上设置线脚，再在上面安装木压条来固定顶棚板（图表 4）。

格子顶棚是一种用于对房间要求较高的建造方法。

最近几年，在住宅中，替代顶棚板使用隔热性、耐火性、隔声性较高的板材类材料的粘贴式顶棚做法也开始增多。

此外，在办公空间中，为防止顶棚内的配管和管道杂乱无章地外露，把这些管线与照明器具和空调等设备仪器的配线整合在一起，形成整体式顶棚。

■图表 4 各种顶棚

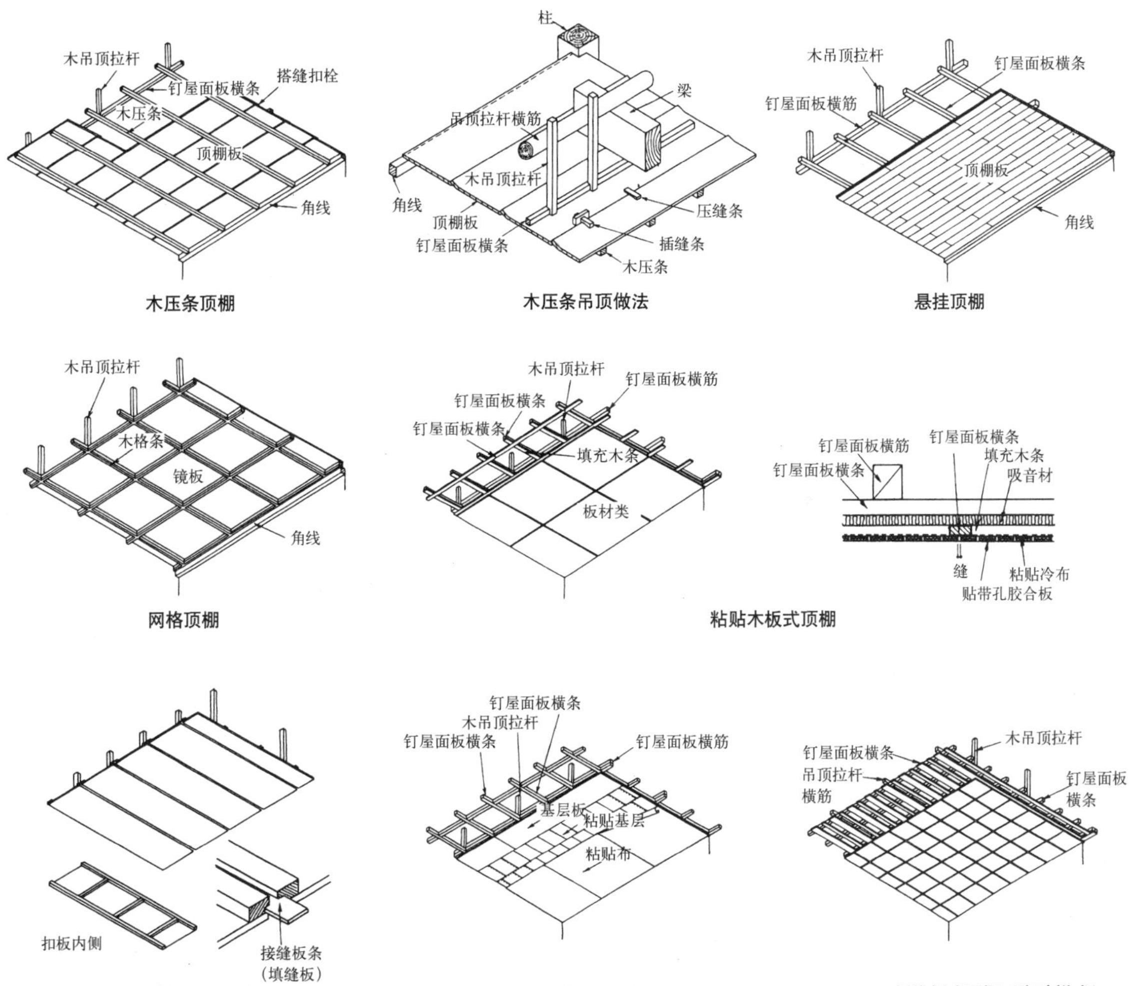

木压条顶棚　木压条吊顶做法　悬挂顶棚

网格顶棚　粘贴木板式顶棚

扣板拼接式顶棚　粘贴布顶棚　纤维板式顶棚（瓷砖样式）

思考题

- 确认一下自家各个房间的顶棚是什么形状。
- 调查一下自家顶棚的面层材料种类。

6. 室内设计与建造方法——⑤

开口部位的建造方法与面层

学习目标：在学习开口部位的结构及功能、性能的基础上，进一步掌握建造方法、面层材料的种类及收边做法等节点构造方面的基本知识。

1）开口部位的种类

建筑物中的窗户、出入口，无论是与外部直接接触的部分还是房间之间的联络口，这些部位统称为开口部位。与具有隔断功能的地面、墙体、顶棚相比，开口部位具有两方面的作用：一是采光、眺望、通风、换气等连接和通透内外关系的作用，二是遮光、防风、防水、防虫、防盗等的隔断作用。能协调这两方面作用并具有装备室内设计环境条件的部件就是门窗设施。门窗设施有平开、推拉、旋转、固定、折叠等种类，要根据用途加以选择（图表 1）。

2）窗户

《建筑标准法》中对窗户的大小和形状均有具体规定。如果是住宅的居室，窗户的大小必须是地面面积的 1/7 以上。另外，窗户不仅能防风雨，也具有保持室内热环境、采光、换气以及隔声等性能。不同种类的玻璃会产生不同的视觉效果，因此也要把它作为空间的视觉要素来加以考虑。要在综合考虑诸多因素的基础上，再定夺窗户的大小和位置（图表 2）。

另外，为防止雨水从外墙的开口部位渗进建

■图表 1 开关机构的种类

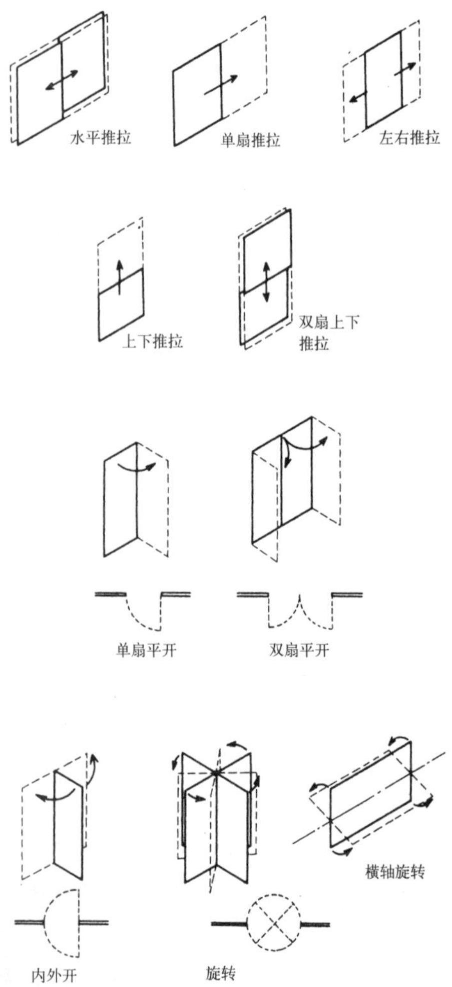

■图表 2 窗户的类型

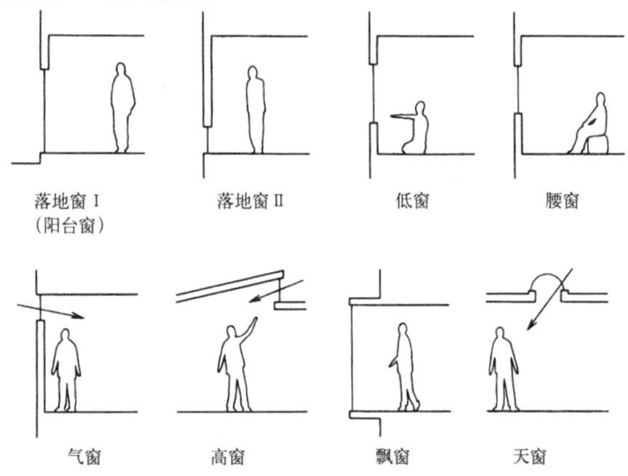

■图表 4 玻璃幕构造的种类

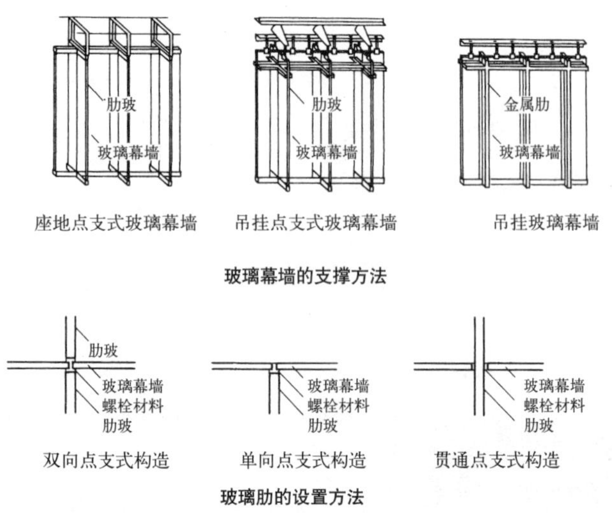

筑物内，应做好排水和密封处理。同时，应注意在对这些节点部位进行处理和安装时不要出现失误（图表 3）。

窗户通常使用玻璃材料，而玻璃的种类也各式各样。近几年，窗户不仅作为采光来使用，也要求在防盗上具备安全性、有效节省能源、隔声、防止结露等多种性能，因此要根据使用要求去选择玻璃。平板玻璃的种类有浮法玻璃、夹丝玻璃、热反射玻璃、吸热玻璃、钢化玻璃、夹层玻璃、中空玻璃等，其建造方法也在不断增加（图表 4）。

3）出入口

出入口的大小必须要保证门扇开关时所需要的空间。不但要考虑人的活动，还要分析一下尺寸是否适合家具搬运、轮椅、货物通行。

门扇的开启方采用向内开的左开门方式（面对门左侧是合叶的门）使用起来比较方便，但最好还是结合房间的用途、使用方便性来决定开启位置。

但是，灾害时考虑到人在慌乱状态下的反射行为特点，避难用门扇则必须使用外开方式。同时开口部位的大小也会受到门扇的机构原理和建筑物结构形式的限制。

4）开口部位的设计

开口部位的设计有多种方式，有利用窗框的大小和材料将室外的景色收入室内、称为"风景窗"的设计手法。相反，也有利用障子纸推拉门、玻璃砖遮挡外景仅将室外光线引入到室内的透光不透视的单反玻璃的。最近还有采用飘窗的形式，通过向建筑外部延伸的悬挑窗户达到开阔视野和采光的效果。

■图表 3 木结构窗户的节点图案例

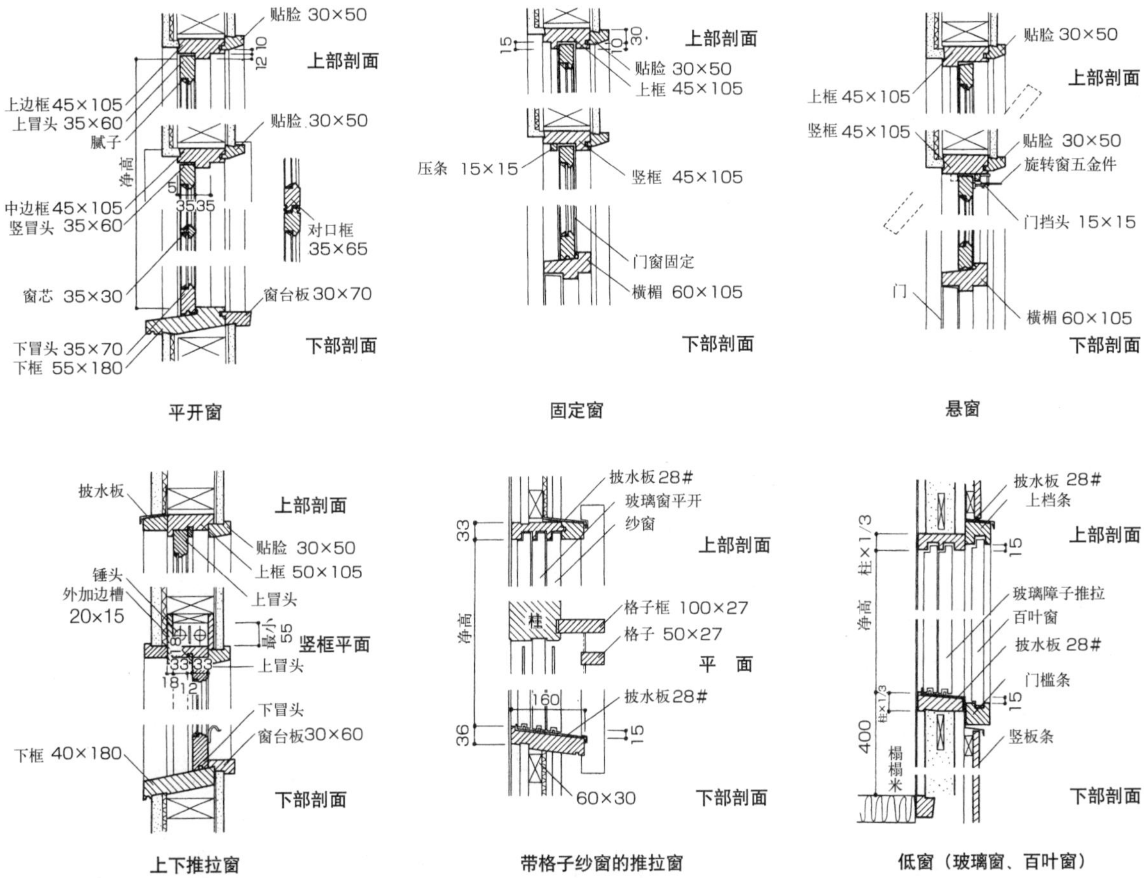

7. 室内设计的相关法规——①

《建筑标准法》——室内

学习目标：《建筑标准法》是建筑物在建造时必须遵守的基本法律规范。本节主要列举与室内有关的部分规定。理解守护人类居住生活的空间是遵循一定原则来执行的。

1）什么是法令（《建筑标准法》，1950年制定）

《建筑标准法》（以下简称"法"）与进一步规定细节的《建筑标准法实施令》（以下简称"令"）合称为法令。从广义上，也有将上述以外的相关建筑法规纳进来进行综合考虑的。各个条文以"条""项""号"的顺序来规定。

❶《建筑标准法》的目的（法 1 条）

室内设计主要以建筑物的内部为主，从室内与建筑整体之间的关系出发，掌握《建筑标准法》是十分重要的。这个法规的目的是，"规定建筑物的占地、结构、设备以及用途的最低标准，保护国民的生命、健康及财产安全，以有助于公共福利为目的"。

❷ 居室的定义（法 2 条）

"居室"这一术语对室内设计非常重要。重点要熟悉它在法律上有怎样的规定。居室的定义是"以居住、办公、工作、集会、娱乐或其他与此相类似的目的而持续使用的房间"。相反，不是居室的房间统称为"非居室"。具体实例如图表 1 所示。

❸ 居室顶棚高度（令 21 条）

住宅或办公大楼等普通居室的顶棚高度要在 2.1m 以上（图表 2）。学校（小、中、高）的教室面积超过 $50m^2$ 时，顶棚高度要保证 3m 以上。居室以外的浴室等非居室顶棚没有具体的限制。也有一些制造厂家将整体浴室的顶棚高度按 1.9m 来制造。

❹ 居室地面高度及防潮方法（令 22 条）

日本高温多湿，夏天容易长霉。最底层居室的地面是木结构时，必须将地面抬高 450mm 以上，才能提高防潮效果（图表 2）。如果在地面与混凝土的空隙部分用废矸石填充来进行防潮，则可以不受此法规限制。

❺ 居室采光及换气（法 28 条，令 20 条）

法规内容　住宅、学校、医院、诊所、宿舍、旅店以及其他与此类似的建筑物中有条例规定，居室应设置以"采光"为目的的窗户及其他开口部位，同时规定有效采光面积与居室面积之比，住宅必须为 1/7 以上，其他建筑物必须为 1/5 ～ 1/10。

居室为了"换气"要设置窗户或其他开口部位，其换气的有效面积与居室的地面面积之比，必须

■图表 1 居室与非居室的案例（住宅中）

		采光	换气
居室	起居室、餐厅、厨房、卧室、儿童房、书房、客厅、西式房间、日式房间	必须自然采光（必须设开口部位）	必须自然换气（必须设开口部位）
非居室	玄关、走廊、卫生间、浴室、盥洗室、壁橱、设备间	可人工照明	可机械换气

■图表 2 居室顶棚高度与地面高度

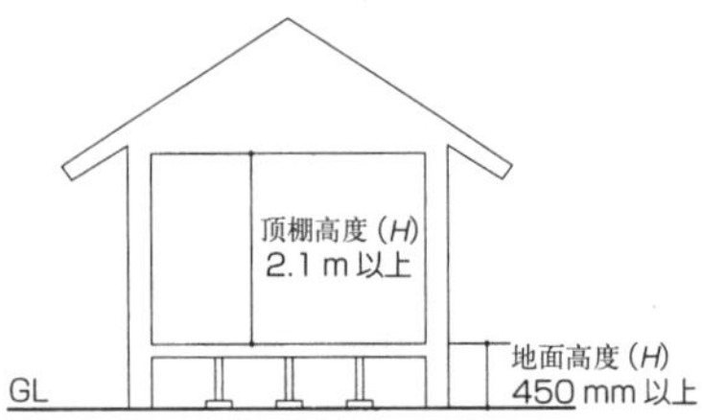

■图表 3 采光面积与换气面积的计算示例

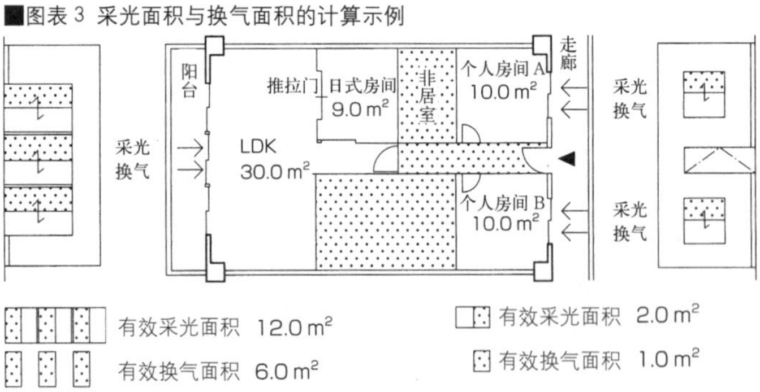

房间名称	房间面积 A	采光		换气	
		必要面积 $A\times\frac{1}{7}$	有效面积	必要面积 $A\times\frac{1}{20}$	有效面积
LDK + 日式房间	$39.0 m^2$	$5.6 m^2$	$12.0 m^2$OK	$1.95 m^2$	$2.0 m^2$OK
个人房间 A、B	$10.0 m^2$	$1.5 m^2$	$6.0 m^2$OK	$0.5 m^2$	$1.0 m^2$OK

在 1/20 以上。但是，如果设置的换气设备符合条例规定的技术标准，则不在此限制内。

特殊规定　法 28 条 4 项中有如下特殊规定，即“使用日式门、障子纸推拉门或其他能随意开启的构件将房间分隔成两室的可视为一室”。以集合住宅为例，居室的采光和换气的思路及计算方法参见图表 3。

❻ 地下室内不得设置住宅等居室（法 30 条）

住宅的居室、学校的教室、医院的病房以及宿舍的卧室不能设在地下室。

❼ 地下室的定义（令 1 条之 2）

近几年，住宅中设地下室的情况开始增多。地下室指从地面到室外地面为止的高度为该层顶棚高度的 1/3 以上的房间（图表 4）。

❽ 走廊的宽度（令 119 条）

集合住宅、医院等走廊以及小学、中学、高中等校舍建筑的学生用走廊宽度必须保证超过一定尺寸（图表 5）。走廊不仅在日常生活中用于人们的行走，也用于非常时期为不特定多数人同时避难。

❾ 楼梯各部位的尺寸（令 23 条）

楼梯为了确保日常使用时的安全标准，根据用途和面积规定了“踏步高度”、“踏步宽”、“楼梯与休息平台宽度”的尺寸（图表 6）。

❿ 紧急疏散楼梯的设置（令 120 条）

紧急疏散楼梯是指从建筑物避难层以外楼层的居室各部分直接通到“避难层”或“地面”的楼梯。楼梯除日常使用外，也作为紧急时刻的避难用设施发挥着重要作用，因此在法规中规定应能满足避难条件。紧急疏散楼梯的设置方法如图表 7 所示，A 和 B 是紧急疏散楼梯，C 是部分紧急疏散楼梯的形式。

⓫ 双向避难（令 120 条，令 121 条）

楼层较多、面积和规模较大的建筑物从安全避难角度考虑，规定了不能只从一个方向避难，而应采取“双向避难”的方式。这两个法规是相互关联的，令 120 条规定了“从建筑物逃难层以外楼层的居室各部分到紧急疏散楼梯的最大距离”，令 121 条规定了“设置两个以上紧急疏散楼梯的条件”。双向避难方法的概要如图表 8 所示。

■图表 4 地下室的定义

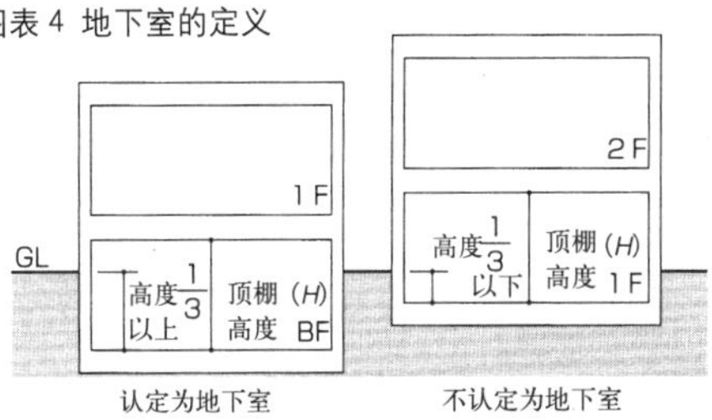

■图表 5 走廊的宽度

用途 \ 走廊的位置	两侧居室	其他情况
小学、中学、高中学校的学生用	2.3m 以上	1.8m 以上
共同住宅的共用走廊 医院的患者用等	1.6m 以上	1.2m 以上

■图表 6 楼梯尺寸

	楼梯类别	楼梯与休息平台的数值	踏步高度	踏步宽
①	小学校儿童用	140cm 以上	16cm 以下	26cm 以上
②	中学、高中学校学生用，店铺中超过 1500m² 的，剧场、电影院等观众用	140cm 以上	18cm 以下	26cm 以上
③	地面层以上居室 200m² 以上，地下室居室 100m² 以上	120cm 以上	20cm 以下	24cm 以上
④	住宅（共同住宅的公用楼梯除外）	75cm 以上	23cm 以下	15cm 以上
⑤	①～④以外的	75cm 以上	22cm 以下	21cm 以下

■图表 7 紧急疏散楼梯的思考方式

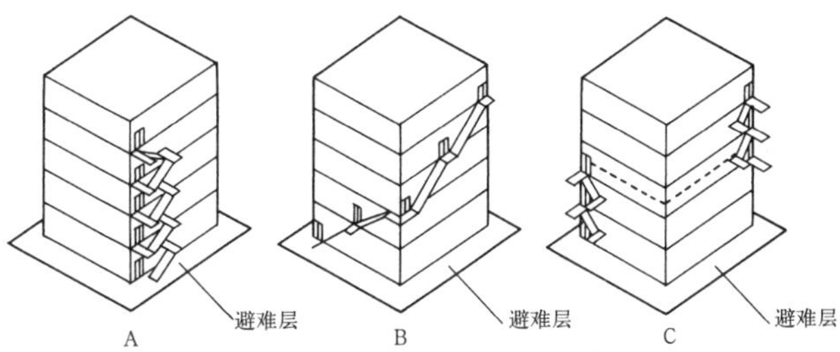

■图表 8 双向避难的思考方式

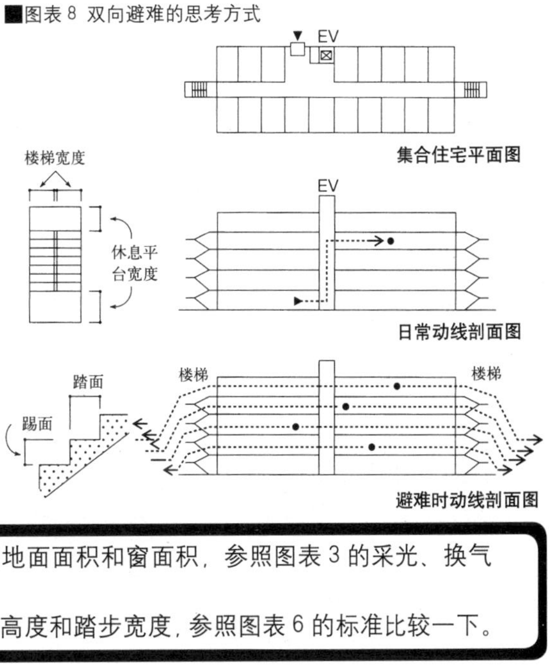

思考题

- 实际测量一下自家个人房间内地面面积和窗面积，参照图表 3 的采光、换气标准比较一下。
- 实际测量一下自家楼梯的踏步高度和踏步宽度，参照图表 6 的标准比较一下。

7. 室内设计的相关法规——②

《建筑标准法》——材料

学习目标：理解与材料有关的法律中，针对防火制定的内部装修限制规定的具体细节。

1）结构

❶ 耐火结构（法 2 条）

是指墙体、柱子、地面及其他建筑物的部分结构中，满足政令规定的耐火性技术标准的钢筋混凝土结构、砖结构及其他结构，使用国土交通大臣规定的结构方法或获得大臣认定的结构。

❷ 防火结构（法 2 条）

建筑物的外墙体或屋檐底部结构中，满足政令规定的防火性技术标准的钢铁灰浆涂料、石膏涂料及其他结构，使用国土交通大臣所规定的结构方法或获得大臣认定的结构。

2）材料

❶ 非燃烧体材料（法 2 条）

指建筑材料中，通常火灾发生后，满足政令中规定的遇火不发生燃烧的不燃性技术标准的材料，是国土交通大臣规定或认可的材料。

❷ 准非燃烧体材料（令 1 条）

指建筑材料中，通常火灾发生后，火焰燃烧加热开始后 10 分钟内满足不燃烧条件的材料，是国土交通大臣规定或认可的材料。

❸ 难燃烧体材料（令 1 条）

指建筑材料中，通常火灾发生后，火焰燃烧加热开始后 5 分钟内满足不燃烧条件的材料，是国土交通大臣规定或认可的材料。

3）建筑物

❶ 耐火建筑物（法 2 条）

指主要结构部分使用了耐火结构的建筑物，在外墙开口部位有火势蔓延危险的部分设有政令规定的结构防火门等防火设备。

❷ 简易耐火建筑物（法 2 条）

指耐火建筑以外的建筑物，外墙为耐火结构，同时屋顶采用非燃烧体材料覆盖，主要结构部位的柱子和梁用非燃烧体材料建造，外墙开口部位有火势蔓延危险的部分设有防火门等防火设备。

4）有火势蔓延危险部分（法 2 条）

为使火灾时火势蔓延能控制在最小范围而规定了“有火势蔓延危险部分”，它是为了提高外墙、屋檐底部、屋顶、外墙开口部位的防火性能而制定的。其范围是从邻接用地红线以及道路中心线开始，1 层为 3m 以下、2 层以上为 5m 以内的部分。但是，面向公园、广场、河流等能有效进行防火的部分除外（图表 1）。

■图表 1 有火势蔓延危险部分

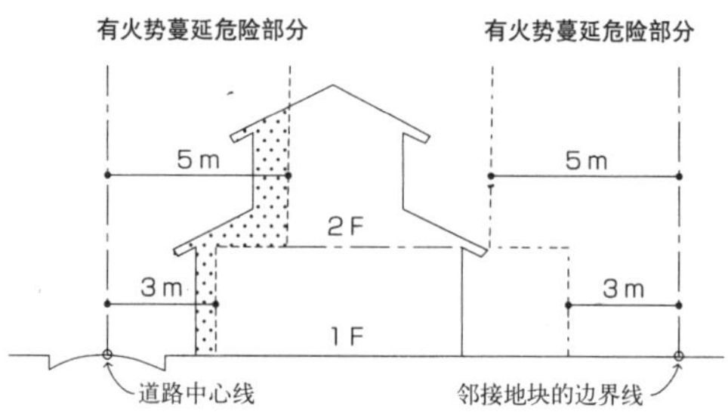

5）特殊建筑物的内部装修（法 35 条之 2 及其他）

❶ 特殊建筑物等（法 35 条之 2）

剧场及电影院设施、医院及宾馆设施、体育场馆及学校等教育类设施、百货商店及咖啡餐饮等商业类设施均称为“特殊建筑物”。从规模上来说，3 层以上及总面积超过 $500m^2$ 的建筑物也称为“特殊建筑物”。另外，在政令中规定“无窗的建筑物”、“烹调用房、浴室及其他使用炉灶、锅炉等有火源设备或器具的房间”均称为“特殊建筑物”。

❷ 特殊建筑物的内部装修限制（法 35 之 2，令 128 条之 2 之 2，令 128 条之 4，令 129 条）

特殊建筑物发生火灾后会带来巨大的灾难。为了防止火势蔓延并促进避难及消防活动，对其内部装修材料（墙体与顶棚的面层材料）做了相关规定。图表 2 归纳总结了各种特殊建筑物对应内部装修限制的具体内容。

❸ 住宅厨房的内部装修限制（令 128 条之 4）

独立住宅（耐火结构建筑除外）中仅限使用火源的房间。耐火结构的集合住宅，3 层以上部分以总面积超过 500m² 的建筑物为对象。但是，总面积在 200m² 以内设有防火分区的居室除外。厨房等经常使用火源的房间，在室内一侧的墙体和顶棚必须使用准非燃烧体材料。非耐火结构住宅的厨房设在最顶层也属此规定，但木结构设于 2 层的厨房除外。而开放式厨房中有火源的房间与其他房间合为一体使用时，如果墙体从顶棚开始向下 500mm 以上设置了非燃烧体材料，则仅以厨房一侧为对象。

■图表 2 内部装修限制一览

<table>
<tr><th colspan="3" rowspan="2">区分</th><th colspan="3">对象物规模</th><th colspan="2">限制部位</th></tr>
<tr><th>耐火建筑物</th><th>准耐火建筑物</th><th>其他建筑物</th><th>居室等</th><th>通道、楼梯等</th></tr>
<tr><td rowspan="5">①特殊建筑物</td><td>(1)</td><td>剧场、电影院、音乐厅、观览大厅、礼堂、集会场所</td><td>观众用房的楼地面面积合计 400m² 以上</td><td colspan="2">观众用房的楼地面面积合计 100m² 以上</td><td rowspan="3">难燃材料（顶棚、墙体）。但，3 层以上楼层有居室时，顶棚为准不燃材料</td><td rowspan="3">准不燃材料（顶棚、墙体）</td></tr>
<tr><td>(2)</td><td>医院、宾馆、旅馆、旅店、共同住宅、寄宿校舍、养老院、儿童福利院等</td><td>3 层以上部分合计 300m² 以上。但，100m²（共同住宅的住户为 200m²）以内设置防火分区的除外</td><td>2 层部分楼地面面积合计 300m² 以上（限医院、疗养院内设置有患者收容设施的）</td><td>楼地面面积合计 200m² 以上</td></tr>
<tr><td>(3)</td><td>百货商店、超市、展览厅、酒馆、咖啡店、夜总会、酒吧、舞厅、游戏厅、公共浴室、等候厅、饭店、饮食店、经营商品销售的店铺</td><td>3 层以上部分楼地面面积合计 1000m² 以上</td><td>2 层以上部分楼地面面积合计 500m² 以上</td><td>楼地面面积合计 200m² 以上</td></tr>
<tr><td>(4)</td><td>机动车车库、机动车修理厂</td><td colspan="3" rowspan="2">全部</td><td rowspan="2">准不燃材料（顶棚、墙体）</td><td rowspan="2">准不燃材料（顶棚、墙体）</td></tr>
<tr><td>(5)</td><td>地下室或地下构筑物的居室内提供上述（1）（2）（3）用途之外的建筑</td></tr>
<tr><td colspan="3" rowspan="4">②中等规模以上建筑物（学校、体育馆及运动类建筑除外）提供（2）的用途且高度 31m 以下的部分适用（2）栏的规定</td><td colspan="3">层数为 3 层、总面积超过 500m² 的</td><td rowspan="4">难燃材料（顶棚、墙体）</td><td rowspan="4">准不燃材料（顶棚、墙体）</td></tr>
<tr><td colspan="3">层数为 2 层、总面积超过 1000m² 的</td></tr>
<tr><td colspan="3">层数为 1 层、总面积超过 3000m² 的</td></tr>
<tr><td colspan="3">以下的情况除外：
每 100m² 以内设防火分区，居室不提供特殊建筑物的用途且设在耐火建筑物高度 31m 以下的部分</td></tr>
<tr><td colspan="3">③无窗居室</td><td colspan="3">全部（但，顶棚高度超过 6m 的除外）</td><td>准不燃材料（顶棚、墙体）</td><td>准不燃材料（顶棚、墙体）</td></tr>
<tr><td colspan="2" rowspan="2">④内部装修规制的烹调用房</td><td>设有住宅或连排住宅用途的建筑物</td><td rowspan="2">主要结构部位为采用了耐火结构的除外</td><td colspan="2">2 层以上住宅（包括连排住宅）的最顶层之外的楼层设置了使用火源的设备和仪器的场所</td><td rowspan="2">准不燃材料（顶棚、墙体）</td><td rowspan="2"></td></tr>
<tr><td>设有住宅以外用途的建筑物</td><td colspan="2">全部</td></tr>
<tr><td colspan="2" rowspan="6">防火分区</td><td rowspan="3">建筑物 11 层以上部分</td><td colspan="3">100m² 以内设置防火分区的</td><td rowspan="6">若设置喷洒装置空间可加大 2 倍</td><td></td></tr>
<tr><td colspan="3">200m² 以内设置防火分区（乙类防火门除外）的</td><td>准不燃</td></tr>
<tr><td colspan="3">500m² 以内设置防火分区（乙类防火门除外）的</td><td>不燃</td></tr>
<tr><td rowspan="3">地下街</td><td colspan="3">100m² 以内设置防火分区的</td><td></td></tr>
<tr><td colspan="3">200m² 以内设置防火分区（乙类防火门除外）的</td><td>准不燃</td></tr>
<tr><td colspan="3">500m² 以内设置防火分区（乙类防火门除外）的</td><td>不燃</td></tr>
<tr><td colspan="8">备注：1）窗框及回廊、窗台以及其他与此类似的部分不受限制。
2）①中的（1）（2）（3）以及②和有防火分区的居室，楼地面开始高度为 1.2m 以下的部分（腰）不适用。
3）内部装修限制适用于 2 种情况时，有法令规定的情况排除在外，应遵循更严格一方的限制。
4）此一览表仅为概要，详细部分请参照法令的原文件。</td></tr>
</table>

思考题

- 确认一下自家住宅中是否有“火势蔓延危险部分”。
- 确认一下自家是否有能成为“内部装修限制”对象的部位。

其他相关法规

学习目标：进行室内设计时，除要理解与建筑物相关的消防法规、质量验收法规外，还要了解室内设计产品的加工责任法规及家电再循环法规等其他相关法规。

1)《消防法》(1948 年实施)

❶ 法规的目的

此法规的目的是预防、警告、消灭火灾，保护国民的生命、身体及财产的防火安全，并减轻火灾或地震等灾害带来的伤害，从而保持安定的社会秩序，促进社会公共福利。

❷ 法规的内容

《消防法规》叙述的是火灾时，除“消防活动”外，事先必须采取“火灾预防”措施。室内设计中预防火灾是非常重要的。建筑物进行新建、增建、改建时，不仅要接受建筑监理的“监督管理”，还必须获得“消防部门领导的同意”。

❸ 防火规定

防火对策中，从防止起火角度考虑，最重要的是使燃烧可能性较高的物品做到不燃烧、难燃烧。为此，在《建筑标准法》中对建筑物的墙体、顶棚等内部装修材料进行了内部装修限制。另一方面，《消防法》中对窗帘、地毯等室内陈设类物品也制定了“防燃限制”。在防火对象物上使用的“防燃物品”，其防火性能必须高于规定的标准。有防燃性能的防燃物品，必须附上政令中规定的JIS 标志类的“防燃说明”（图表 1）。

2)《注册建筑师法》(1950 年实施)

❶ 法规的目的

此法规的目的是确定建筑物的设计、工程监理等技术人员的资格，规定其业务范围，确保建筑物的品质和质量。

❷ 法规的内容

注册建筑师指一级注册建筑师、二级注册建筑师、木结构注册建筑师。一级注册建筑师由国

■图表 1 防燃标志的示例

消防厅认定
认定编号
防　火
财团法人 日本防火协会

标志的颜色为：底（白色），防燃（红色），消防厅认定（黑色），认定编号（黑色），线条（黑色）。

■图表 2 注册建筑师的设计与工程监理

总占地面积 S(m²)		木结构			木结构以外		
		平房建筑	2 层建筑	3 层建筑以上	高度≤13m 且屋檐高度≤9m		高度＞13m 或屋檐高度＞9m
					2 层建筑以上	3 层建筑以上	
S≤30		Ⓐ均适用			Ⓐ		
30<S≤100							
100<S≤300		Ⓑ仅限一级、二级、木结构注册建筑师					
300<S≤500		Ⓒ 仅限一级、二级注册建筑师					
500<S≤1000	一般						
	特殊						
1000<S	一般	Ⓒ			Ⓓ 仅限一级注册建筑师		
	特殊						

建筑设计、工程监理，应按Ⓑ～Ⓓ的阶段进行划分，根据建筑物的用途、结构、规模确定注册建筑师的业务范围。

土交通大臣、二级注册建筑师和木结构注册建筑师由都道府县的主管人员颁发证书，获得资格认定后才能取得设计或工程监理的业务。"设计"指担负此业务的人有制作"设计工程图纸"，审核工程是否按设计要求去实施的（图表 2）职责。

3）促进老龄者、残障者等顺畅通行的相关法规（简称：无障碍设计新法，2006 年实施）

❶ 此法规成立的背景

此项法规形成的背景是将迄今为止的《关于促进建设无障碍建筑的有关规定（简称：爱心建筑法，1994 年实施）》和"关于推行无障碍公共交通工具的有关规定"（简称：交通无障碍法，2000 年实施）这两项法规合并而成。

❷ 法规的目的

从确保老龄者及残障者日常生活和社会生活自立的重要性出发，保障公共交通工具的旅客设施以及车辆、道路、停车场、公园、建筑物等的方便性和安全性，以有助于增进公共福利事业发展。

❸ 法规的内容

宾馆及医院等特定建筑物的出入口、走廊、楼梯、电梯、卫生间以及公共交通工具，必须采取安全、方便的通行措施。理解这一重要性应成为国民的责任和义务。

4）促进住宅质量保障的相关法规（简称：质量验收法，2000 年实施）

❶ 法规的目的

此项法规的目的是设定与住宅性能相关的标志标准以及以此为标准的评价制度，建立完善的处理住宅纠纷机制，同时就新建住宅的技术合同或者买卖合同中，对于过失担保责任制定特殊的规定，以提高住宅的品质和质量、保护购房者的利益，迅速而恰当地解决住宅纠纷，从而使国民生活稳定提高、经济健全发展。

❷ 法规的内容

到目前为止，住宅中消费者感到不满的部分主要有：性能方面没有共同尺度、对评价和检查存有不放心、合同中对于过失担保的期限较短等。为此，国土交通大臣为了谋求住宅性能表述的准确性，制定了日本住宅性能表述标准，与此相应制定了评价方法和验收标准。住宅的取得合同（技术、买卖）中，对基本结构部位（柱及梁等建筑结构强度的主要部分，以及防止屋顶雨水渗入的部分）制定了 10 年期间的过失担保义务（房屋维修请求权等）。

5）产品责任法（简称：PL 法，1995 年实施）

❶ 法规的目的

指因产品残次造成他人生命、身体、财产损害时，生产这类产品的厂家有义务对损害进行赔偿的规定。

❷ 法规的内容

不单是产品的残次，也包括因产品残次引起受伤或引发火灾等情况。但是，残次不仅仅是产品本身的残缺，也包括标志、使用说明书的内容不完善。在 PL 法规制定之前，民法中对制造厂商已经制定了损害赔偿诉讼，但要求被害者在裁判时不得不证明产品在制作过程中的过失。损害赔偿规定，受到伤害的被害者或其法定代理人要在确定损害和赔偿责任人开始 3 年内、或者制造厂家提交出该产品开始 10 年内提出诉讼。

❸ 住宅零配件 PL 中心

建筑材料及设备器械等住宅零配件中与 PL 法有关的问题，可与住宅零配件 PL 中心协商。PL 是 Product Liability 的省略语。

6）特定家庭用器具再商品化法（简称：家电再循环法，2001 年实施）

❶ 法规的目的

此法规的目的是使小规模经营的特定家庭用器具从业者以及生产厂家，对特定家庭用器具的废弃产品能顺利实施收集和搬运以及再商品化的措施，通过清减废弃物，充分利用再生资源，以谋求废弃物的正确处理及资源的有效利用，从而保护生活环境、确保国民经济健康发展。

❷ 法规的内容

家电再循环法是制造业者（厂家）负有再循环的义务，小规模经营者（包括古董商）担负起将排出者（消费者）的废弃家电产品交回到生产厂家的义务。通过三者负责的方式完成再循环。列为再循环对象的电器产品有电视（阴极射线显像管形式）、电冰箱、洗衣机、组合空调等。

7）废弃物处理及清扫的相关法规（简称：《废弃物处理法》，2001 年改定）

❶ 法规的目的

此法规的设定主要是抑制废弃物排弃，正确处理废弃物的分类、保管、收集、搬运、再生、销毁等，从而清洁和保护生活环境、提高公共卫生质量。

❷ 法规的内容

在国内产生的废弃物原则上必须在国内处理。处理废弃物的从业者（建筑工程中原则上是指主要承包人）必须考虑抑制废弃物产生，努力实施再生利用。处理废弃物的从业者要担负起责任，必须遵循《废弃物处理法》，采取恰当的处理措施。如果将处理业务委托给他人，则必须委托给那些取得了废弃物处理资格的从业者。自行处理时也要遵循废弃物处理法的基本准则。

❸ 利用货物清单的管理

在产业化废弃物处理过程中，应通过产业废弃物管理票（货物清单）的票据进行管理。货物清单是在交出废弃物时，由废弃物处理从业者开具，处理方最终处理完毕后，再返回给开具票据的一方加以确认的组织方式。

* 本室内设计相关法规的说明内容仅为概要，详细内容请参照各个条文。

思考题	● 确认一下建筑物中设有防燃标志的窗帘和地毯。 ● 确认一下无障碍新法规中认定的建筑物内可顺畅通行的部分。

第二章
设计知识

住宅规划与设计

学习目标：学习住宅的策划步骤及住宅规划的基本方法。

1）设计步骤

包括住宅在内，建筑从策划到竣工的整个过程大致分为“策划”、“设计”、“建设”3个阶段。“策划”是为设计提供设计委托依据，“设计”是在策划的基础上制作规划设计方案，“建设”是建筑的施工阶段。“设计”阶段应掌握和整理委托要求后再探讨规划设计方案，因此到设计方案敲定之前的过程称作草案反复推敲阶段（图表1、2）。

室内的设计步骤与建筑相同，但对住宅来说，重点是在理解和重视居住者的生活阶段和生活样式的基础上去组织空间，并利用效果图或实物模型展示空间意向（图表3）。

2）生活行为场所与平面布局设计

在规划居住空间时，归纳和整理居住生活的行为内容以及这些行为与居住空间之间的对应关系是十分必要的（图表4）。可利用功能分区规划和动线设计分析来探讨行为与室内空间之间的位置关系。

功能分区规划指的是，按主要用途将行为条件相类似的空间按区域进行整理，在此基础上再开展平面布局设计，住宅分为“公共区域”、“共用区域”和“私密区域”（图表5、6）。

动线设计是通过分析人、物品的移动轨迹、容量、方向、变化等，规划出能保障人、物品在

■图表1 建筑的设计步骤

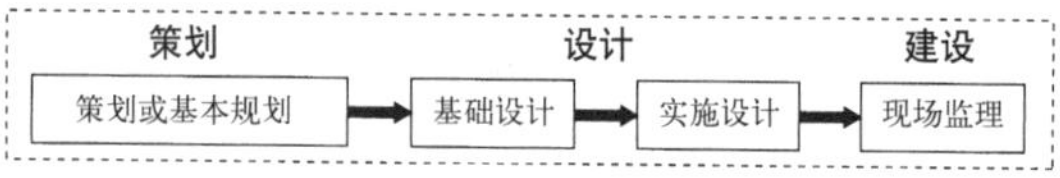

■图表2 确定规划设计方案的步骤

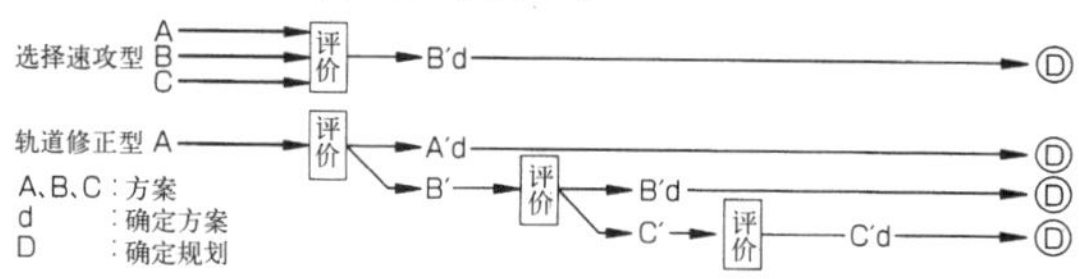

■图表3 室内设计的设计步骤

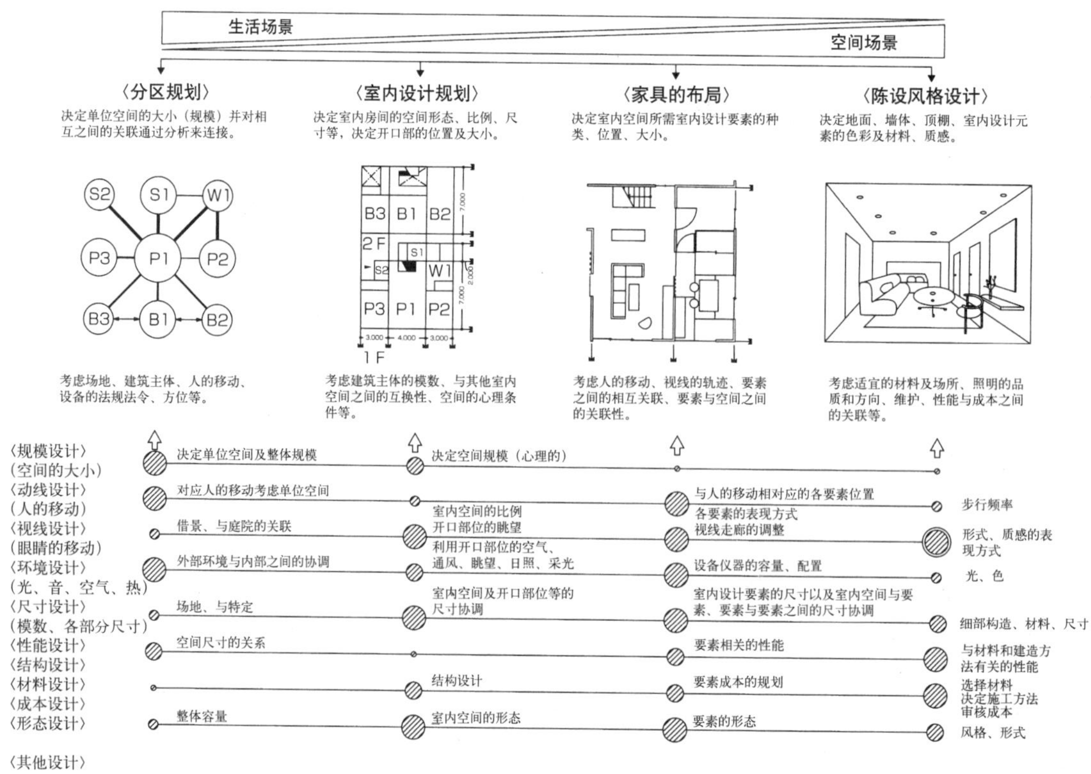

各种各样的生活行为中顺畅移动，住宅中要避免像会客、家务劳动这样不同性质的动线之间产生交叉问题，特别是使用频率较高的家务动线要尽量缩短。

3）尺寸设计

❶ 模数与模数统合

设计和生产中使用的尺寸单位或尺寸体系称为模数。模数有两种解释。一种是以建筑构造材料的尺寸为单位尺寸，并以整数倍的形式使用，在 ISO 中规定的基本单位（10cm）称为基本模数，用“M”表示。日本传统的尺寸单位“尺”或“间”也是这种模数的一种。第二种是以等差数列或等比数列构成的尺寸体系为模数，有代表性的像勒·柯布西耶采用的斐波那契数列模数（参见 26 页）。

利用模数构成的建筑空间称为模数协调（MC）。它是将构成空间的各个材料赋予相同的尺寸，以使材料在空间布局上不产生浪费，并在排列上具有互换性。

❷ 模数网格设计

以模数的网格为基准线，在基准线上设置柱子、墙体来构成空间骨架的方法称为模数网格设计。构成空间的材料有柱子、梁、墙体、地面等建筑结构材料和组合空间单元的配件材料，材料种类不同，所对应网格的间距及形式也会有所差异（图表 7）。

模数网格设计的基本方法有“单模数网格”和“双模数网格”、“轴线基准”和“边线基准”。日本传统木结构住宅的榻榻米分隔方法中，“江户间（关东间、田舍间）”是柱轴按 910mm 的基准线来布置的“单模数网格式轴线基准”，“关西间（京间）”是将榻榻米的大小统一成 1910mm×955mm，柱子在榻榻米外侧布置的“双模数网格式边线基准”（图表 7）。

■图表 4 生活行为与居室的对应

◎：特别关心　○：关心

居住生活行为 ＼ 居室的种类		起居室	餐厅	客厅／会客	书房	主卧	儿童房	地下室	厨房	浴室	厕所	壁橱／储藏	走廊	玄关
集体行为	家庭团聚	◎	○						○					
	用餐	○	◎						○					
	玩耍和兴趣	○	○	○	○	○	○	○						
	待客	○	○	◎										
个体行为	夫妇的就寝					◎								
	孩子的就寝						◎							
	工作／学习	○	○		◎	○	◎	○				○		
家务行为	做饭		○						◎					
生理行为	入浴									◎				
	如厕										◎			
辅助性行为	移动	○	○	○	○	○	○	○	○	○	○	○	◎	◎

■图表 5 池边阳提出的“住宅基本组织图”及其作品

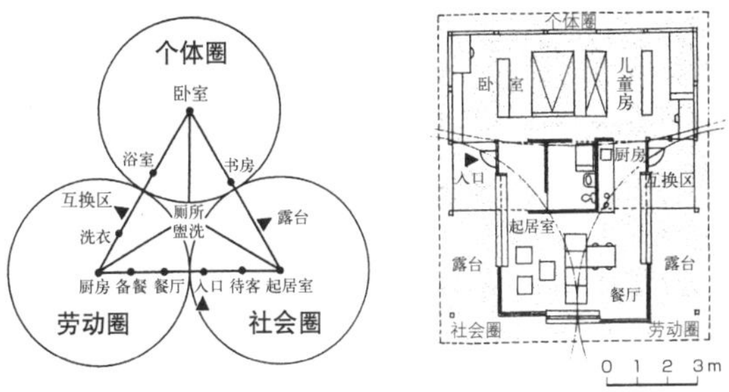

■图表 6 马歇·布劳耶自宅中功能分区与动线设计

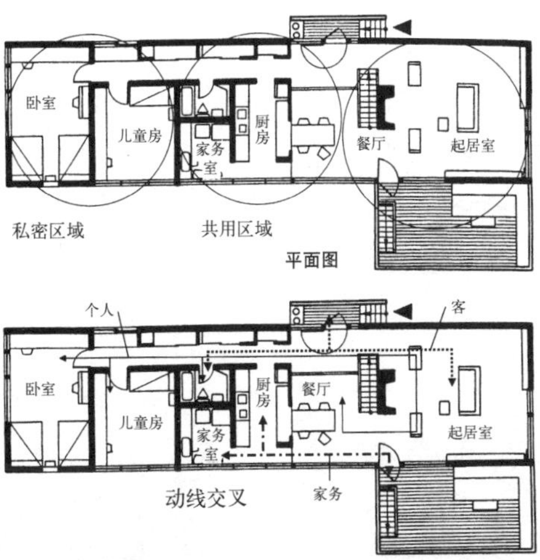

■图表 7 模数网格设计的思维方法

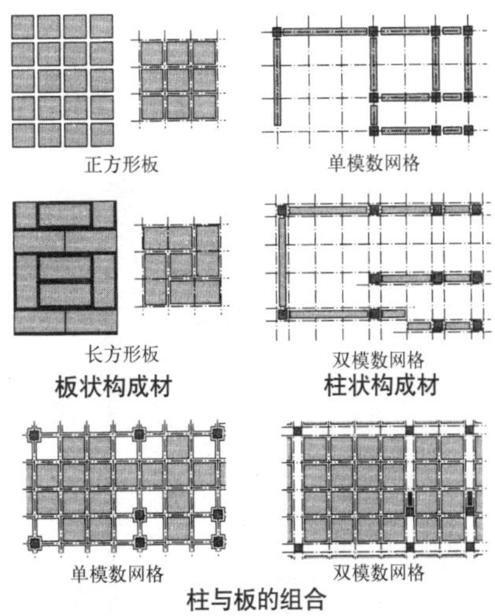

思考题

- 你主要停留在家中的哪个地方？做什么？
- 调查一下你家中的功能分区和行为动线。

1. 住宅的室内设计——②

家庭与住宅

学习目标：理解家庭居住生活的基本方式，通过诸多实例分析和学习住宅的平面设计。

1）居室规模指标

居室规模应在设定日常生活行为空间的同时，根据行为所发生的时间及频率来确定。国土交通省（旧建设省）在住宅建设 5 年计划（第 3 期以后）中，规定了保证国民健康文化生活的空间大小及房间布局的“居住标准”。“居住标准”分为“最低居住标准”和确保家庭最低标准的“指导性居住标准”，要结合各个家庭结构确定目标值。“指导性居住标准”中，还有以城市中心及周边的共同住宅（集合住宅）为居住对象而设定的“城市住宅指导性居住标准”和以郊外及地域中的独立住宅为对象而设定的“一般指导性居住标准”（图表 1）。

2）标准家庭、标准设计

由标准家庭构成的住宅户型或其家族构成类型称为标准家庭，特别是指核心家庭中以夫妇及子女构成的家庭。标准设计是指同类型建筑或建筑的同类型部分以标准化进行的设计，在这里指

■图表 1 指导性居住标准

家庭成员	城市居住性型				普通型			
	房间构成	居住面积		住户专用面积墙体厚度修正后 (m^2)	房间构成	居住面积		住户专用面积墙体厚度修正后 (m^2)
		(m^2)	（榻榻米）			(m^2)	（榻榻米）	
1 人	1DK	20.0	12.0	37	1DKS	27.5	16.5	50
1 人（单身中高龄）	1DK	23.0	14.0	43	1DKS	30.5	18.5	55
2 人	1LDK	33.0	20.0	55	1LDKS	43.0	26.0	72
3 人	2DK	46.0	28.0	75	2LDKS	58.5	35.5	98
4 人	3LDK	59.0	36.0	91	3LDKS	77.0	47.0	123
5 人	4LDK	69.0	42.0	104	4LDKS	89.5	54.5	141
5 人（包括单身高龄）	4LLDK	79.0	48.0	122	4LLDKS	99.5	60.5	158
6 人	4LDK	74.5	45.5	112	4LDKS	92.5	56.5	147
6 人（包括单身高龄）	4LLDK	84.5	51.5	129	4LLDKS	102.5	62.5	164

■图表 2 公营住宅标准设计 51C—N 型（设计 / 东京大学吉武研究室）

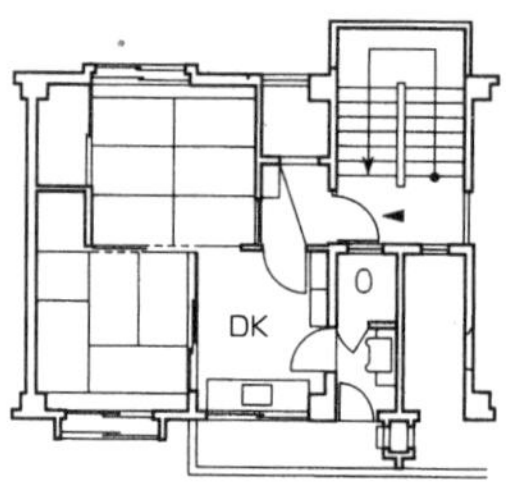

■图表 3 利用可移动家具划分的一室户住宅（设计 / 谷内田章夫）

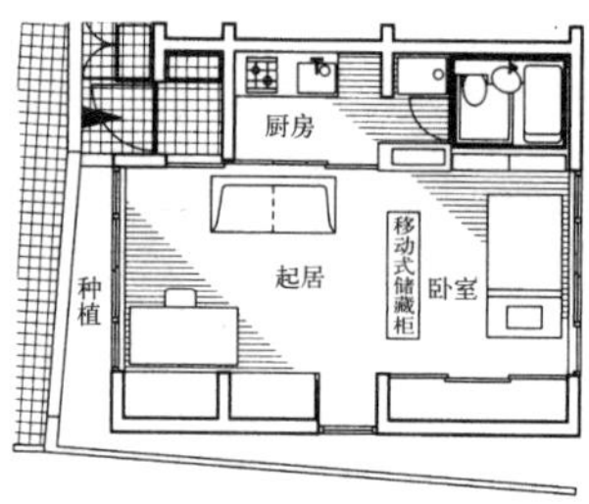

■图表 4 面向 DINKS 的住户提案

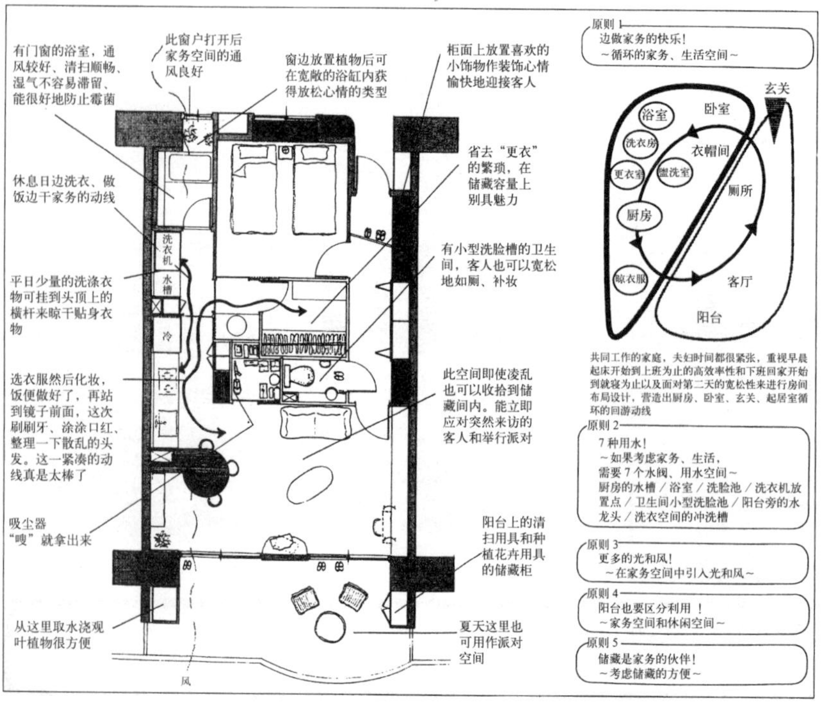

■图表 5 灵活的儿童房提案

最初这样居住
二层是夫妇和哺乳期幼儿的 3 人用房
（床上的数字是使用者的年龄）

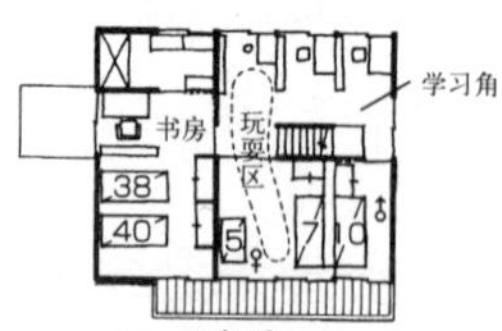

4 年后
为儿童期的孩子腾出书房

9 年后
为青春期的孩子设计出独室空间。共用的空间变成图书室

的是国营住宅中建筑尺寸及结构材料的标准化设计。1951 年由吉武泰水等提案的“国营住宅标准设计 51C—N 型”中提出了用餐与就寝空间相分离的“寝食分离”和父母与子女就寝空间分离的“就寝分离”概念，形成了由餐厅厨房（DK）和父母卧室、子女卧室构成的居住模式，其后成为国营住宅的原始型并扩展到公寓中，后来发展为 2DK 的房间布局形式。1955 年住宅公团诞生后，与滨口美惠合作共同研究了公团住宅模式，将“不锈钢橱柜操作台”和“餐桌”以精装修物件设置于 DK 中，使得 DK 迅速发展和普及起来（图表 2）。

3）家庭结构与住宅

❶ 家庭生活与住宅

图表 3 虽然是单身居住的一室户住宅，但其内部也考虑到了不同的活动空间。

在对面向共同生活的家庭进行规划设计时，重点要在考虑家务劳动的行为动线及相互关联性的基础上再进行规划设计。图表 4 是以无子女的 DINKS（丁克）家庭为对象的布局设计案例，是一个以谋求高效率家务劳动为目标的设计。

❷ 家庭的成长与住宅

图表 5 是“夫妇与子女”的“核心家庭”中，按子女的成长阶段确保空间变化的案例。

图表 6 是面向老龄者的集合住宅平面，虽然身体机能下降，但仍要尽可能保证他们的自立生活，同时还考虑到了护理或看护的方便性。

图表 7 是父母、子女家庭的“主干家庭”通过书库来连接的案例。两代家庭在相互独立的同时，也考虑到以心灵沟通的方式来连接。

❸ 重视“个体”居住

子女在成长的同时，个人房间的存在方式也在发生着变化。图表 8 是重新定义个人房间与共用房间之间关系的早期案例。图表 9 则是集合住宅的住户平面，是按照个人能直接接触社会的方式来设计的。

■图表 6 老龄者的居所

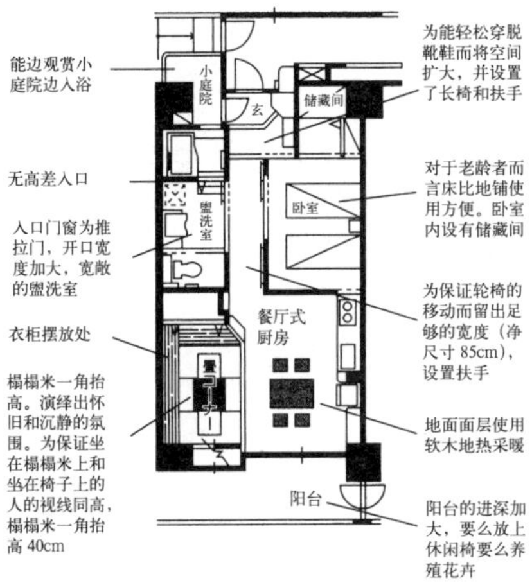

■图表 7 用书库连接的两代家庭住宅（设计／高桥公子）

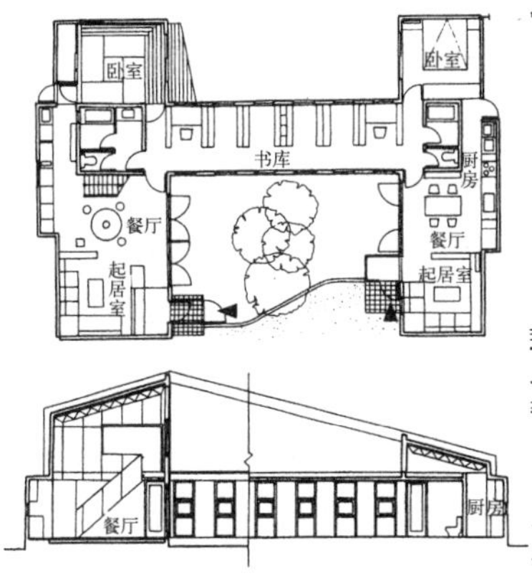

■图表 9 独立式家庭之家（设计／席拉康斯）

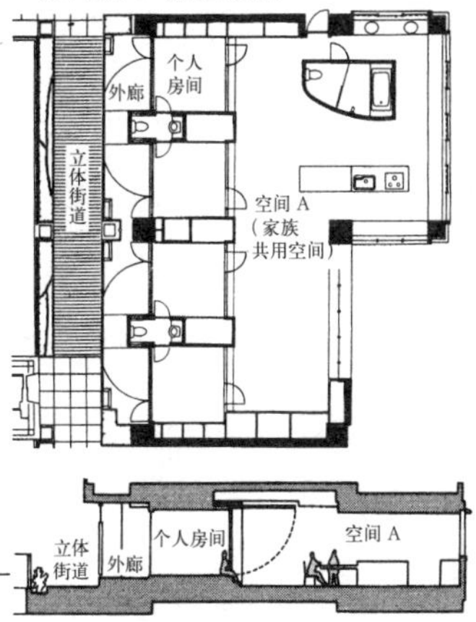

■图表 8 武田宅个人房间群体居住（设计／生田勉研究室）

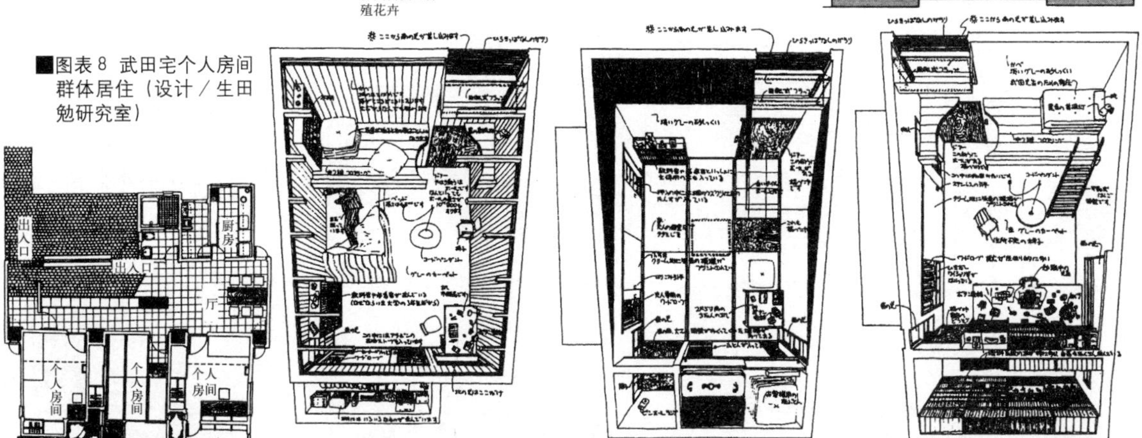

儿子的个人房间　夫人的个人房间　武田老师的个人房间

思考题

- 收集并比较一下不同类型的住宅设计图纸。
- 请思考一下家中家人常聚集的地方在哪儿？做何事情？

1. 住宅的室内设计——③
居住需求与住宅

学习目标：了解采取什么措施能灵活应对居住者的个性和家庭历年变化，通过分析案例学习基本思考方法及手段。

1）生活方式与住宅

在生活水平不断提高、生活方式多样化的当今社会，人们高度强调居住需求的同时，居住空间的布局也在向个性化发展。为了能够满足家庭成长带来居住要求的不断变化，过去都是采取更换住宅或另建、增改建等方式，但是由于人们的定居心理，以及环境问题的出现，对建筑物使用年限的要求有所提高，因此要求住宅在房间分隔、内部装修、设备等的施工方法应侧重在可简单随意更换的可变性上（图表 1）。

2）居住的多样化与个性化

图表 2 是可聚餐的正规起居室与家族休闲用家庭活动室共设的双重起居室案例。

图表 3 是附设灵活空间的住户案例。灵活空间不通过住户内部可直接从共用空间进入。

图表 4 是以 SOHO 为对象的住户案例，可作

■图表 1 家庭生活方式与居住需要模型

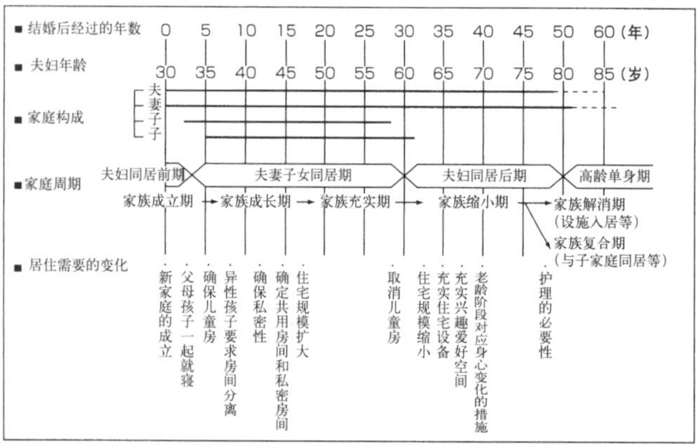

■图表 2 双重起居室的示例（设计／山田昭、山田初江）

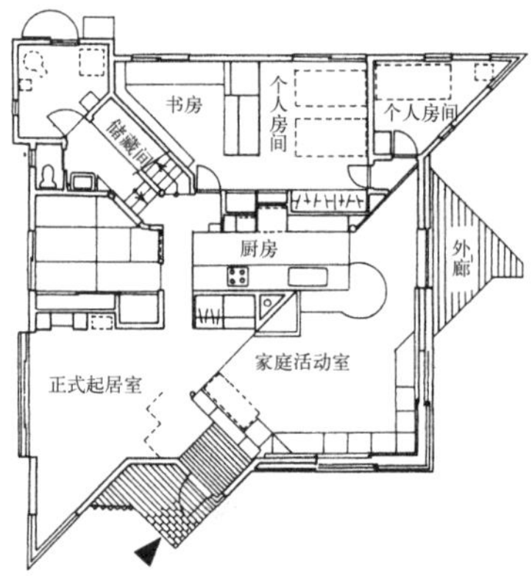

■图表 3 带有灵活空间的住户（设计／住宅 · 城市整备公团＋坂仓建筑研究所）

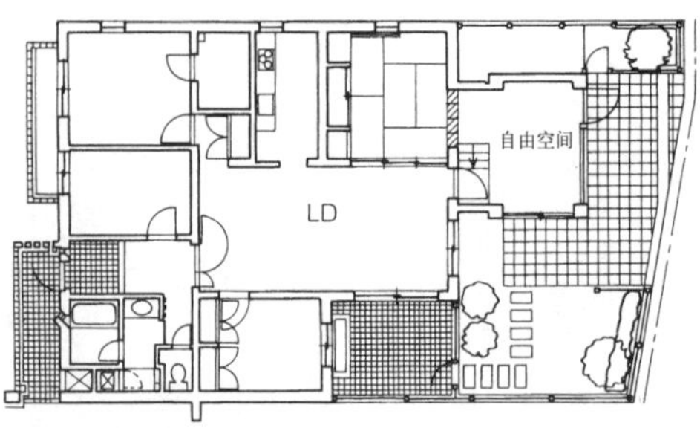

■图表 4 SOHO 住宅（设计／山本理显设计工场）

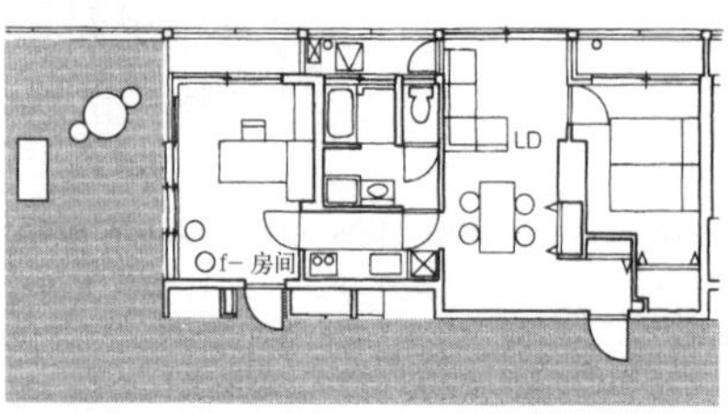

■图表 5 个性化设计方案

日式风格之家

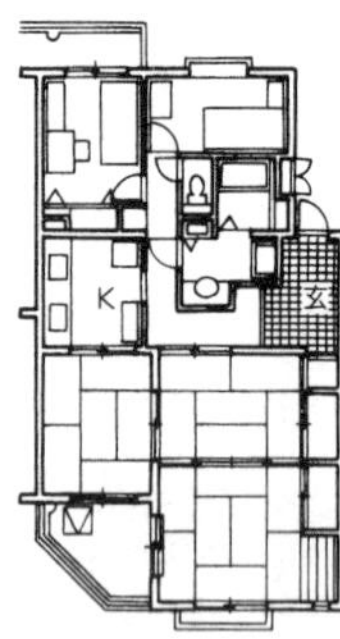

房间布局中有 3 间格调高雅的和室（日式房间）是其特点。在连通的和室内营造出明朗的氛围。

双起居之家

将生活范围扩大，拥有两个起居室是其特点。尽情享受室内生活的家庭起居空间

为工作场所来使用的 f– 房间和作为生活空间的居住用房，分别设置了不同的出入口。

图表 5 是生活提案型的“个性化设计方案”。设定好未来集合住宅内入住者的生活特点，尽可能给住户提供多种类型的平面布局形式。

3）考虑可变性的住户设计

❶ 公共机构的尝试

日本住宅公团从 1970 年开始研究开发了工业实验住宅“KEP”，利用移动式隔断、储藏式隔断建造了大统间住宅。图表 6 是购买时可进行平面选择的“菜单式”案例。另外图表 7 是以降低建设成本并方便居住者自行分隔房间、变更、替换式样等为目的的“自我设计型（you make）住宅”。它是重新考虑住宅的基本性能和功能，扩大居住者自身二次加工的范围，推动以基本设施为主的廉价供给住宅的发展。

❷ 骨架 – 实体空间方式

建筑物的骨架（Skdldton= 柱＼梁＼楼板等的构造主体）和实体空间（Infill= 住宅内部装修、设备等）分开设计，骨架部分侧重于建筑的持久性，而实体空间则对应居住者的多种需求，重视自由变换的可变性，这一体系称为骨架 – 实体空间（Skdldton—Infill）体系（图表 8）。使用这一体系的集合住宅（SI 住宅）由于可以拆卸住户专属部分的内部隔断墙体、门等，甚至还可以变更水管的位置，因此可以实施大幅度的改装（图表 9）。但是需要加强建筑结构骨架的强度，配管、配线等也需要用双层楼板来隐藏，因此结构构件的建筑成本要提高 10% 左右。

■图表 6 菜单式案例

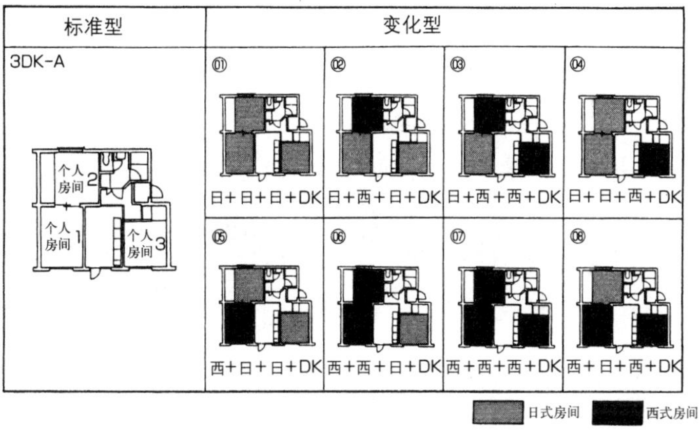

■图表 8 一体化概念

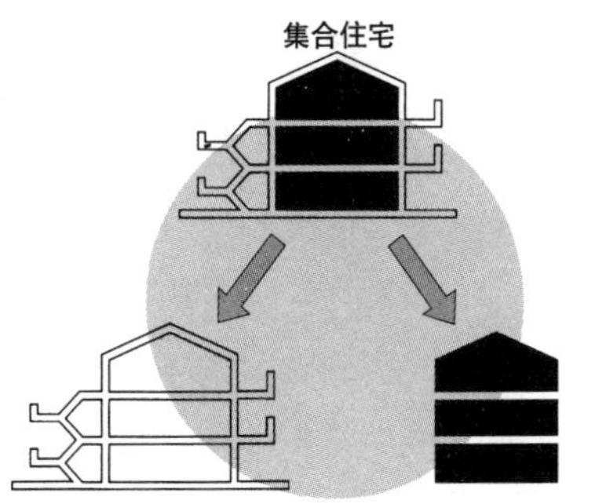

■图表 7 可变型住宅的居住案例

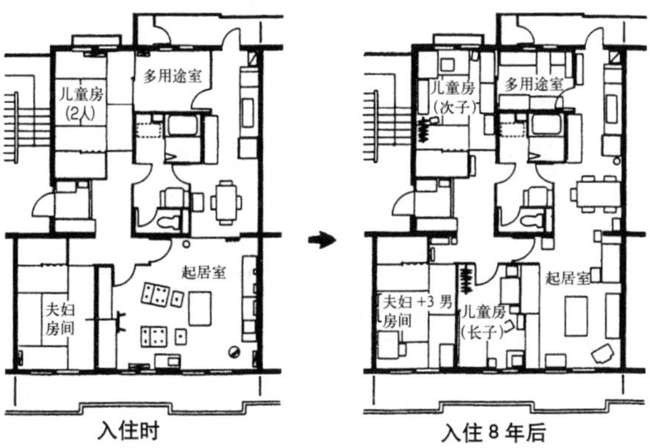

□ 储物组合柜（可移动）

“3LDK+ 多用途室” 89m² 的空间，住户入住时因孩子较小，将起居室的储物组合柜挪开，扩大起居室，但是入住第 8 年孩子长大后（长子 18 岁），将储物组合柜又挪回到原来位置，确保孩子的个人房间。

■图表 9 SI 住宅的改造实验

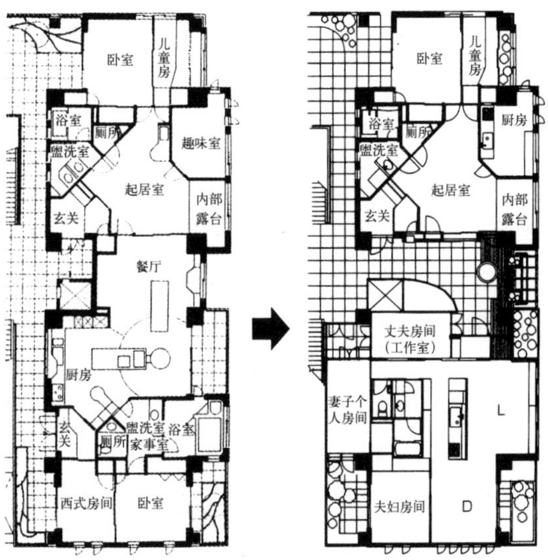

思考题	● 调查一下你家中想要改装的地方。 ● 请分析一下上述问题的来源和理由。

1. 住宅的室内设计——④
住宅的整合

学习目标：在了解集合住宅空间构成的基础知识和基本思考方式的基础上，通过实例分析和了解新的居住形式。

1）住宅的整合形态与连接方式

住宅按形态分为独立住宅（1 户的住宅）和集合住宅（连排住宅、公寓）。集合住宅的层数以低层（1 ~ 3 层）、中层（4，5 层），高层（6 层以上）来划分（图表 1）。必须设置特殊避难用楼梯的 15 层以上住宅称为超高层，但随着住宅高层化的推进，现在的超高层是指高度超过 100m（25 层左右）以上的住宅。

集合住宅住户之间的连接方式有梯间式、单廊式、内廊式、集中式，各个形式所必要的公共面积及电梯效率都不相同。住户的连接方式对居住者之间的交流会产生影响，因此也是住宅设计的重点（图表 2）

■图表 1 集合住宅的形式

住宅楼形式		通道形式		住户形式	
		平面	断面		
低层 （1 ~ 2 层）	连续住宅 2 户建住宅			平层 跃层 2 层建筑	街坊式住宅 中庭式住宅
中层 （3 ~ 5 层） 高层 （6 层以上）	共同住宅	梯间式 内廊式 单廊式 集中式	各层通道 跃层式楼层	平层 跃层 小型出租房屋 三重式跃层	

■图表 2 住户间的连接方式

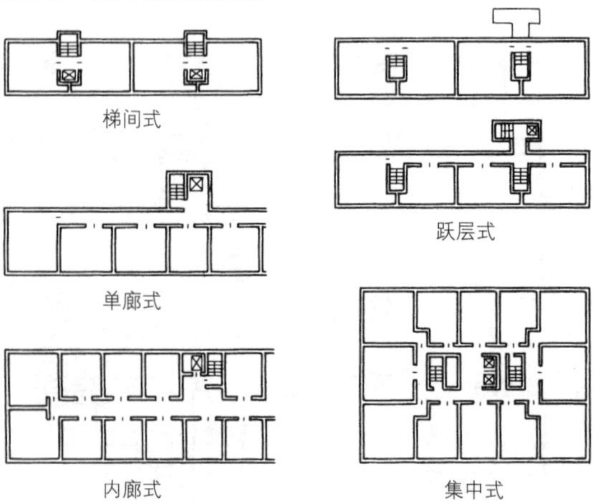

■图表 3 住户的类型

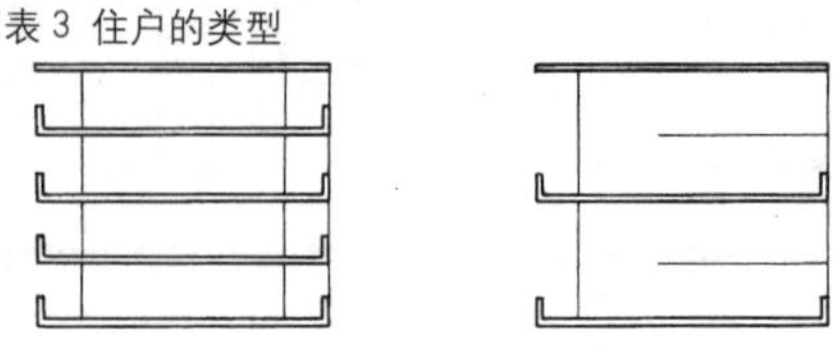

2）集合住宅的住户形式

图表 3 所示为住户的类型。平层式为整个住户在一个层高，跃层式是跨越二层的住户。跨越三层的称为三重式跃层，跨越多层的住户与平层相比私密性较高，能营造出富有变化的内部空间效果。此外，还有像图表 4 那样提供 1.5 层住宅的形式。

■图表 4 1.5 层住宅

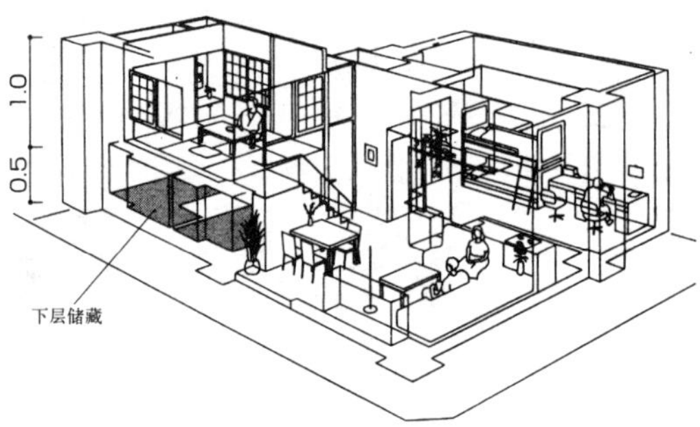

■图表 5 个性化高级公寓（cooperative + house）（M 港口，设计／舫住宅设计师集团）

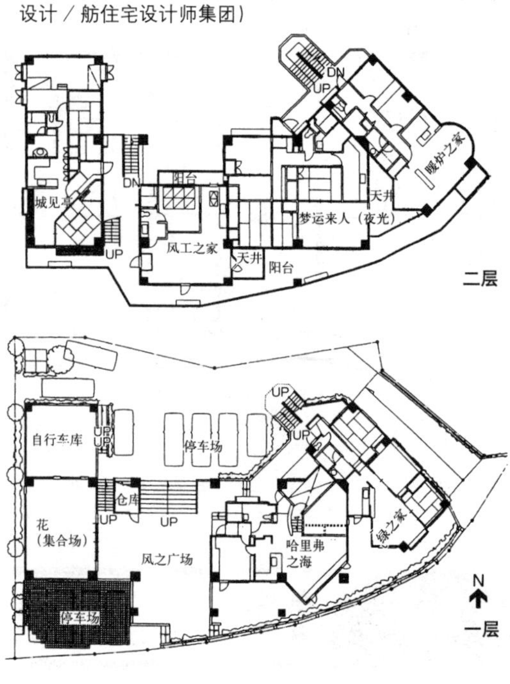

3）新型住宅形式

❶ 个性化高级公寓（corporative house）

指为本人居住而计划建设住宅的业主们成立同业工会，并在土地、建筑物共有的协议下，集思广益，规划、设计的共同住宅。由于从设计阶段就让居住者参与，因此也可以针对各个家庭的具体条件和需求开展单独设计（图表 5）。

❷ 集体生活式住宅

愿意共同生活的居住者聚集到一起，住宅内设置个人的专用住房和其他的公用空间，大家共同承担一部分厨房和家务劳动的集合住宅称为集体生活式住宅。图表 6 是居住者自主运营管理的集体生活式住宅案例，共用空间除 LDK 之外还设置了洗衣房、工作露台。图表 7 是受灾地区支援老龄者独立居住的国营住宅案例。与已往的北欧型不同，它是福利型集体生活式住宅。根据附带的服务内容适合老龄者的住宅可分为①独立居住型年长者住宅；②共同生活并接受专业护理的团体疗养院；③附带饮食服务的低消费老人之家（care house）。此外，将陪护福利制度引入到住宅中代替①、②的新居住形态，即福利型集体生活式住宅也很受关注。

❸ 共享住宅

共享住宅（shared house）是很多人居住在一起，各自拥有私密的个人房间，大家共同使用卫生间、浴室、厨房的大型家园或其居住方式。住宅分享指像公寓内以室友的身份共同居住的类型。图表 8 是老式民宅中 7 个人共同分享的“松阴公共体”案例，公共体内拥有开放式空间，并由居住者自行运营管理。

■图表 6 集体生活式住宅“侃侃森林”2 层平面图（方案设计、设计监理 /NPO 法人集体生活住宅社）

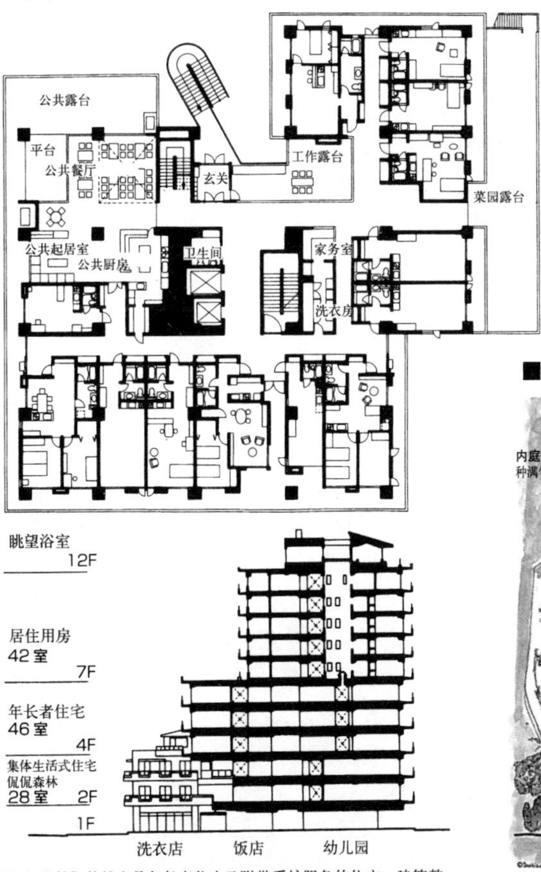

“侃侃森林”的楼上是年长者住宅及附带看护服务的住宅，建筑整体包含地域的公共设施，形成一个多世代型的集合住宅。

■图表 7 “真野交往住宅”协同食堂的使用方法

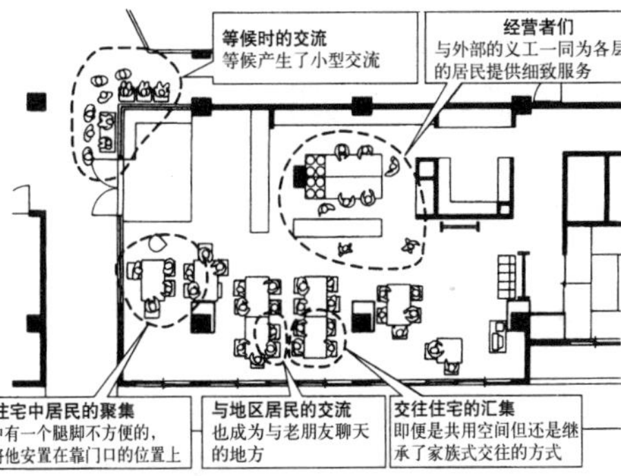

■图表 8 共享住宅“松阴公共体”

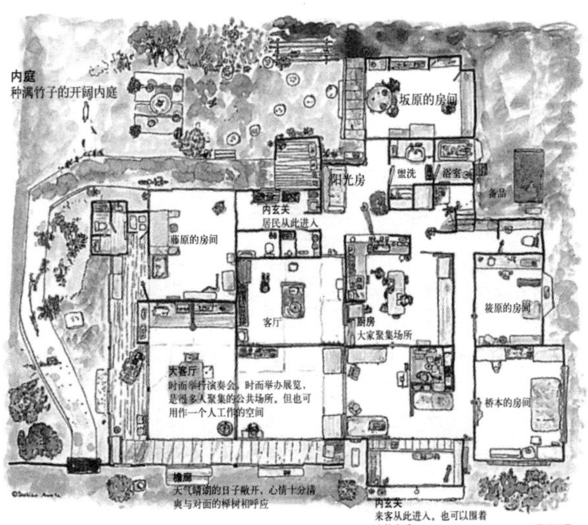

思考题

- 调查一下身边集合住宅的连接方式及住户形式。
- 收集一下集合住宅的广告宣传，并调查它们的管理方式及服务内容。

2. 公共设施室内设计——①
商业设施的室内设计

学习目标：了解商业设施的基本功能，以及商品销售、餐饮空间等不同类型的具体内容。进一步理解为满足功能需求而进行的卖场动线设计、立面设计、尺寸原则等商业设施的设计。

1）商业设施的概要

❶ 商业设施的定义

商业设施是做"生意"的场所。"生意"在文字的起源中是这样解释的："将物明以事并为此做商谈"，"物＝商品，事＝明确服务的价值并以等价获取利益"。而专业从事这种行为的人称为商人。

在运营社会生活过程中，商业设施被称为"人与人用语言交往、用物品进行交换、提供必要的服务并相互支援生活的设施"。也可表述为"是承载人类生活中娱乐、社会交往、相互认识的器皿，是享受买东西、吃东西和各种服务的空间以及为其创造条件的装置。""满足买东西、吃东西等生活用品的需要，并提供服务功能，是支撑人类生活的设施。"

❷ 商业设施的功能

所谓商业设施的功能指"支撑生活各个环节的设施，给生活提供适宜的商品及服务"。"生活各个环节"指"衣（服装及服饰）、食（饮食及食用材料）、住（住宅相关）、游（游乐娱乐）、健（健康）、知（知识、学习）、趣（兴趣爱好）、社（社交）"。

同时，它有随时代变迁及生活变化而不断改变的部分（流行、感受等）、也有在理论上改变不了的因素（原理、功能等）。

无论哪个时代都无法改变的因素（原理、功能）主要有两方面。

企业性功能

商业设施可分为"卖家"的提供商与"买家"的享受者。从企业角度分析商业设施，则分为面向顾客的功能和工作流程中为获取利益的企业功能（图表 1）。

■图表 1 商业设施的企业类别功能

功能主分类	功能次分类	功能要素
面向顾客功能	引导顾客功能	展示魅力、材料质感、色调
	理解商品功能	陈列、店员的知识
	买卖效益功能	卖场效率、运转率
	搬运功能	商品运转率
企业功能	买卖策划功能	商品购买
	商品搬运功能	仓库、商品的管理
	宣传功能	促销、搞活动
	人事管理功能	人工费
	建筑、设备管理功能	配套设施

空间性功能

商业设施从空间角度按顾客进场的顺序分为五种：展示空间、商品陈列空间、接客空间、办公空间、储藏空间。

展示空间的最主要部分是店头设计，其目的是如何吸引顾客入店。接客空间的设计重点在方便选择、游走性、停留性、迷宫式布局、边看边转悠的乐趣等方面。办公空间中的事务管理包括财务室、办公室、店长室、接客室、洽谈室等诸多用房。另外人事管理用房间包括休息室、更衣室、职工用卫生间等。储藏空间一般为总面积的5%～10%。

❸ 商业设施的分类

商业设施是根据规模及组成要素来分类的。按规模主要分为专营商业设施和复合型商业设施（图表 2）。这些进一步从业态角度分为商品销售设施、饮食设施、服务设施、综合商业设施、团体商业设施。以"卖什么"为分类标准称为"业种"，以"怎样销售"为分类标准称为"业态"，特别是在个体商业设施中，通常是以企业分类的名称来区分使用。

在日本，"鱼店"、"肉店"、"杂货店"等以商品类别来确定店铺形式比较普通。近几年随着商品多样化和众多顾客的需求，出现了以"什么"、"什么时候"、"如何做"、"大约多少价位"来确定购买与否的销售模式，开始重视更贴近生活形态的细致周到服务上。这种从需求角度建立的商业模式，就是"业态"的思维方法。

以下对各个分类进行详细说明。

规模上的分类

专营商业设施——一般称为专营店，主要以个人经营的店铺为主。但也包括小规模的、以企业经营为依托的连锁店。

复合型商业设施——这是在地区开发或商业地区再开发中，为客流大量聚集的大型设施设立的城市中心型设施。这其中包括个体经营的综合商业设施（百货商店、综合超市）、综合各种经营的团体商业设施（火车站大楼、购物中心、地下商业街、餐饮大楼）。

以业态特征总结的综合性分类表参见图表 2。

不同购买频率的分类

根据购物频率也有以下的分类方法。

品牌店——根据顾客服装搭配喜好，将所需商品经过各个商家比较之后，汇拢到一家销售的店铺。一般主要销售国外品牌店的高档商品。

便利店——日常生活用品，食品材料等必需品能就近购买，且价格低廉的店铺。便利店、地区性超市、杂货店等属于此类。

■图表 2 商业设施的分类

规模	业务形态	设　施	备　注
专营商业设施	商品销售设施	服饰用品销售设施	衣料商品、首饰杂货为主销售流行商品类设施
		生活文化用品销售设施	销售家具、室内用品等上述之外的嗜好性商品类设施
		日用生活用品 · 食品销售设施	销售食品、日常消耗品等日常使用的必需性商品类设施
		食品加工销售设施	销售兼加工食品类设施
		其他销售设施	机动车销售等前项未包含的设施
	饮食设施	咖啡馆设施	不以提供用餐及饮酒为主的设施
		快食店设施	广泛对应日常饮食生活，以饮食为主的设施
		餐馆设施	对应专业烹饪及在提供方式上的嗜好性较高的饮食生活类设施
		饮酒设施	以饮酒为主的设施。游乐行业（如舞厅、酒吧、赌场等）除外
		游乐饮食设施	饮食、接待服务等需要游乐经营许可的设施
	服务设施	金融业设施	银行、证券、保险业等会客部分为主的设施
		保健卫生业设施	美发、美容、洗浴中心、干洗业等设施
		运动 · 娱乐业设施	娱乐业的各种设施。非盈利设施除外
		其他服务业设施	电影院、旅店、集会场所等的设施
复合型商业设施	综合商业设施	百货店	各种商品销售中心内，进行各种相关服务的大型设施
		综合超市	自我服务方式的大型设施
	团体商业设施	车站大楼	与交通中转枢纽功能有关的、方便性较高的各种个体设施的集合体
		购物中心	大规模商业设施与个体商业设施的综合贩卖、服务设施
		地下商业街	为了城市的高效使用而集合在公共道路地部分的综合商业设施
		餐饮大楼	一般饮食店有机整合的团体设施

■图表 3 商业设施的构成要素及各部分名称

<table>
<tr><th colspan="2" rowspan="2">规模 · 业态
构成要素</th><th colspan="3">个体商业设施</th><th>复合型商业设施</th><th>展示设施</th></tr>
<tr><th>商品销售设施</th><th>饮食设施</th><th>服务设施</th><th>综合商业设施 · 集团商业设施</th><th>信息 PR 设施</th></tr>
<tr><td rowspan="5">直接营业部门</td><td>导入部分</td><td>顾客用出入口 · 楼梯
停车场</td><td>顾客用出入口 · 楼梯
样品柜
停车场</td><td>顾客用出入口 · 楼梯
停车场</td><td>顾客用出入口 · 楼梯 · 主要通道
电梯 · 扶梯
步行街 · 停车场等</td><td>顾客用出入口 · 楼梯 · 主要通道
电梯 · 自助扶梯
停车场 · 接待 · 售票处等</td></tr>
<tr><td rowspan="2">接待顾客附带部分</td><td>☆卖场附带部分</td><td>☆客室附带部分</td><td>☆客室附带部分</td><td>接待顾客附带部分</td><td>☆展示室附带部分</td></tr>
<tr><td>休息角
化妆室 · 厕所</td><td>收银台 · 接待顾客
化妆室 · 厕所</td><td>收银台 · 等候室
化妆室 · 厕所</td><td>休息室 · 化妆室 · 厕所
母婴 · 店内介绍所等</td><td>休息室 · 厕所</td></tr>
<tr><td rowspan="2">接待顾客部分</td><td>☆卖场部分</td><td>☆客室部分</td><td>☆客室部分</td><td>接待顾客部分</td><td>☆展示部分</td></tr>
<tr><td>卖场 · 收银台
包装台
接待顾客柜台</td><td>客室 · 个室
备餐角
柜台式厨房</td><td>美容理发工作室</td><td>卖场 · 收银台 · 包装台
副通道 · 接待顾客柜台
租赁场地的个体店 · 卖场办公室</td><td>展示室 · 展览室 · 放映室</td></tr>
<tr><td colspan="2" rowspan="4">间接营业部门</td><td>商品管理部分</td><td>☆厨房部分</td><td>☆管理部分</td><td>商业管理部分</td><td>☆管理部分</td></tr>
<tr><td>连锁进货中心
仓库 · 购买口</td><td>厨房 · 仓库
厨房口</td><td rowspan="3">办公室 · 休息室
工作人员出入口</td><td>连锁进货中心 · 接收场
配送所 · 商品搬运出入口</td><td rowspan="3">仓库 · 准备室 · 机房 · 操作室
器材搬运出入口 · 管理室</td></tr>
<tr><td>一般管理部分</td><td>一般管理部分</td><td>一般管理部分</td></tr>
<tr><td>办公室 · 休息室
工作人员出入口</td><td>办公室 · 休息室
工作人员出入口</td><td>经理办公室 · 会客室 · 员工食堂
衣帽间 · 机械用房 · 工作人员出入口</td></tr>
</table>

☆标志指仅限该设施使用部分的名称。
示例所列的是具有代表性的部分，具体请参照各个分论。
本图表就业态而言增加了展示设施。

❹ 商业设施的构成要素

商业设施分为直接接触顾客的空间（直接营业部门）和辅助空间（间接营业部门）。以下从顾客对商业设施的使用顺序进行分类，并陈述各个构成要素的组成（图表 3）。

直接营业部门

是与顾客直接接触的空间，特别是标识设计部分，由于它直接与销售挂钩，因此显得很重要。任何一个商业设施都会受到时代、地域、风俗习惯的影响，因此这个部门总是走在时代最前沿，追求着流行的设计风格。

间接营业部门

间接营业部门是辅助直接营业部门，是与商品、工作人员、设施管理相关联的部门。近几年，在市场向国际化、多样化推进的社会进程中，这一部门的规模、场地、动线等的存在方式也在发生着变化。

2）商品销售设施（商店）的室内设计

商品销售设施指销售商品的店铺，不同的销售商品会有千差万别。在此仅说明引导空间和卖场空间的基本要素。

❶ 引导空间的规划

引导空间是为使路人产生购买动机，重点强调外部的演绎性和功能性。

引导空间道路及规划条件

自然条件——日照、降水量、气温、湿度、风向、方位等。特别要注意避免商品受到太阳辐射。另外，要注意管理和调节好空调设备，以防气温、湿度引起橱窗玻璃出现雾状。入口的宽度、位置应与方位、风向相结合，它会影响到顾客入店的方便程度。

用地条件——与地形、道路的关系，场地的开间，进深等。以经营低廉商品为主的店铺最好开间＞进深，营业中心离道路要近。相反，高级商品经营店也可使用开间＜进深的形式，营业中心远离道路有深邃感，能营造出沉静的环境氛围。

道路条件——道路的宽度、车道的划分、人行道的有无、路面与建筑底层的高差关系、连环拱廊商业街的净高度（顶棚高度）、道路面的照度等。原则上与人行道之间不产生高差最好。连环拱廊商业街的顶棚高度会影响店铺的大小。

店头状态——营业期间通行者的数量、步行速度、停留状况、来店方向、机动车的交通流量等。有停车设施的大型店铺，要事先调查好停车场的位置与入店方向的交通管制规则，关键是要根据各个方向的出入频率确定入口。

防灾条件——设置防盗门、防火卷帘的位置等。为了防止偷盗，服装店、书店等还需在店头安装防盗门。未设防盗、防火卷帘的店头应安装与此功能相同的防盗传感装置。

引导空间的设计要素

引导空间的设计要素要从如何引导顾客入店的角度出发，以下特别列举几个人的心理要素方面的重点因素。

开放度——指道路在实际使用中应开敞的程度。开放度过大，风沙尘埃等会损坏商品，也会有噪声等负面影响，甚至会使空调环境恶化。这种开放度过高的案例，多见于面向室内步行商业街的各种食品店及购物中心等。

透明度——为使路上来往的顾客对店铺内部产生兴趣而应确保的透明程度。特别是专营店、感性类商品的店铺，与开放度相比，更注重高透明度。可以利用透明玻璃、橱窗等材料，也可使用各种具有促销性质的标识、图案等。

深度——指引导空间的进深度。从道路边界能直接观察到商品的，表示深度比较小。特别是服装店、日式和服店等，如果设置一定距离的通道空间，可营造出高贵感，能体现出店铺独有的特色和风格。这种从道路到出入口之间距离较长的情况称为深度较大。

出入口——从自然引导顾客考虑，引导空间内设置的出入口比其他任何要素都重要。尤其要重点分析和研究人流方向、窗扇的材料和尺寸、开启方式的结构形式等方面。

在考虑以上诸项条件及各个要素的基础上，还要推行实施适合商品零售店的设计形式。

图表 4 所示为引导空间的基本形成方式。

❷ 卖场空间的设计

商品零售店中最重要的是卖场空间，它主要针对顾客动线、销售方式、通道宽度、销售办公空间的布局方式等开展设计。

顾客动线

顾客动线根据业种有各种各样的形式。以业种区分的具有代表性的形式如图表 5 所示。

销售方式

销售方式分为对面销售方式、侧面销售方式和自助销售方式 3 种（图表 6）。

对面销售方式——顾客和营业员用陈列柜隔开，面对面销售商品的方式。常见于商品非常小且昂贵，或者在商品管理或卫生管理上需要储藏在展示柜内的销售行业。

侧面销售方式——营业员站在顾客的旁边销售商品的方式。常见于种类较多且需大量摆放的商品，或者属大型商品销售行业。

自助销售方式——顾客自由选择商品，集中汇总到收银台进行购买的方式。多见于销售大量商品和大型店铺中。

通道宽度

对于顾客而言，购物中心的通道宽度在 8m 以下时，两侧店铺的门脸刚好进入视野范围内。近几年，为营造宽松的购物环境和开展小型庆典活动，出现了扩大道路宽度的案例，在拓宽的道路上设置流动售货车或坐椅等，演绎出休闲而热闹的步行商业街氛围。道路的宽度有原则性尺寸要求。

卖场面积在 50 ~ 100m^2 时，道路宽度的标准为 1.0 ~ 1.5m（图表 7，8）。

采用对面销售形式时，营业员从后方进出入的道路宽度为 60cm（图表 8）。

根据营业状况，也有在道路上设置柜台来调整道路宽度。

收银台、服务台周边、主打商品的展示部分等通道宽度要宽敞一些，以便能应对顾客动线的改变。

■图表 6 销售方式

对面销售方式	
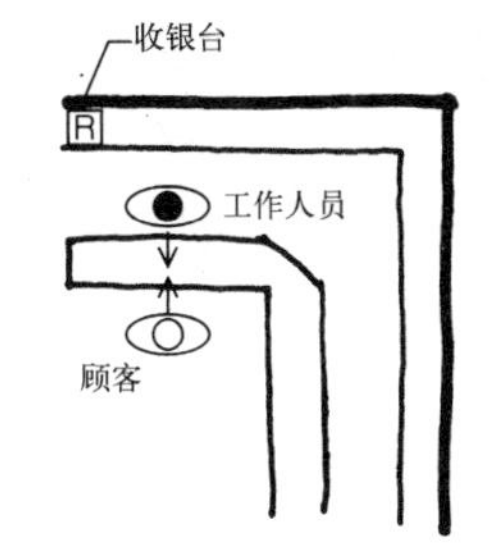	[优点] • 容易商谈、介绍说明商品。 • 相互之间形成交流，容易形成固定客。 • 工作人员的工作位置固定，管理商品方便。 [缺点] • 必须有将商品从箱中取出的作业，需要一对一对应。 • 顾客不能拿着商品观看，不方便选择。
侧面销售方式	
	[优点] • 顾客可以将商品自由拿到手上选择引起购买欲望。 • 工作人员可以销售和监视兼顾。 • 商品的陈列面积可以加大。 [缺点] • 商品容易损伤，易被偷盗。 • 顾客动线与工作人员动线容易交叉。
自助销售方式	
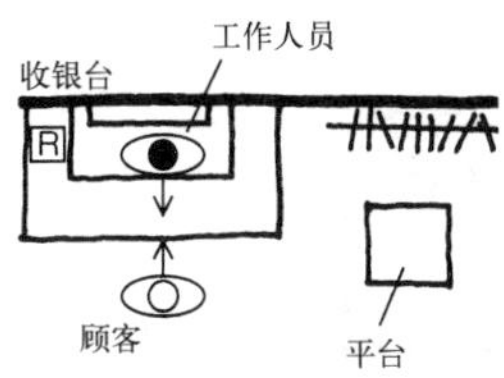	[优点] • 顾客可以根据自己喜好购买大量商品。 • 对于工作人员而言销售和管理可以在一个收银台上完成。 [缺点] • 商品的陈列管理容易被弄乱，维护起来比较麻烦。 • 不太容易做更细致的销售升级。 • 容易被盗。

■图表 4 导入空间的基本形式

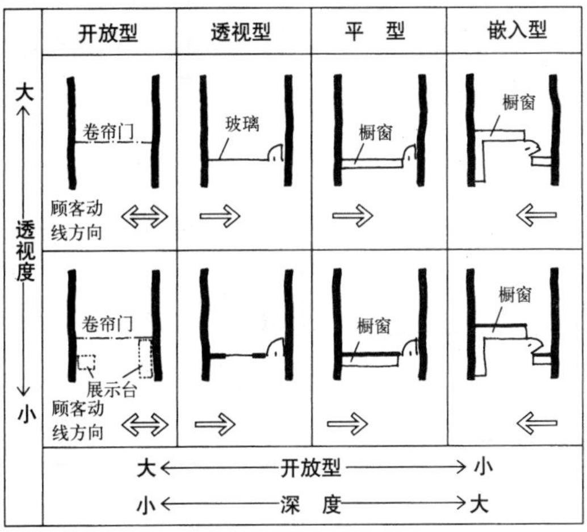

■图表 5 顾客动线基本形式

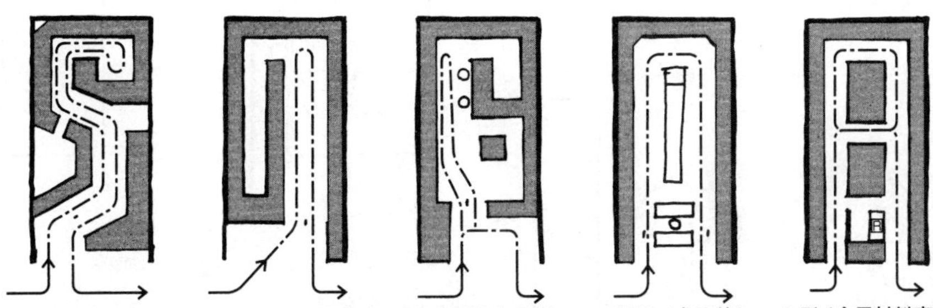

S 型（洋服店等）慢慢在商店内闲逛的形式

I 型（卖酒商店等）相同通道一条直线往复的形式

Q 型（钟表店等）店头设展销橱窗，一部分深入店内的形式

U 型（书店等）店内环绕一周的形式

A 型（食用材料商店等）店内环游的形式

销售业务空间的设置方法

销售业务空间指捆包商品用的捆包台、捆包纸、捆包袋、收银台等放置捆包必需品的空间。捆包台的大小与商品的大小成正比。高度的标准尺寸为 800mm，捆包商品越长柜台高度越低。图表 9 是收银台与捆包台组合的案例。

❸ 设计中的审核条目

除此之外，间接营业部门还有商品管理、一般管理工作人员用房、商品搬运出入口、库房等用房，在这里省略。

其次，设计商业设施时的审核用各条目概括整理后如下所示：

- 出入口的位置、商品位置、顾客动线、收银台位置
- 不同部门的陈列空间
- 不同部门的陈列方式
- 储藏室的位置和库存量
- 整体形象／材料质感、色彩感觉、造型感觉
- 区域布局／商品部门的确定、位置、面积（顾客滞留、不产生阴影区的形状、更高的销售效率）、顾客动线、陈列数量以及库存数量的确定。

❹ 设计案例

近几年，随着消费的多样性、流通渠道的革新等变化，商品零售店出现了不同的规模和行业，也出现了各种各样的设计案例，具体内容参照图表 10、11 所示的平面图。

3）餐饮设施（饮食店）的室内设计

❶ 设施的分类

餐饮设施有各种各样的规模、环境、项目单。说的比较极端一些，对于日本人而言，在外就餐就是希望能将世界上所有的食品材料都能按照每

■图表 7 陈列橱柜与通道宽度

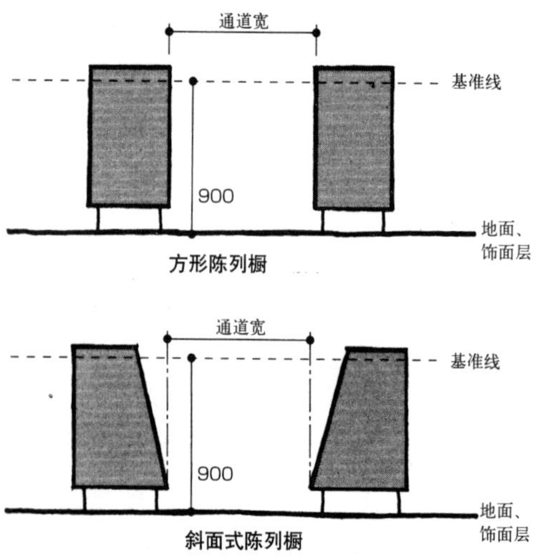

■图表 8 陈列橱柜与通道部分的尺寸

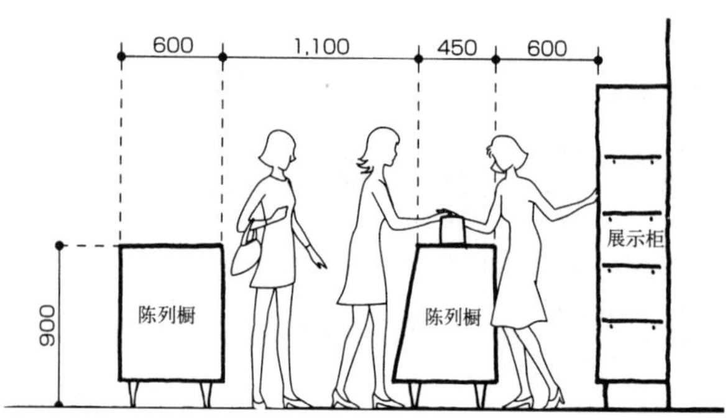

■图表 9 收银台与捆包台的组合案例

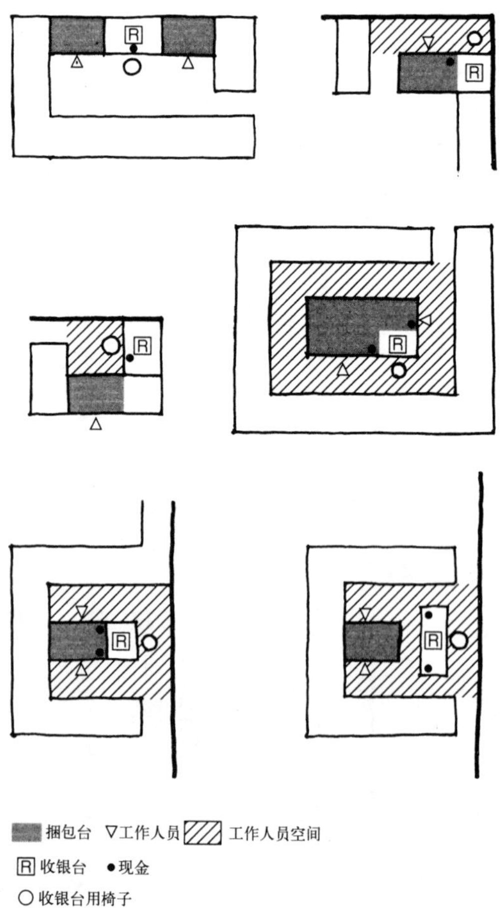

■图表 10 商店 & 咖啡店的案例

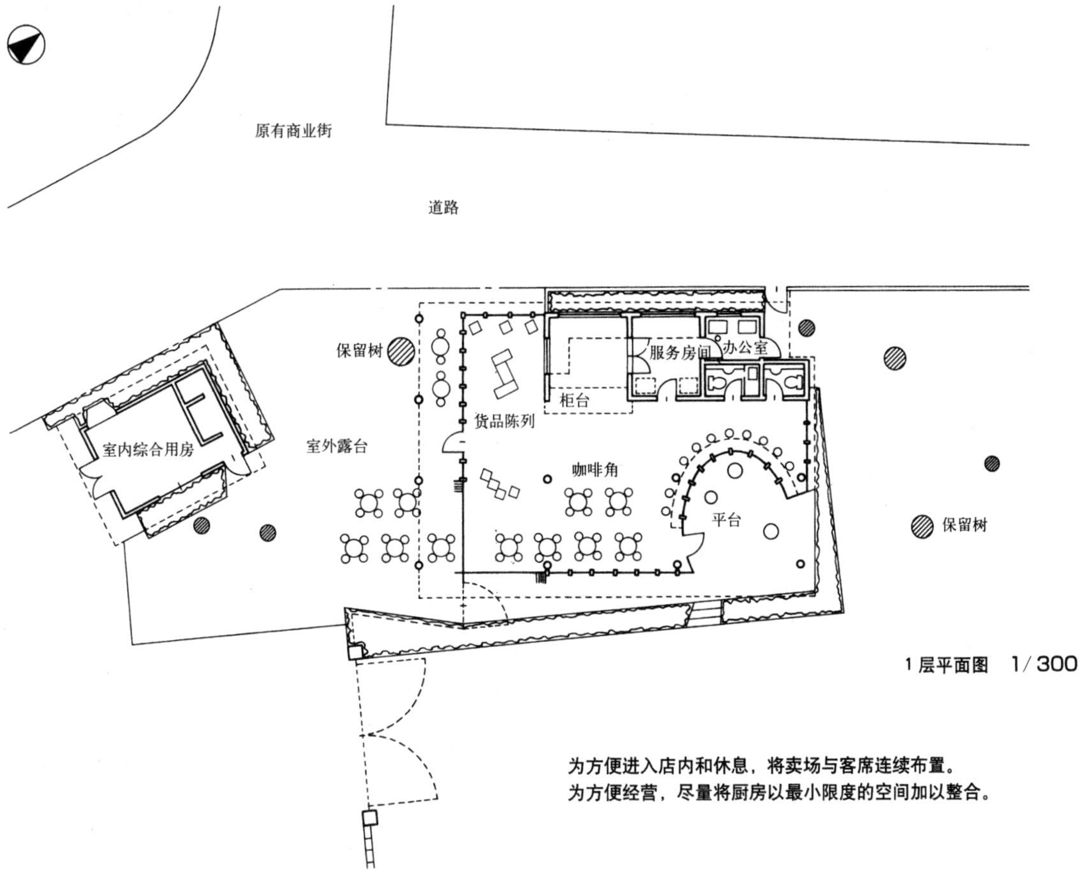

为方便进入店内和休息，将卖场与客席连续布置。
为方便经营，尽量将厨房以最小限度的空间加以整合。

■图表 11 服装店的案例

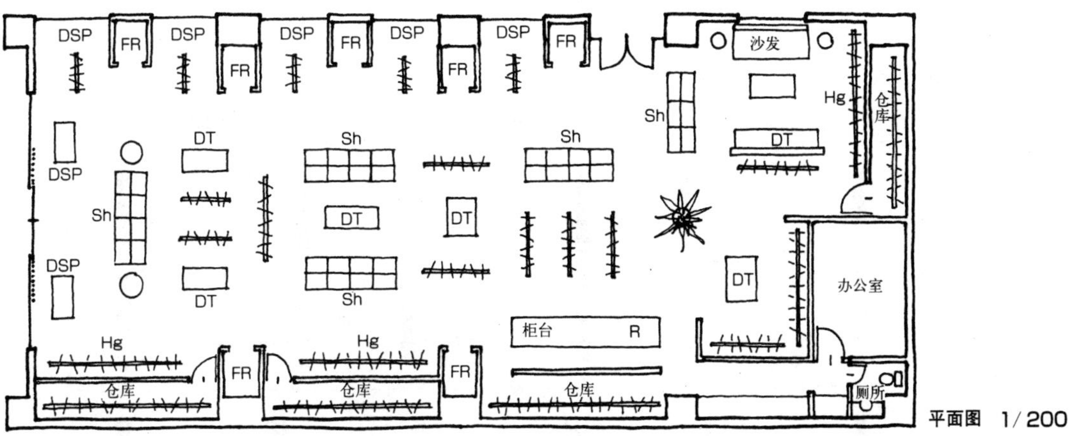

FR　试衣间
Hg　衣架
DSP　商品陈列
Sh　栅栏
DT　平台

店内，结合不同主题以专柜方式连续展开布置。同时，为方便搬运储藏商品，将其分散设置到各个专柜中。

个人的生活方式来分别提供。从这层意义上说，随着大城市和地区食品材料提供方式的发展、信息处理能力的提高，这一领域的空间类型也在不断增多。

餐饮设施从使用目的可大致依据图表4的方式分类（图表12）。

❷ 餐饮设施中与企业相关的术语

对于餐饮设施而言，随着时代发展变化的迅猛程度，有需要特别熟记的重要术语。

客席比例——指单位占地面积内的客席数量。一般茶馆、咖啡店的客席比例较高。饭店、饮食店的比例较低。

客席翻台数——指一天内客席利用的翻台次数。全体顾客数量被客席数相除所得到的数值为一天客席利用的翻台数，它是评价营业效率的指标之一。宵夜为主的娱乐饮食业大部分为2次翻台，咖啡店、快食店、一般餐厅、食堂等为2～7次翻台。7次以上翻台的行业有速食荞麦面馆、快餐咖啡店、柜台式咖喱店等。

客席的利用率——客席的利用率指一组客席的顾客使用人数。例如，一张桌子配4把椅子构成的饮食店中，如果一个人使用的话，则有3个座席是空的，营业额效率较低。如果移动成2人座则能很简单地变成坐满4个人的形式。

客单价——指顾客平均每人消费的价格。

❸ 引导空间的设计

此部分的重点是，综合考虑道路到出入口之间的进深度、与道路之间的高差、从外部观看的通透程度、出入口的开放程度等各种特性的基础上再进行设计。

图表13为各种引导形式。图表14是引导空间地面高差关系的图解说明。

❹ 客席部分的设计

客席设计

客席部分的设计重点在一张桌子与数把椅子、或坐席组合后组成的客席构成单位如何与整体布局设计相结合。在布局设计中，客席的基本间距如图表15所示。根据用途，客席布局有多种形式（图表16）

纵向布局——是客席布局的基本形式，比较

■图表12 餐饮设施的划分表

设施	主要提供的商品和营业	对应的饮食店
咖啡馆类设施	主要提供饮料、水果类和小食品类的经营	咖啡店，甜品店，冷饮店
快餐店类设施	咖啡、用餐、餐饮等以快餐为主的经营	荞麦、乌冬面店，意大利面店，小吃店，快餐店
餐馆饮食店类设施	以提供各种菜品为主，也提供饮料和酒类的经营	食堂，饭店，各国餐馆，日式餐馆，寿司店、油炸食品、鳗鱼等专营餐馆
饮酒类设施	主要经销酒、啤酒、洋酒等酒类的营业	酒馆，啤酒屋，小酒馆，烤鸡串店，洋酒吧等
游乐餐饮类设施	风俗经营等的规制及在业务正当化等相关法规（经营法）中允许经营的	日式高级饭馆，酒吧，设舞厅的酒馆，夜总会

■图表13 引导的各个形式

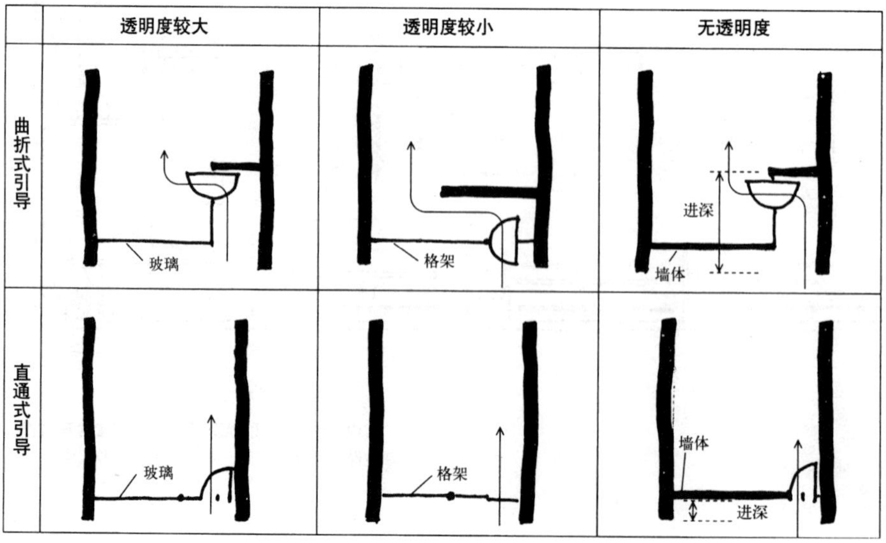

常见。通常从引导空间开始向进深方向纵向排列。客席的构成具有简单明快的形式特点，因此顾客选择席位时比较方便，服务效率也很高。但，容易产生单调生硬的感觉。

横向布局——与主要的客席通道成直角布置的形式，顾客选择席位及服务都不方便。

纵横向布局——纵向与横向混合的形式，能提高客席效率。但是，动线组织方式及服务动线比较繁琐复杂。

变形式布局——以曲线式、曲折式等方式布局的形式，易形成变化而有个性的客席构成形式。

分散式布局——有按一定感觉整齐布局的形式和不规则布局的形式，客席上的座位相互分离，能营造出宽松的环境氛围，但客席效率会大大下降。

以上的图示说明见图表 16。

客席通道尺寸

各个地方自治体中依照火灾预防条例，规定了客席通道尺寸的最小宽度。无论从防灾时的安全性，还是从工作人员的作业性，通道宽度都是非常重要的。通常 100m^2 左右的规模，通道宽度为 750mm。比此规模大的餐饮店为 1200mm。图表 17 是客席布局与通道尺寸关系的标准案例。

客席家具尺寸

餐饮店中家具的尺寸要根据用途、菜单内容、环境氛围、规模来选择恰当的家具，这是非常重要的。近几年来，店内家具的选用不只局限在成品家具，使用定制家具的方式也开始增多。图表 18 所示的是根据用途规定的标准家具尺寸。

■图表 14 引导空间的地面高差

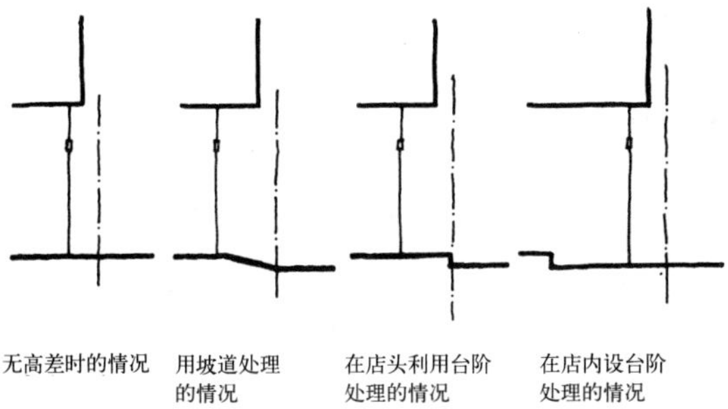

■图表 15 客席的间距

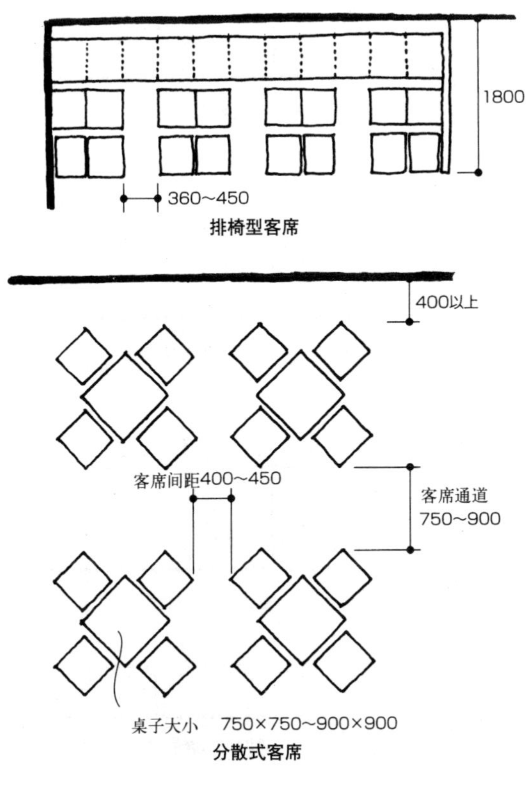

■图表 16 客席布局的各种形式

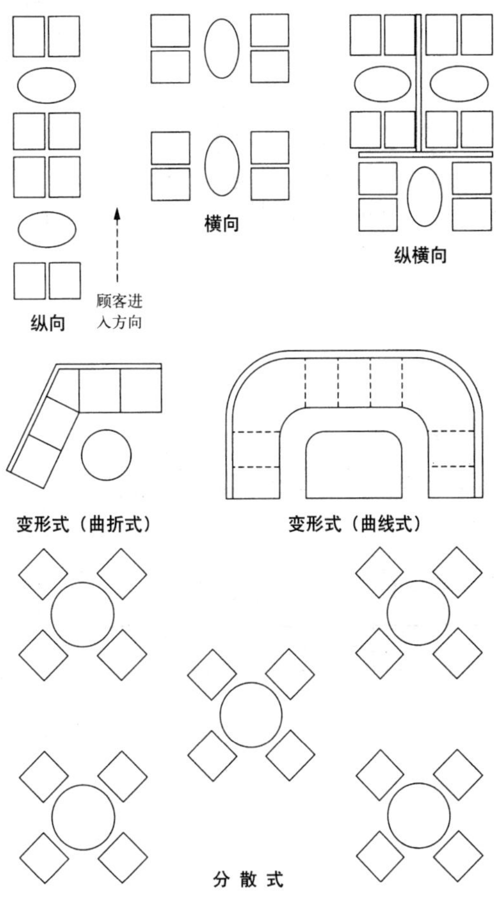

❺ 厨房部分的设计

近年来，厨房器具制造厂家在提供各式各样的厨房用具产品的同时，有越来越多的厂家从提供服务角度出发，在确定好项目单的同时，能在很短时间内，把基本的厨房布局图和报价单提供给设计师。设计师要特别听取厨师的意见，并结合环境要求去设计厨房，这是非常重要的。在此就厨房设计的有关事项进行简要叙述。

基本设计

厨房的位置——在综合考虑食品原材料的搬运、顺畅的客席服务动线、各种设备的搬入、连接、维护的方便性等事项之后再做定夺。在大楼内设置的餐饮店，要考虑大楼内部整体管道井的位置。

厨房面积——综合考虑烹饪器具的类别、厨师人数、烹饪工作流程、食品素材／烹饪材料的储存方式等基础上再做决定。

厨房形式——有开放型、部分开放型和封闭型三种形式。为了防止火灾蔓延，按某种形态设置防火分区也是非常重要的（明火分区）。

厨房工作流程

细数一下厨房中的具体工作流程，主要有准备用的粗加工作业、烹饪食材的主厨作业、提升菜品价值的装盘作业、节省动线及不降低菜品价值的备餐作业、顾客的点餐等客席服务作业、用餐后餐具的回收作业，以及残羹剩菜的处理和餐具的洗涤消毒作业、为后续顾客服务的餐具摆桌作业等。

烹饪器具的布局设计

要选择与烹饪菜品相配并能保证菜品质和量的烹饪器具。重要的是烹饪器具数量要与高峰时

■图表 17 客席布局与通道尺寸的案例

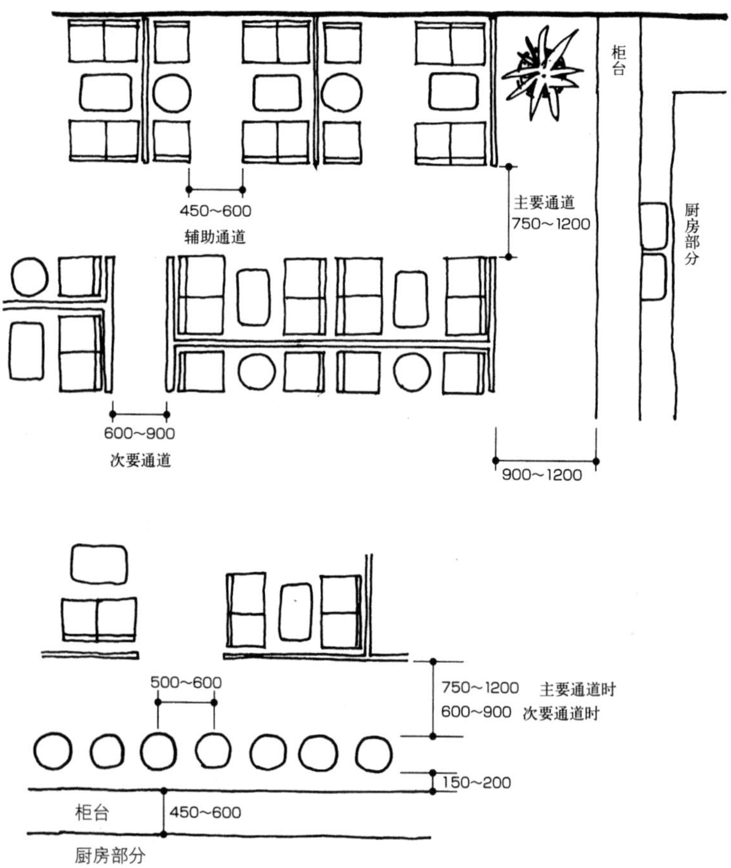

■图表 18 不同用途的客席尺寸标准

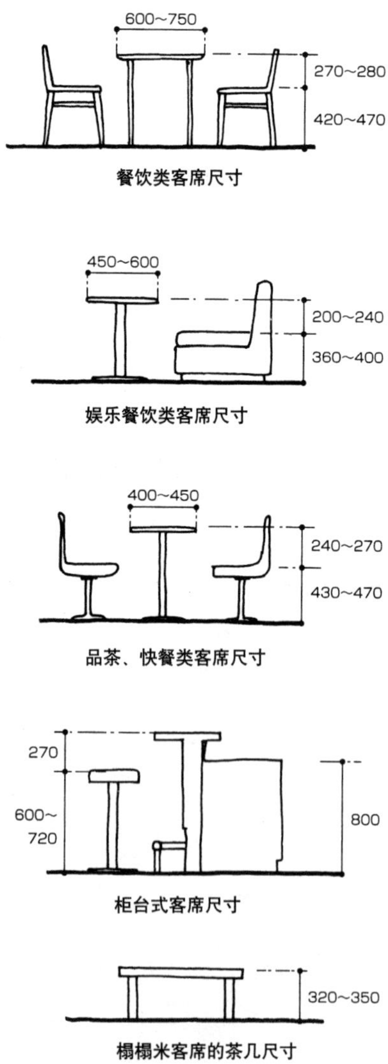

的翻台数相对应，并且烹饪器具的排列要与烹饪作业的工作分区相适应等。

烹饪用器具类

烹饪用器具可按如下进行分类。

- 水槽操作台类、货架类
- 电饭锅类
- 加热烹饪器具类
- 冷却器具类
- 餐具清洗器具类、餐具消毒器具类
- 厨房残渣处理设备类

❻ 设计案例

现在饮食店已进入有点过剩的时代，比商品零售店更受关注。冷冻物流技术的进步使我们感觉不同形式的饮食店在全国遍地开花。基本功能理解起来比较清晰的案例可参考图表19、20的平面图。

■图表19 寿司店的案例

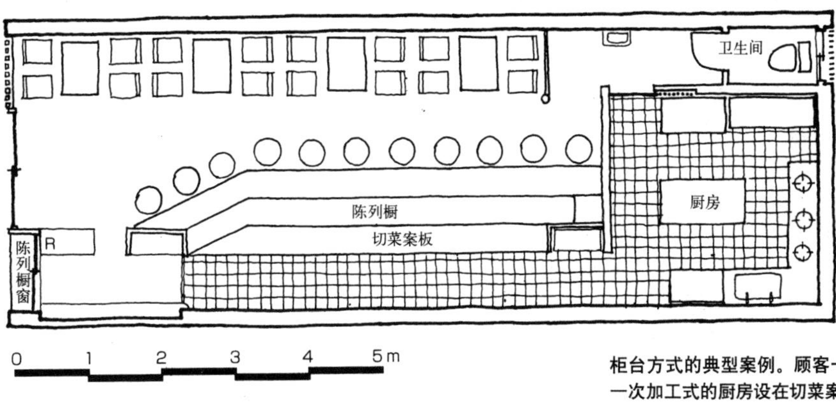

柜台方式的典型案例。顾客一侧为桌子式席位，一次加工式的厨房设在切菜案板空间的后方。

■图表20 小酒馆的案例

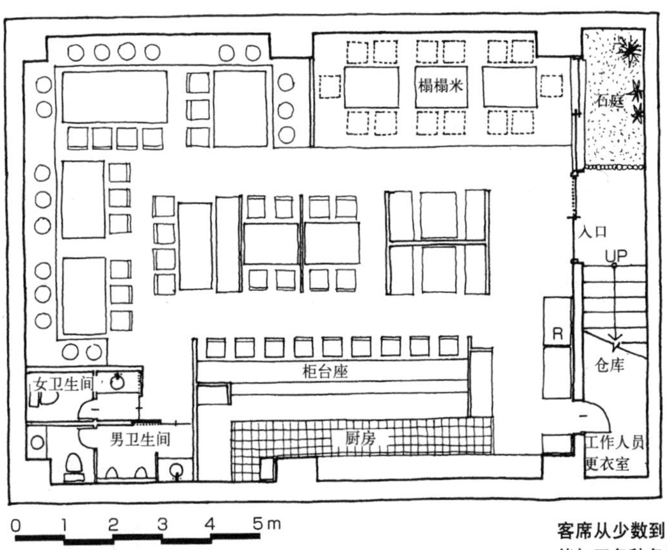

客席从少数到多数任意对应的布局方式。厨房能加工各种各样的菜品，呈一列方式排列。

思考题

- 请思考一下一天有1000个顾客光顾的咖啡店需要准备多少客席。（利用率=0.3，翻台数=5次）

2．公共设施室内设计——②

教育设施的室内设计

学习目标：理解教育设施的类型、不同类型学习空间的具体内容、普通教室及周边的尺寸及家具布局规划的最佳方案。

1）教育设施的概要及各种学习空间

❶ 设施类型与规模

教育设施如图表 1 所列举的，有幼儿园、小学校到大学、研究生院，以及盲人学校、聋哑学校、护理学校等，还有专科学校及其他类学校等诸多类型。战后以接受教育机会均等为目标，实施了 6・3・3・4 制的学校教育制度，到 1962 年又设置了 5 年一贯制的高等专科院校。但是，1999 年出现了初高中一贯制的中等教育学校，2004 年开始小学中学一贯制教育体系得到实施等，使得至今为止形成的单线式学校体制受到冲击。

在教育体系上，例如：1988 年开始，高等院校不以学年来划分教育课程，而改成学分制，以修满必修课的学分数来认定毕业与否，1994 年又设置了不同系列，有些综合性高等院校要求学分

■图表 1 教育设施的类型与内容

设施名称	制度／相关事项	对象年龄／年限
幼儿园	•与保育院（厚生劳动省管辖）合并／一体化出现	•从 3 岁到小学上学为止 •1 年 /2 年 /3 年保育
小学校	•单式年级、复式年级（两个以上年级的儿童学生编成的年级）、一个年级（指不同年级的学生混合在一个班级内学习的年级）等 •小学初中一贯制学校、小学初中合并学校等 •特殊年级（需要设立肢体不自由、弱智、身体虚弱、听觉障碍、弱视等特殊年级的）	•6 岁以上 •6 年
中学校	•同上 •中等教育学校（初中高中一贯制）	•3 年
高中学校	•全日制、定时制、通信制、单位制 •普通科、专科、综合学科 •专修科、特别科（毕业后升学）	•全日制为 3 年，定时制／通信制为 3 年以上 •专攻科目／特殊科目在高中毕业后 1 年以上
盲人学校 聋哑学校 看护学校	•与幼儿园、小学校、中学校、高中学校同标准教育 •看护学校中肢体不自由、弱智、体弱多病 •小学校部和中学校部为义务教育	•对象年龄范围较大 •设置有幼儿部、小学部、初中部、高中部等
职业高中学校	•工业（机械、电子、建筑、工业化学、土木等）、商船等学科 •也能设置其他领域的学科、专修科目	•初中学校毕业以上的人 •工业为 5 年，商船为 5 年半
大专学校	•学科或专修（文、经济、商、理、工、教育、家政、社会福利、体育等） •通信教育部、夜大部 •专修科、特别科	•2 年或 3 年 •专修科、特殊科在大专毕业以后 1 年以上
大学	•学科（医、药、文、经济、商、理、工、教育、家政、社会福利、体育等） •通信教育部、夜大部 •附属学校、研究所、图书馆、医院等	•4 年以上 •医学、药学、口腔学为 6 年以上
研究生院	•硕士课程、博士课程 •研究生院：各学科自定，也有与学科无关的独立组织	•硕士课程为 2 年以上 •博士课程为 3 年以上
大学校	•相关省厅所管（职业培训大学校、防卫大学校、警察大学校、消防大学校、自治大学校、航空大学校、海上保安大学校等）	•根据各自规定
专科学校	•以职业培训学校、教养培育为目的 •高中课程（职业高中学校）、专业课程、一般课程	•高中课程为初中毕业程度以上，专业课程为高中毕业程度以上 •1 年以上
各种学校	•上述教育设施以外的与开展学校教育相类似的教育机构	•初中毕业以上 •没有年限

■图表 2 运营方式与内容

方　式	内　容	优点与面临的课题
综合教室型	•大部分的学习、生活活动在教室或教室周边进行的方式	•弹性时间分配，可以以班级为单位运营 •教室内及周边设置多种学习角（作业、图书、洗手等） •适于小学校低年级
特殊教室型	•语文、社会、数学、英语等核心科目在教室内进行，理科、制图、美术、劳技课、技术、音乐等实习课程在特殊教室内进行的方式	•确保班级专用的固定教室 •不能结合科目形成专门的学习环境 •适于小学校的高年级，初中、高中学校
专业教室型	•各科目均有专用教室而学生移动的方式 •专业教室以学生接受指导的形式进行分隔，班级的聚集点另外设置的类型	•能整合各个专业相应配备学习环境、设备、家具、多媒体 •增加儿童／学生的移动 •需确保大本营等停留地 •适于初中学校、高中学校
系列专业教室型	•2 个以上专业关联起来（人文类、数理类、艺术类等）布置专业教室的方式	•教室的利用率提高 •跨专业界限有效开展弹性学习 •适于高中学校
学年内专业教室型	•核心科目（语文、社会、数学、英语）教室按不同年级整合后布置，在其中开展专业教室型运营的方式	•在年级单元内完成移动，年级的整合性较好 •适于规模较大的初中和高中学校

数为 80 个学分，其中 35 个学分为必修，其余的学分从专业课程群中选修，一些有特色的综合学科体制的高等学校开始出现。

在设施规模上，幼儿园大多是 100 人左右分成 2～6 个班级，中小学校是 12～18 个班为基本标准，但从全国来看，比较普遍的是 1 个学年 1 个班级的单学级形式。校舍大多为钢筋混凝土结构，面积平均为儿童／学生每人接近 $10m^2$（室内运动场除外）。公立中小学校中规定 1 个班级的儿童／学生数要在 40 人以下（1980 年为止为 45 人以下）。也有根据自治体各自情况，在特区中设定 1 个班级 35 人以下的状况。

❷ 教育／运营方式与学习空间

教育内容、时间数、教学科目内容等的设定标准是根据各个学校各自的学习指导方针来确定的，但大约 10 年左右更改一次。从平成 14（2002 年）年度开始实行了一周双休制，缩减授课时数后，引入了综合性学习时间。特别是近几年，在个性化、多样化的国家教育、设施改革下，中小学校中不仅有以前的全体指导型学习，还出现了在个人／小群组中开展的个别、群组式学习，学年中出现了两人以上教师协助开展小组教学等新的学习形式，同时教室内以附属形式配备了开放空间，出现了新的学习空间。

如图表 2 所示，教室的利用与教科书和教学科目相对应。学习空间的运营方式有多种形式，但最基本的是综合教室型、特殊教室型、专业教室型。实行课程教学体制的初高中学校，也有采用专业教室型的。高等院校中也有必修课较多的一年级学生使用公共教室，2 年级以上学生使用专业教室等多种运营方式相结合的情况。

■图表 3　教室周围设有多种学习角的学校（明海南小学校、明海中学校，设计／INA 新建筑研究所，设计指导／柳泽要）

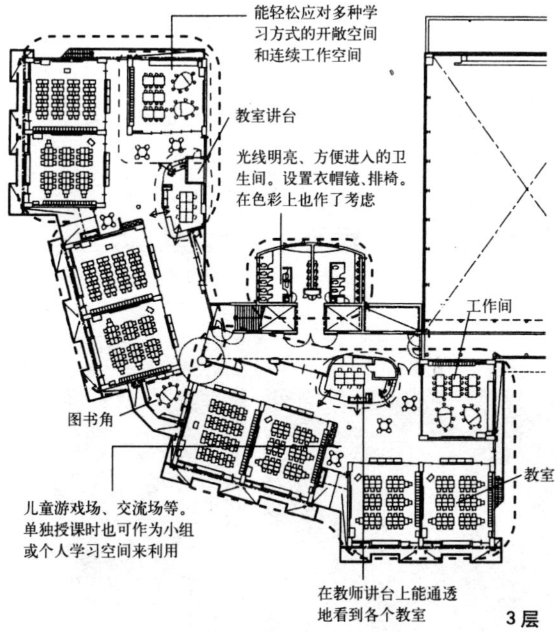

❸ 学习空间的类型

一般课程学习空间　特殊教室型中，学生接受指导的普通教室属于此类型，而专业教室型学校则根据不同专业配备相应的专用教室。有些学校也有针对多样式的学习活动，在普通教室旁邻接设置多功能空间（图表 3）。

实验、实习空间　为理科、制图、美术、劳技课、科技、音乐等课程开展实习的空间。也有将相互关联的实习教室整合在一起设置共用的演讲、工

■图表 4　制图教室和理科教室整合的案例（下山田小学校，设计／鲇川透＋环・设计工房）

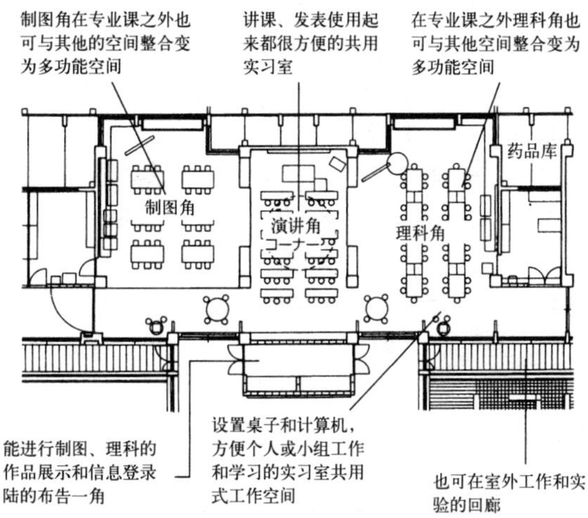

■图表 5　图书、多媒体中心的案例（玉岛北初中学校，设计／海豚设计集团）

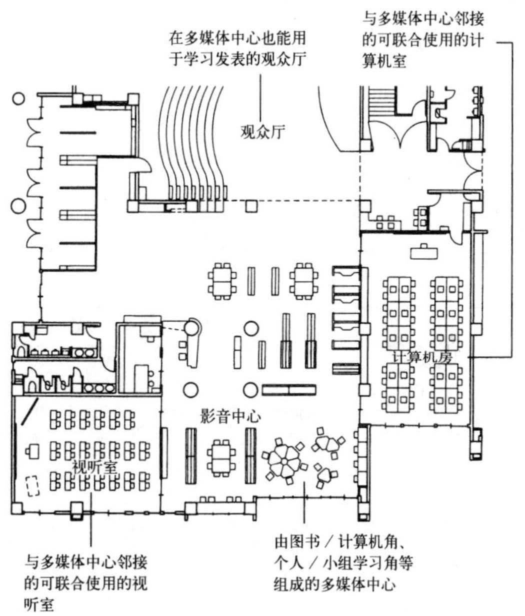

作空间，以培养相互合作（图表 4）。

信息空间 图书室、视听室、计算机室等提供信息检索利用的空间。是儿童／学生以个体、小组、班级为单位使用的信息及多媒体中心（图表 5）。

其他空间 除上述之外，还有室内运动场、搏击运动室等与体育活动有关的空间，大厅、餐厅等生活集会空间，行政人员用房和会议室等管理用诸房间等。

2）教室、教室周边的室内设计

❶ 教室的尺寸、面积与家具布局

教室空间必须综合考虑儿童／学生不同年龄段的人体尺寸和行为特性来进行详细设计。特别是小学校，如果学龄不同，其身体发育就会有很大差别。例如：小学校的窗台高度虽然都用同一高度值，但实际上适合低学年、中学年、高学年的高度是各不相同的。教室的尺寸也必须基于儿童／学生的人体尺寸和动作空间来设定（图表 6）。但通常使用的普通教室，中小学校也好，高中学校也好，大多都是单一的形状和固定的面积，根据学龄特点开展细致设计的实例比较少见。

另一方面，普通教室的家具布局中，仍以面朝黑板的固定式和老式的队列式个人桌椅布局为主流。也有在普通教室内设置可随意组合的异型台式桌子等个别案例，不但能指导全体学生，也能应对个体、小组学习讨论等其他学习方式（图表 7）。另外还出现了增加教室功能的案例，教室空间比通常的要大一些，教室内除了保证个人用桌椅空间外，还设置了洗手盆、储藏柜、学习、展示角等（图表 8）。

❷ 教室周边的空间构成及家具布局

如前所述，近几年，新的学习方式及学习空间在不断得到完善。学习方式、学习团队的多样化发展，不仅影响到空间形式，也带动变化多端的新式家具及室内设计的发展。

普通教室之外的其他教室，也要顺应新的学习方式去开展设计。例如，理科教室、制图室以及劳技课教室等实习教室，一般是以小组 4 ~ 6 人为单位，围绕着实验、实习固定桌椅呈环岛状布置，但也出现了一些比较灵活的案例，例如在教室周边设置实验台、水槽或厨房，在中央放置

■图表 6 普通教室的尺寸和家具布置（cm）

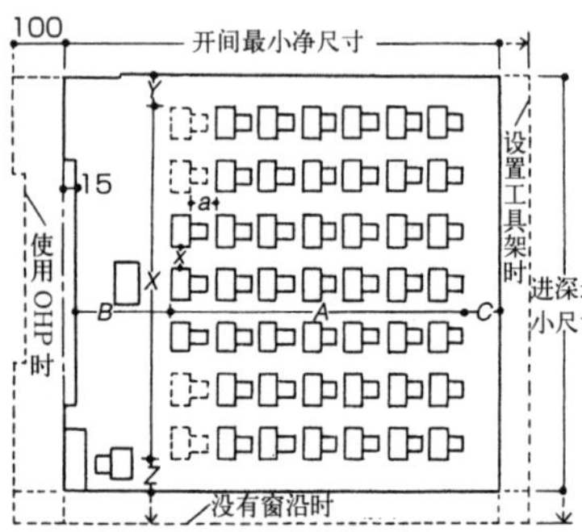

一起学习的课桌布置案例

注）*1 桌子的大小为 60cm × 40cm，黑板厚度设为 15cm
*2 在后面设置工具架
*3 在窗户一侧设窗沿

	学校・学年	小学校低学年	小学校高学年	初中学校	高中学校
开间方向	a：桌间距离	35	41	45	50
	A：桌子、椅子（7a+7×40）	525	567	595	630
	B：黑板与最前一排桌子之间的距离	160	160	170	170
	C：墙面与最后一排椅子之间的距离	115*2	115*2	60	60
	开间最小净尺寸*1	815	857	840	875
进深方向	x：桌子之间的距离	35	35	35	40
	X：桌子、椅子（6x+7×60）	630	630	630	660
	Y：通道一侧的分隔墙面与最近的桌子之间的距离	50	50	60	60
	Z：窗户一侧的窗边与最近的桌子之间的距离	90*3	60	60	60
	进深最小净尺寸	770	740	750	780

■图表 7 教室内灵活使用台式桌子的家具布局（群马国际专科学校，设计／CAt+CAn，设计指导／上野淳、柳泽要）

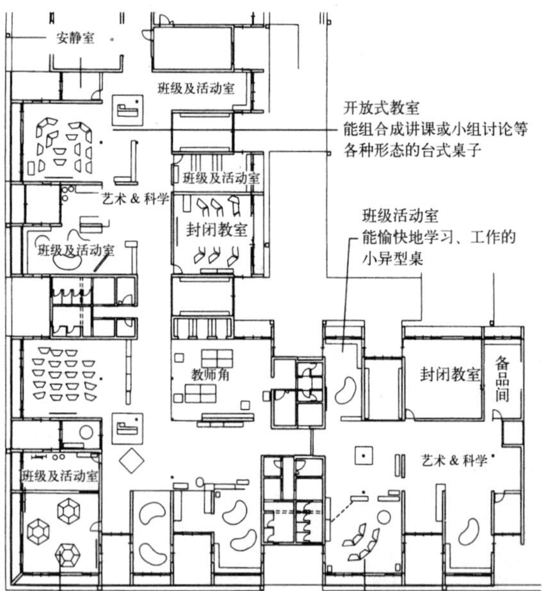

教室内放置的台式桌子

在教室旁边的班级活动室内设置的小异型桌

移动式桌子来开展小组作业或品尝味道等（图表4）。还有设置小组学习用的工作间、讲课、发表演讲的空间等。

❸ 学校用家具的尺寸、设计

学校用家具主要有普通教室用的个人桌子、椅子，还有储藏柜／鞋柜等的储藏用家具、告示板或黑板，以及上面介绍过的在开放空间内放置的各式桌子等。明治时期的学校体制下引入的教室用椅子座位，被其后代表人体工程学研究成果的 JIS 规格所取代，并规范了符合儿童体格的尺寸体系。目前，桌子和椅子是根据每个儿童／学生体格的基础数据而精细设计的，但是近几年，学校不断出现各式各样的学习方式，桌子和椅子应该怎样与这种多样性相结合，是一个需要探讨的课题。从这个意义上说，1999 年改版的新 JIS 规格，将桌椅的组合方式也纳进来，导入了灵活的功能尺寸体系。今后，家具的发展与设计、提高品质等方面将会备受瞩目。

■图表 8 有独特形状的宽松教室空间（日本大学附属丰明小学校，设计／内井昭藏建筑设计事务所，设计指导／长泽悟）

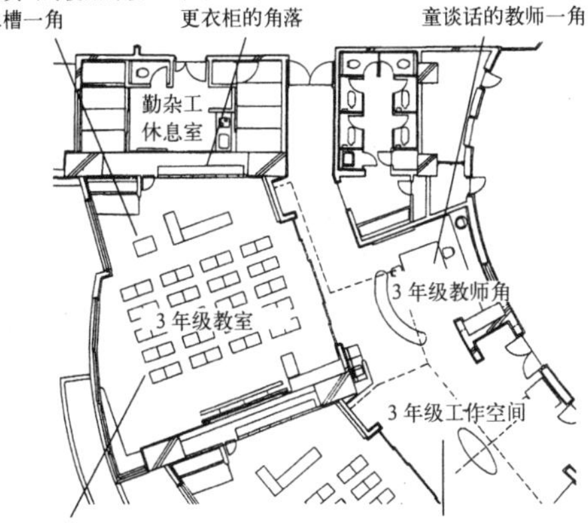

■图表 9 三种尺寸规格的木质感桌椅（前谷地小学校）

桌椅的座面和桌面使用的材料多为木制或三聚氰胺塑料饰面板，骨架用钢或铝合金等金属制品，近几年考虑到儿童／学生的心理和生理健康，校舍改用木结构、木质感系列，与室内设计相协调的木制家具也逐渐增多起来（图表 9）。

放眼海外花样繁多的家具、室内设计

如果把目光投向国外，特别是推进教育个别化、个性化的欧美先进诸国，以小组方式工作的大型桌子、计算机角等空间内均使用了形式多样的家具。例如：瑞典的中小学校中，各个学年都设有心情愉快而舒适的共用空间，在这个空间内不仅可以开展学习，也能作为交流、用餐等生活性场而被灵活使用。普通教室内平均每个学生所占的面积也比日本大，除设有个人用桌子空间外，还有小组学习用桌子和读书角等的学习角，同时在这些空间内布置上不同类型的家具（照片）。美国也是如此，在宽敞的教室和共用空间内，设有各种各样的学习角。近几年，有些学校还出现了将普通教室设置成儿童／学生的个人用生活聚点式的工作室。对家具的设计和材料方面的关注也是同样，特别是北欧各个国家，食堂、休息室甚至教室都开始注重舒适性而大多使用木制混合式家具，再配合洒脱的照明及内部装修材料，使学校呈现出充满生活气息的家庭式氛围。总的来说，欧美的学校家具、室内装修材料以及色彩、设计等都是丰富多彩、变化多端的。因此，也期待着日本今后能打破以往单一、呆板的形式，寻求富于变化的家具、室内设计和设计品质，营造出富有特色的学校空间。

由家具与工作角构成的教室
（瑞典 · 斯德哥尔摩）

思考题

- 思考一下自己上过的学校属于哪种类型和教育运营方式。
- 思考一下自己学校的普通教室的尺寸和家具布局的形式。

2．公共设施室内设计——③

医疗设施的室内设计

学习目标：在理解医疗设施的种类、空间构成的基础上，明确如何开展室内和家具设计。

1）医疗设施的种类及空间构成

医疗设施根据目的有增进健康、预防疾病、诊疗、治疗、康复治疗、护理等各种设施。图表 1 所示是包括福利设施在内的医疗、福利设施体系。在医疗法中，病床数在 20 床以上的设施定义为医疗，20 床未满的设施定义为诊所。在设计医院时，必须把不断变化的医疗技术和器械的对应方式、高效率的工作人员及患者动线、物品搬运、高端设备仪器所需的室内环境要求、引入有效的信息处理系统等问题相结合开展深入研究。

医院内有各种各样的房间及空间，设计时必须考虑将这些按功能归类到同种部门中。通常按图表 2 所示的 5 个部门（住院部、门诊、诊疗、管理、供给）进行分类。另外，医院有不同类型的人（患者、探视者、医疗工作人员、相关服务人员等）、物（医疗类、护理类、办公类等）以及信息（诊疗类、护理类、管理类等）的流动，要

■图表 1 医疗、福利领域的老龄者用设施体系

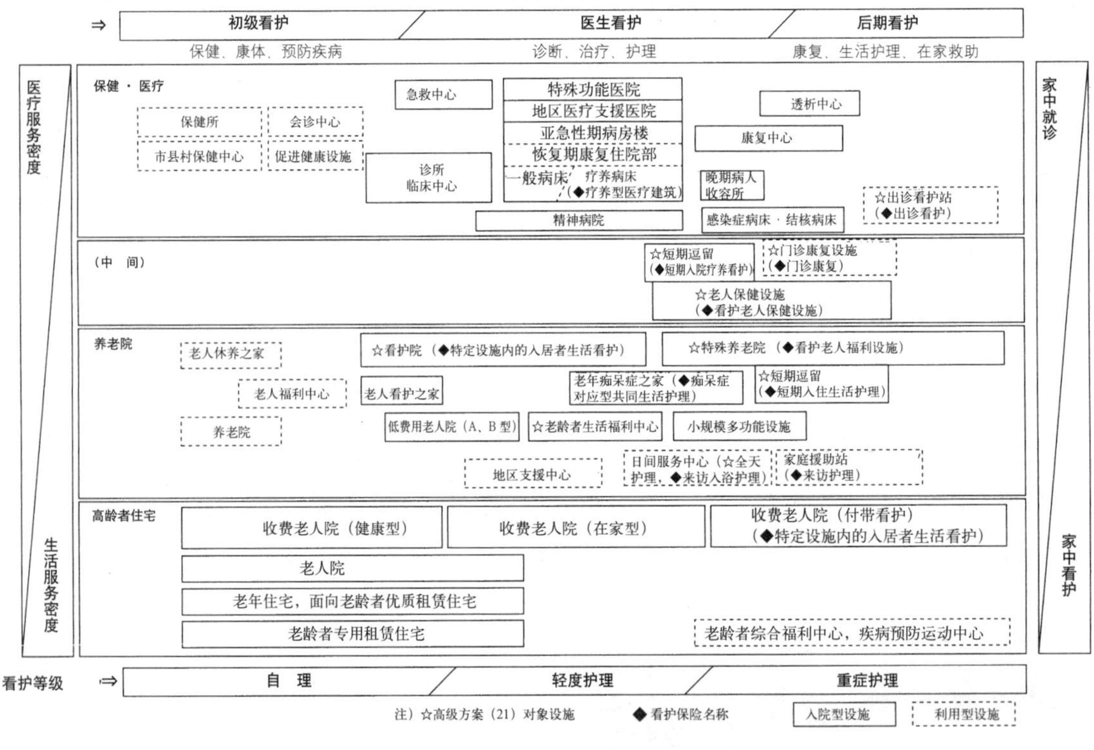

■图表 2 医院各部门的组成和面积比例

部门（面积构成比例）	概要	环境特征
住院部（35% ~ 40%）	针对住院病人进行诊疗和护理的地方。同时对于患者来说也是个生活场所，是医院的中心部门	居住空间特性
门诊（10% ~ 15%）	对到医院就诊的病人实施诊疗的部门。由于康复和癌症化疗等可开展门诊治疗及门诊手术后，提高了门诊部门的重要性	公共空间特性
诊疗（15% ~ 20%）	检查科、放射线科、手术科等辅助医生诊疗的科室。从医院管理的角度考虑建议实行中央化。诊疗技术的进步使面积比例在不断增加	特殊空间特性
供给（15% ~ 20%）	为院内各部门提供无菌材料、护理用品、药品、用餐、纱布、办公用品等必需品的部门。也负责能源和医疗垃圾等	生产空间特性
管理（10% ~ 15%）	由院长、护士长、办公室主任室和医生办公室、总务和医疗办公室等构成，管理、运营医院整体的部门。也掌管病历卡的管理和职工食堂、更衣室等福利后勤事务	办公空间特性

将这些因素相互关联起来作全面考虑。

2）注重生活环境的病房设计

在欧美，仅由单间病房构成的住院部并不少见，但在日本，大多是以单人间和多人间（4 人床病房、2 人床病房）组合构成。而 4 人床病房中，位于走廊一侧的病床离窗户较远，环境条件不佳。最近出现了各个病床有专用窗户并可确保私密性的单间式多人病床房间（图表 3）。进行病房设计时，要特别留意病床周边的设计，如：确保护理工作的充足空间，设置使用方便的水槽等。医院对于住院患者而言，是在医疗活动的基础上又增加了就餐、交流、休息、睡眠等生活活动的场所。从这个意义上来说，病房、休息室首先是能充分保障患者私密性的空间，其次灵活运用木质感家具等自然材料、营造柔和气氛的照明设计等，从患者的心理角度开展室内及家具设计。

3）儿童的医疗环境和家具、室内设计

精神和身体都处于发育阶段的儿童医疗环境应特殊对待。也应将家庭护理纳入到各个服务层面来进行设计，虽说这些不能算是必备条件，但还是希望医院能成为患者及家属身心愉快的场所（图表 4）。在欧美，能经常见到具有家属留宿、休憩功能的家庭式病房的案例，这也是较有实效的方法（图表 5）。对于住院部内供患儿进行各种游戏活动的游戏室，也应该针对患者的年龄及行为特点，细致周到地做好室内和家具设计。尤其为十几岁的青少年设置游戏室也是很重要的。案例中介绍的法国儿童医院（图表 6）是以 9 岁以上儿童为对象，空间内设置了音乐鉴赏一角、台球角、计算机角等空间，室内及家具也设计成类似成人的洒脱式风格。

■图表 3 确保私密性的单间式多人病床房间（日下部纪念医院，设计：柳泽忠 + 建筑计画连合）

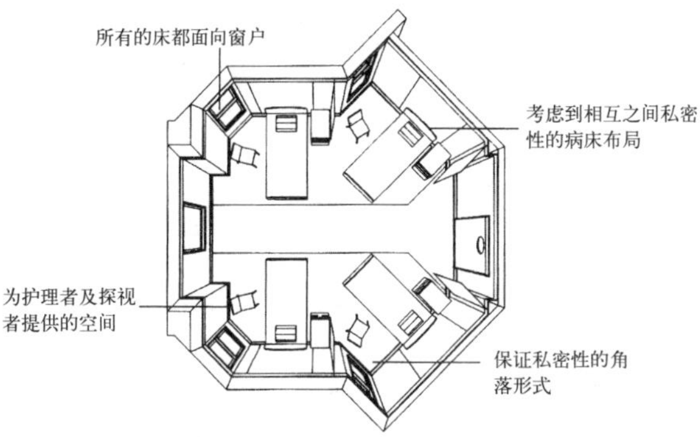

■图表 4 在中央设置愉快的开放式中庭空间（宫城儿童医院）

■图表 5 家属能 24 小时利用、可读书和休息的家庭式图书馆（费拉德鲁菲拉儿童医院 / 卡卢斯巴格）

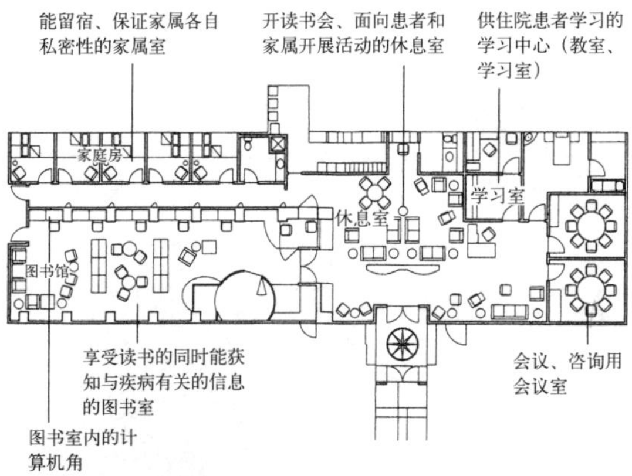

■图表 6 尽享完全符合十几岁青少年活动的医院内活动中心（马拉德儿童医院）

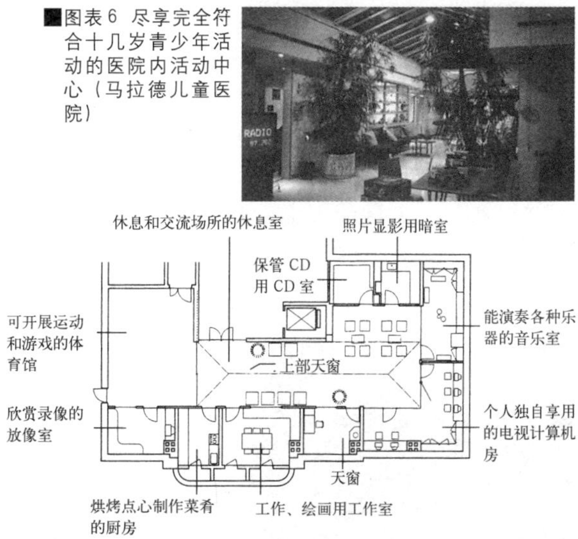

思考题	
	● 思考一下自己熟悉的医疗设施的空间构成及室内设计。 ● 思考一下感到舒适的病房、休息室的家具布局方式。

2. 公共设施室内设计——④

地区文化交流设施的室内设计

学习目标：在理解地区文化交流设施的种类、空间构成的基础上，明确如何开展室内及家具设计。

1）设施的种类和作用

地区文化交流设施是地区居民进行日常交流、集会、文化活动的场所，如图表 1 所列举的，根据使用对象及设置主体、服务内容和范围有各种各样的类型。近几年，与多种利用目的和利用形态相结合，出现了将图书馆、运动设施、各种学习设施整合在一起的交流中心或业余学习中心。到目前为止，较为普遍的利用方式是以地区特定小组的形式租借房间，但现在，由于个人使用、使用目的多样化的出现，交流设施的存在方式也顺应时代的发展在改变。

具体来说，主要有：门厅等共用空间更加充实；回廊及信息角多功能化（图表 2）；设置天井、玻璃隔断确保各个房间或空间的可视性，形成了能互相了解活动状态的空间形式（图表 3）。还有设置个人用图书馆、计算机室、放像室等，各种信息仪器、影像设备得到有效利用，使用者可以在任何地点、任何时间都能获取信息。

另外运营、管理方面也同样，近几年，地区居民以公益活动方式参与或者在设计阶段就介入进来，出现了按照他们自己的想法去实施方案的案例。今后，在发挥地区特色的同时，力争去营建更具灵活性的开放设施。

■图表 1 地区文化交流设施的整体设置和设置目的

名称	所属管辖机构	设置主体	设置目的
地区及会所		市区町村	•地区居民的交流、集会、学习等
儿童馆	厚生劳动省	市区町村 社会福利法	•以地区内儿童为对象放学后进行集会、读书、游戏、运动等
儿童文化中心	文部科学省	都道府县 市区町村	•儿童科学知识的普及 •儿童的团体游戏和训练等
妇女会馆	文部 科学省等	都道府县 市区町村	•妇女的交流、商讨、学习等 •主要以团体形式利用
公民馆	文部科学省	市区町村	•为推动地区居民的社会教育、文化活动、健康和社会福利而开展的各种事业、活动
业余学习中心	文部科学省	都道府县 市区町村	•以地区所有居民为对象开展各种学习活动
地区中心		都道府县 市区町村	•以地区整体为对象进行交流、集会、文化等
交流中心	总务省等	市町村	•地区居民开展交流、文化、运动、休闲活动等

有大型楼梯的宽敞入口大厅（千叶市业余学习中心）

■图表 2 综合图书馆和多媒体大厅等各种设施的业余学习中心（千叶市业余学习中心，设计 /INA 新建筑研究所）

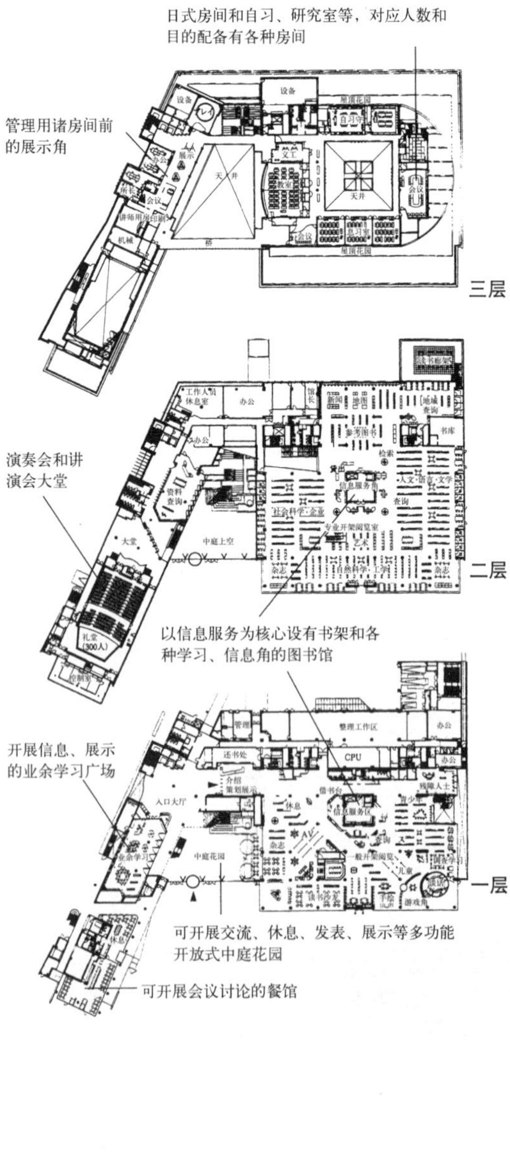

2）设施的空间构成

地区文化交流设施的房间类别如图表 4 所示，根据功能大致分为集会类、研修类、实习实验类、运动类、信息阅读类、鉴赏类、展示类、餐饮类、管理类及其他类。不同设施，其规模和功能会有所差别，相应地各个房间的面积和数量也会不同。过去这些房间都是相互独立、沿着走廊一字形排列，因此大多看起来毫无生气、没有个性，希望今后尽可能开放空间，加大灵活性，确保各个房间及空间的可视性和弹性变化，这显得尤为重要。

■图表 3 玻璃面较多由各种形态的空间组成的业余学习中心（隅田业余学习中心，设计／长谷川逸子、建筑计画工房）

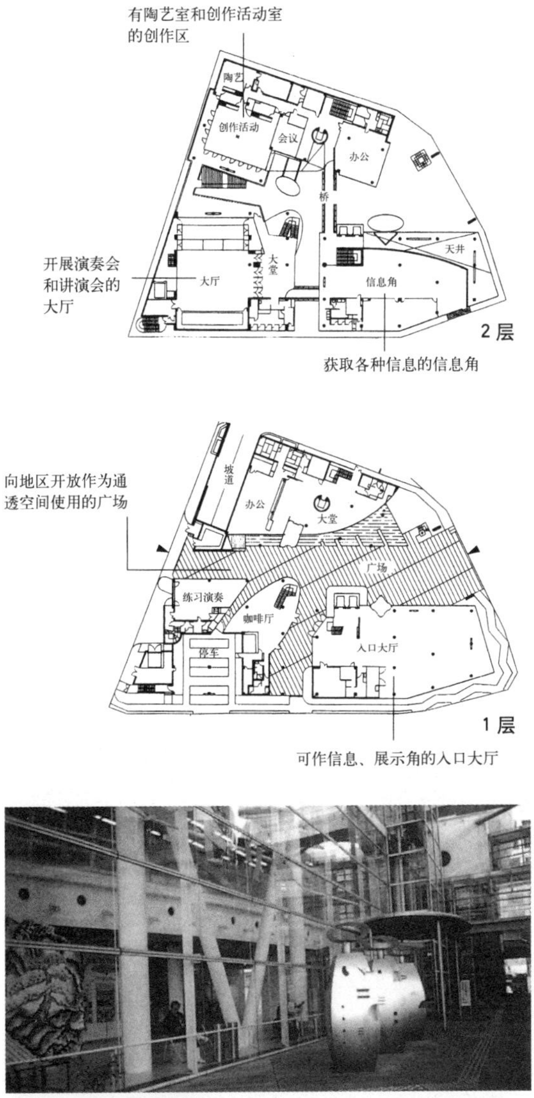

3）设施的家具、室内设计

在大型设施中，应设置与各种空间相适应的家具以随时应对个人及不同规模的群体活动。在小型设施中，根据需要设计出可移动的分隔墙、用家具营造出富有变化的弹性空间，这些都是家具设计的重点所在（图表 5）。与此同时，室内设计和家具应具有能够满足可愉快学习交流那种温馨明快氛围的要求。当前，在地区交流过程中浮现出儿童、年轻人丧失逗留空间的问题，因此要把地区文化交流设施视为日常性逗留场所去开展室内设计，这也是很重要的。

■图表 4 地区文化交流设施的功能和各个房间构成

功能	各房间构成
集会、研修	集会室、讲课室、会议室、研修室、日式房间等
实习、实验	实验室、工作室、音乐室、烹调实习室、演播室等
运动	竞技场、健身房、游泳池、游戏室、更衣室、淋浴室等
信息	图书室、资料室、视听室、计算机室、AV 室等
大厅	大厅、多功能厅、休息厅、放映室、广播大厅等
展示	画廊、展示室、藏品库等
饮食	餐馆、咖啡店、烹调室等
管理	办公室、馆长室、会客室、接待、印刷室、仓库、公益房间等
其他	门廊、休息室、聊天室、照看儿童室、中庭、广场等

■图表 5 从个人到团体都能利用的空间构成与家具布置（横滨市女性公共集会广场，设计／芦原建筑设计研究所）

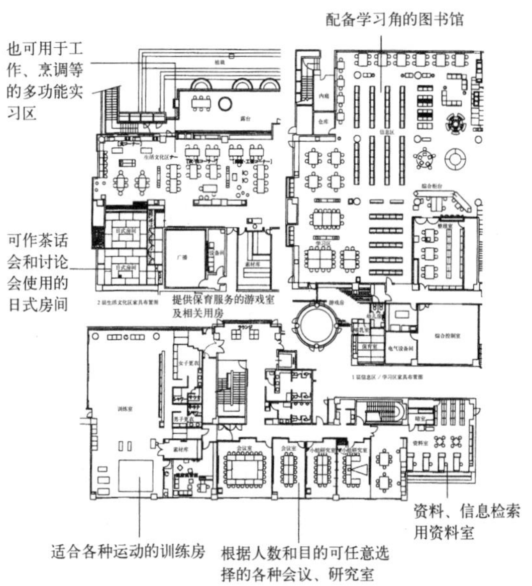

思考题

- 请思考一下自己所熟知的地区文化交流设施的空间构成和室内设计。
- 请思考一下以各种功能划分的房间或空间中的家具布局。

家具

学习目标：学习家具的种类和分类方式以及椅子、桌子、箱式家具的构造、加工方法、功能等各方面的基本知识。

1）生活与家具

我们周围总是存在着家具，它维系着每天的生活、工作、交流与休息。人从出生开始接受婴儿床的关照，使用学龄儿童家具学习成长，一生的三分之一在寝具上度过。如此看来，家具也是影响每天舒适性和健康性的重要因子。家具的材料种类繁多，其设计和功能也是多式多样（图表 1）。

在此以木制家具为主概括说明家具的材料、结构、面层做法、各种功能等，以作为选择家具时的参考知识。

2）家具的分类和种类

❶ 家具的产品性分类

家具可按成品、商品的居住样式和形态、材料、结构、体系等标准来分类。这里列举并归纳整理了一些主要产品（图表 2）。

❷ 家具的功能性分类

功能性分类可按椅子、沙发、床等人体类家具（体具），桌子、书桌、柜台等准人体类家具（台类家具），棚架类、柜类、衣橱等的储藏型建筑类家具来划分（参照 32 页）。

■图表 1 生活与家具

■图表 2 家具的产品分类表

分类	种类	种类的实例
居住方式	日式家具	日式衣柜、茶器橱、茶几、矮桌、槅扇屏风
	西式家具	上述之外的大部分家具
形态	腿式物品	椅子、桌子、书桌、沙发、床
	箱式物品	棚架、柜子、箱子、板
材料	木质家具	线形板材、曲木、成型胶合板等木质家具
	金属家具	钢制、轻型金属制、管式家具
	塑料家具	FRP、PP、ABS、硬质发泡聚氨酯制家具
	藤家具	藤制的家具
	竹制家具	竹制的家具
	其他家具	石、玻璃、纸、布制的家具
结构	组装式家具	利用装配小五金件可拆卸的家具
	折叠式家具	能折叠且省空间的家具
	延展式家具	台面能伸展的家具
	堆垛式家具	有可堆垛形状的家具
	其他类家具	有高度调节、连接、兼用等功能的家具
整体	固定式家具	通过零件的组合来满足空间条件的家具
	可拆式家具	以基本单位加以组合以对应功能、空间需求的家具

■图表 3 椅子的木材加工方法

线型板材／旋床加工木配件　曲木　成形合板　仿形机床／曲木

旋床加工木配件：使用木工车床转盘旋转木材，利用碰触刃具切削加工。与木制偶人和木碗制作方法相同。椅子的前后脚和横撑使用的是旋床加工的木配件。

法国、14 世纪前后

no.14（设计／德奈德、1895）

T−0639（设计／木村战太郎、1982）

压顶木：通过曲木成型。木材蒸馏后用金属模具固定成型干燥。

后脚：用仿形切削机进行切削加工。适于加工特殊的形状。

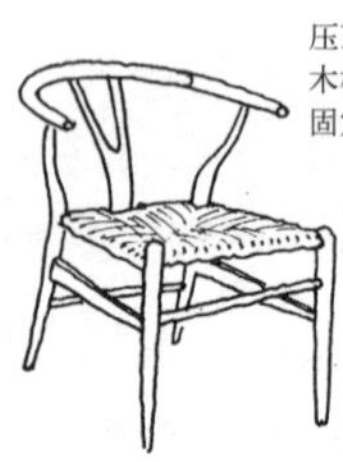

Y 椅子（设计／韦格纳、1951）

3）椅子、床：人体类家具（体具）

椅子和床是直接支撑人体的家具，要求具备支撑正确姿势的功能，保持良好心情的柔软度，抵抗人体体重和使用时各种撞击的强韧度。

❶ 椅子的结构

椅子由座面、靠背、扶手等接触人体的部分和支撑这些部分的支腿、座位架、立杆、横撑等部分组成。座面是座位架组合后在其上固定木板或布。体重多半压在座位后腿上，因此，插入后腿座位架的榫头要长一些，以增加强度。支腿的横撑有时会省略，但若在支腿下部增设能形成稳固的结构（图表 4）。

椅子有用线形板材组合和由曲木或成型胶合板组成，线形板材的椅子通常使用木质材料，采用直线形结构形式。由于接合部位较多，因此接合技术直接影响强度（图表 5）。

曲木椅子具有曲线特征，面层部件由螺栓和木螺钉组合装配而成的（参照 106 页）产品居多。在贮藏、搬运性能上较优越，接合部位少，其特征是轻而强韧。

成型胶合板椅子由薄型板压型接合，前腿、座位架、后腿无接缝，整个板材为一体，因此轻便、耐久性好。

仿形切削机用于有机形状的构件加工中，汉斯 · 韦格纳 Y 型椅子的后腿部分就是用这个机器加工而成，但靠背的压顶木为曲木（图表 3）。

❷ 办公用转椅

办公用转椅中，通过合理的功能和形态来缓解长时间工作疲劳的产品居多。它具有座位的高度、深度、角度可调节，靠背可倾斜等功能。也有很多方便家务工作时使用的产品。

■图表 4 椅子的结构和各部分名称

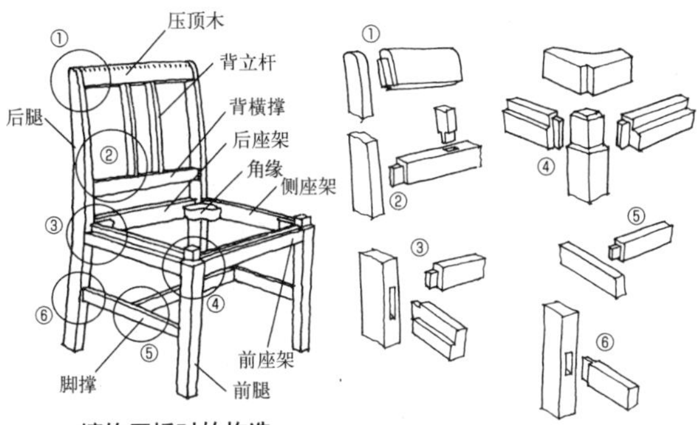

■图表 5 木材的接合

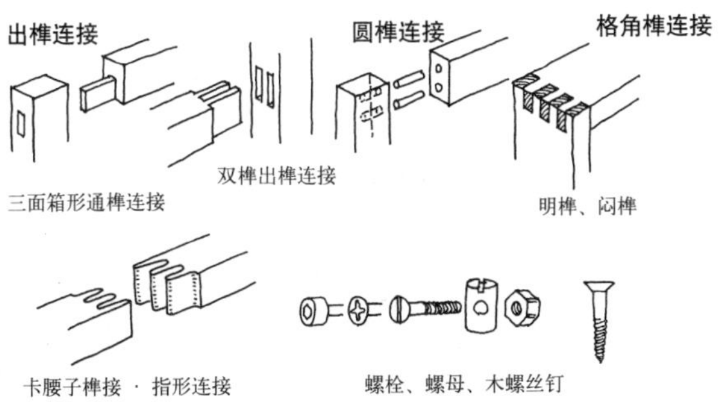

■图表 9 软垫的结构

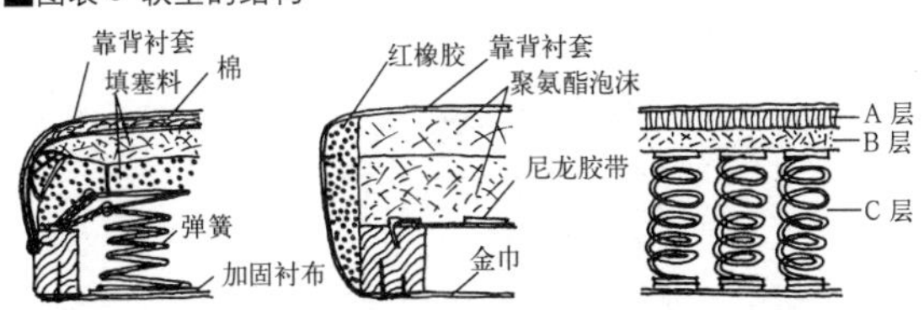

■图表 6 办公用转椅的结构和各部分名称

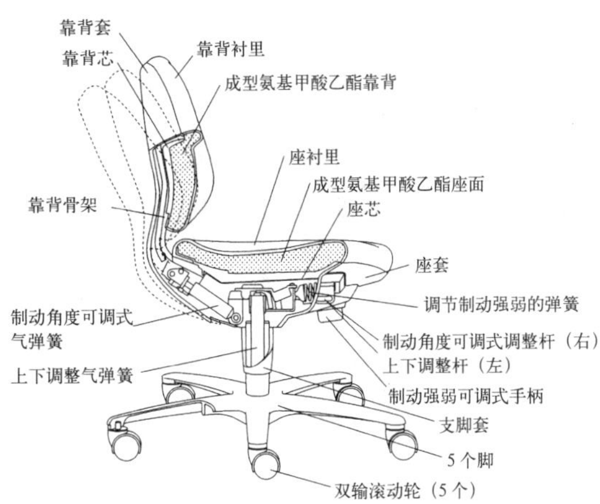

■图表 7 沙发的结构

■图表 8 沙发的包装结构

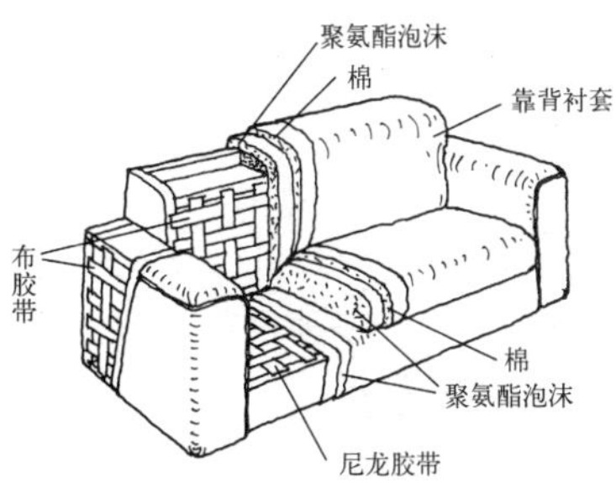

椅子脚轮与地面材料之间的关系很重要，地毯等软质地面必须选择树脂滑轮，硬质地面必须选择软质滑轮（图表 6）。

❸ 沙发的结构

主要部分的结构和加工方法基本与椅子相同，但是由于沙发座面较宽，因此座位架上要插入连接前后骨架的托梁以补充强度。靠背也需加长横撑、靠背立柱，因此在中间要立上 1 ～ 2 根增加强度用的立柱（图表 7）。

沙发大多用包裹结构来做面层装修。坐垫不仅要求能柔软地支撑人体，也影响着沙发整体外观造型。因此要注意它的软硬度，一定要选择能支撑整个身体的组合形式。但若仅有柔软性，反而会导致疲劳（图表 8、9）。

❹ 椅子的附加功能

叠摞性　为来访客人准备的椅子，如果能重叠放置会很方便。轻而结实的椅子便于叠摞放置（图表 10）。

可折叠性　小巧且能折叠，能高度节省空间，但稳定性较差，容易倾倒。在附近的棚架内设专用贮藏空间有利于安全性，使用起来也很方便（图表 11）。

包裹性　座面及椅子整体的座套采取简易拆装的形式。脏了能马上洗涤，如果备用几个座套，根据季节和心情能演绎出不同效果，带来情趣（图表 12）。

❺ 床的结构

床由床垫、床板、床头和床尾组成，床板具有缓冲特征的称为双缓冲型，无这种特征的称为单缓冲型。通常双缓冲型大多在床板上插入床脚和床头，但无床尾。单缓冲型大多将床头和床尾用床用挂钩组成的侧架连接，然后再插入板条或木条（图表 13）。

除上述普通床外，还有双层床以及下述的利

■图表 10 迭装式椅子

■图表 11 折叠式椅子

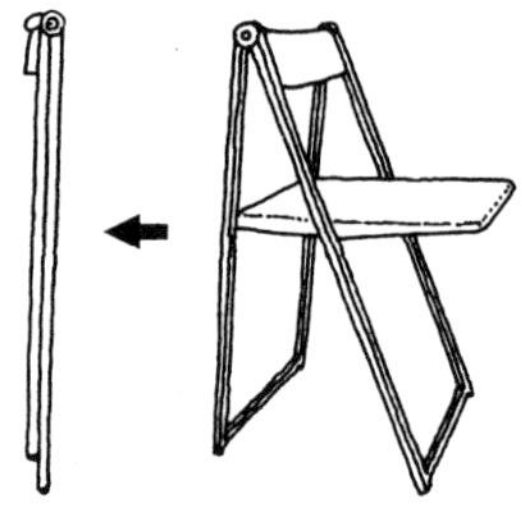

■图表 12 包裹式舒适椅子

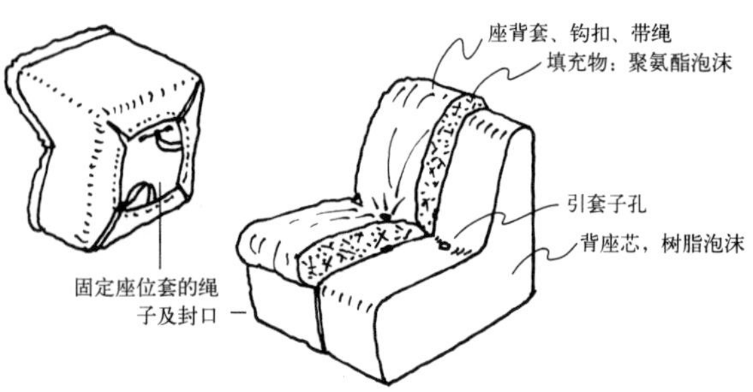

■图表 13 床的结构和各部位名称

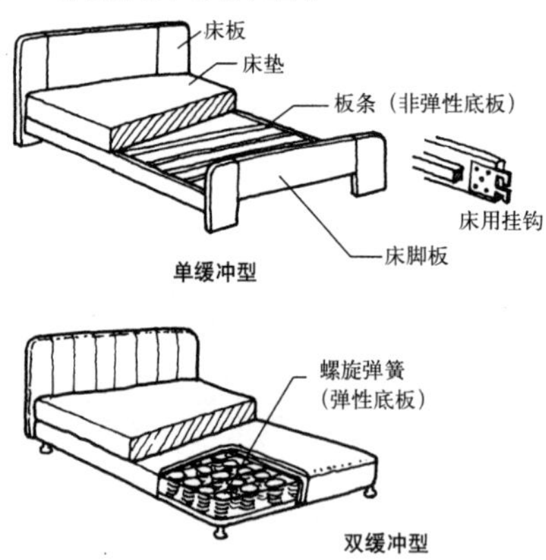

■图表 14 沙发床

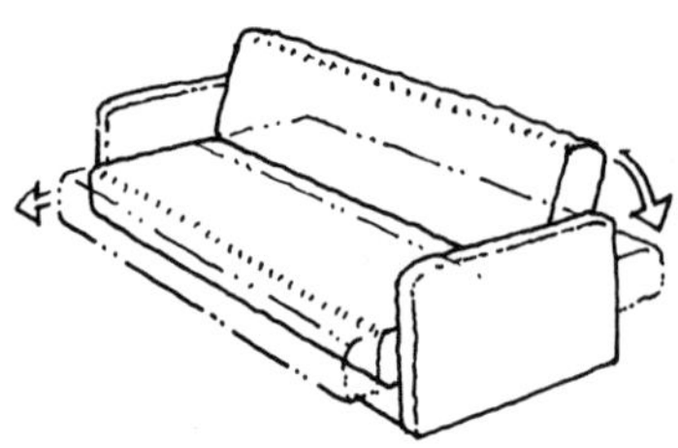

■图表 15 沙发床

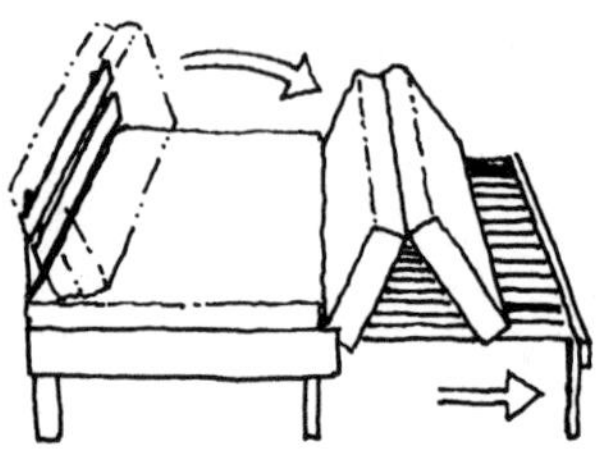

用小五金件组装的可动式床、墙体内收藏式床、电动多功能护理用床等，还有其他很多种不同功能的床。

❻ 利用床用五金配件组装的多功能床

沙发床　通过简单的操作即可作沙发或床使用。床垫下方设有较大的贮藏空间，来访客人用起来也很方便，但不同的产品，其强度和睡眠舒适度会有差别，因此选择时要仔细确认成品（图表 14）。

上翻式床　床的骨架利用弹簧条能很轻松地掀起来，可形成较大的贮藏空间，使用效果较好。

沙发式床　沙发的坐垫从下面拉伸出来后当床使用。3 人座沙发可变成双人床，2 人座沙发可变成窄双人床。住宅内未设来访客人用卧室时可用此代替，比较方便（图表 15）。

4) 桌子、书桌：准人体类家具（台类家具）

❶ 桌子、书桌的结构

桌子、书桌由桌面板和起支撑作用的桌腿、支撑条组成，根据需要也可增设贮藏元素（图表 16）。

桌面板是桌子和书桌最重要的部分，要求表面平整且有较强的抗摩擦和抗撞击性，根据使用条件也有要求具备耐水性、抗药品腐蚀的特性。桌面材料除木材外，还有使用木质感材料、金属、玻璃、合成树脂、石材等。木制桌面的种类有如下几种（图表 17）。

桌腿根据形状分为方腿、圆腿、板形腿、X 形腿、箱形腿等。使用柱状桌腿时，桌腿顶端的四边用支撑条连接，中间加设横撑，连接的横撑通过榫接方式加固（图表 18）。

❷ 钢制书桌的结构

钢制书桌的特点是钢板通过稳固的接合方法加工而成，刚性较强。地震时可作为避难场所。另外，板的厚度比木材薄很多，因此贮藏部分的有效容积加大。在文件夹抽屉内使用上悬挂滑轨，即使放置一定重量的物品，也能轻松推拉（图表 19）。

■图表 16　桌子、书桌的结构和各部位名称

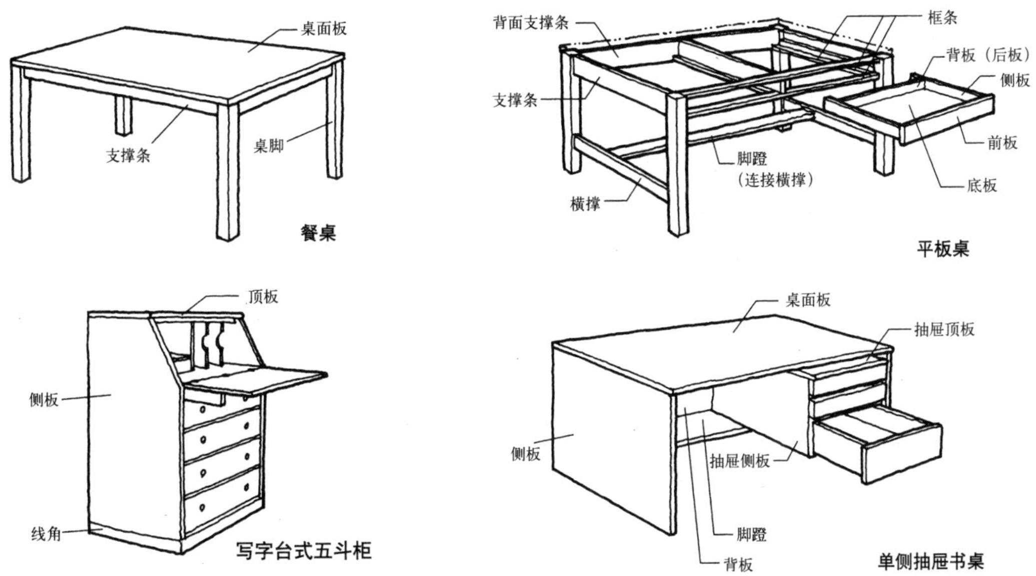

■图表 17　木制桌面板的种类

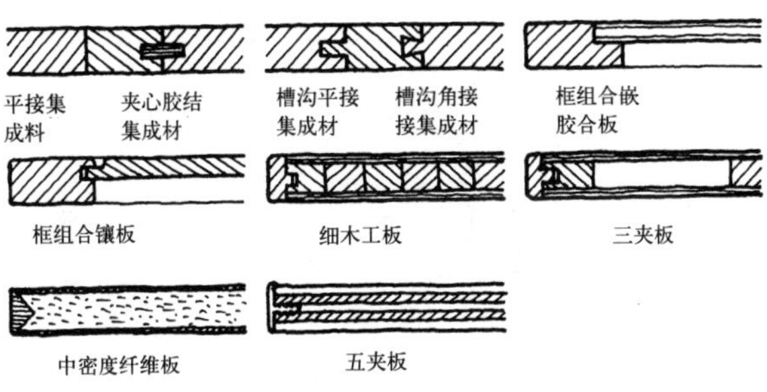

■图表 18　桌腿的安装

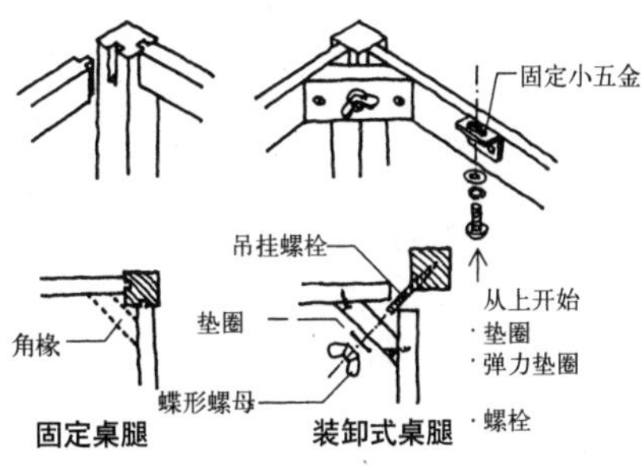

❸ 桌子、书桌的附加功能

装配性 桌脚利用内藏螺钉方式进行装卸，搬家时能捆绑成较小的体积。

可折叠性 折叠桌子能通过桌面折叠后变小（图表 20）。

伸展性 收藏起来的桌面再折翻伸展，多数能伸展出 2 个人（600cm）的位置。客人来访较多时使用起来比较方便（图表 21 ～ 25）。

嵌套性 3 ～ 5 个形状相似的桌子以嵌套方式形成嵌套桌，在使用收放上灵活方便。也可作为凳子使用，可以说是一个如获至宝的物件（图表 26）。

5）储藏家具：建筑类家具

❶ 单体家具

储藏家具的主体由顶板、侧板、底板和里板构成。在这些板的中间插入搁板、架板、抽屉、门扇等，还有支撑这些部分的滑轮、柜角，还有结合设计在顶端装饰上花纹的（图表 27）。

❷ 整体家具

整体家具的设想背景是由于我们的物质生活、居住文化和生活方式的丰富多彩带来的。人会根据各自不同的嗜好拥有各种生活用品，根据一种用途设计出来的单件家具已经无法满足当前的多种需求。但是单件家具也有布置房间时简单、自由的优势。使用整体家具时，要充分理解各种不同特性，根据用途来区分使用。整体家具大致分为组合式和部件装配式这两种类型。

组合式 也称为组合家具。按照一定的规格尺寸加工后，将各种有贮藏功能的箱体根据不同用途组合而成。也可以追加门扇、抽屉、柜台等部件，从安全角度考虑，也有很多将上下左右的箱体用五金配件挤压到一起加以固定的方式（图表 28）。

装配式 也称为嵌入式家具，由标准化加工好的侧板、背板、上下层板、顶板、底板组合成主要部分，在此基础上，根据用途组合门板、搁板、抽屉、各种盒子和衣架杆等部件（图表 29）。

■图表 19 钢制书桌的结构及各部位名称

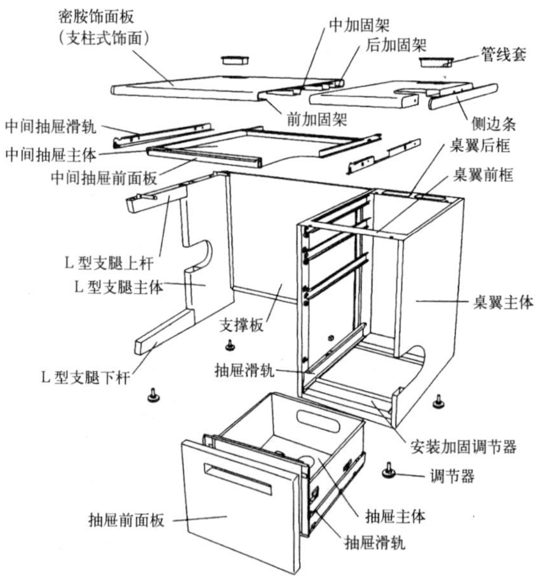

■图表 20 折叠式桌子

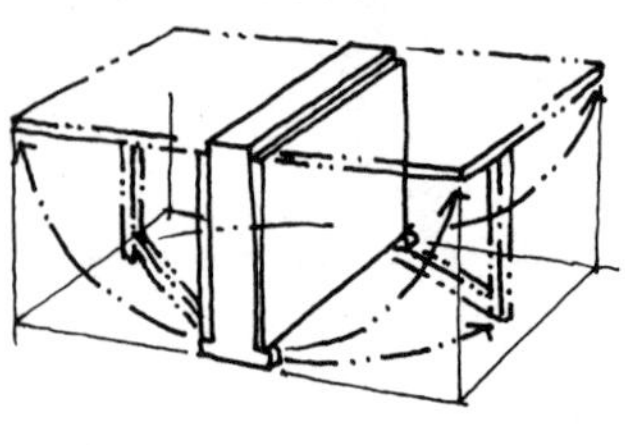

■图表 21 伸展式桌子 1

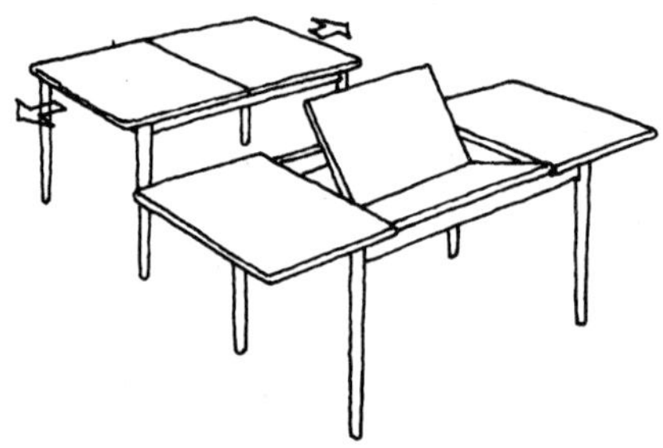

■图表 22 伸展式桌子 2

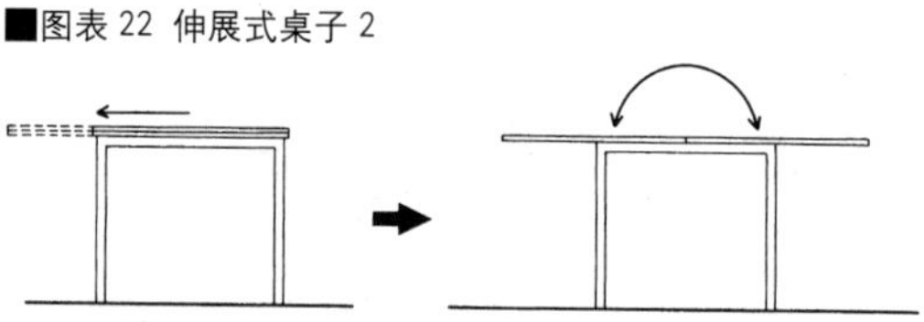

■图表 23 伸展式桌子 3

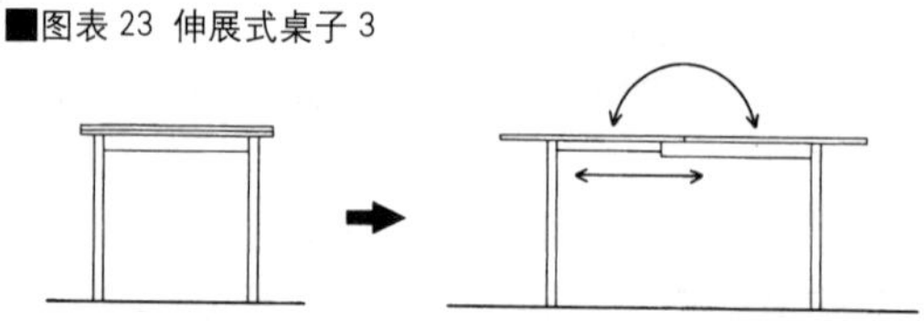

■图表 24 伸展式桌子 4

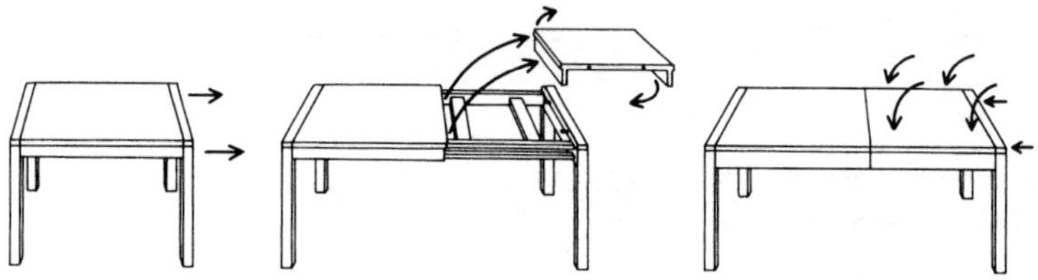

它既可以满足极挑剔的顾客要求，也能根据生活方式的改变自由替换组合，还能塞到墙体之间或者墙体与顶棚的空隙内，与门组合就能当房间的分隔墙来使用。

但是采用这种家具，在搬家或替换组合时，需要对其进行拆卸和组装作业，通常靠非专业人员的技术是无法做到的，因此会增加额外费用。采用与否的分歧点在能否承担起这部分费用、或者加把劲靠自己拆卸组合。从这一点来看，组合式的组装工作，只是将箱子排列和堆积起来，然后用五金配件固定好，因此相对会比较容易一些。

家具的强度和性能由各种制度及相应的标志来决定（图表 30）。

6）家具的强度

家具作为一种构造物要求其具有一定的强度和安全性。

强度标准及实验方法除 JIS 中所规定的以外，其他还有产品安全协会、产业设计振兴会等设定的各项标准，以保障产品的品质和安全。有关强度的 JIS 标准，主要以使用条件较严格的学校用家具、办公用家具、会议用家具为对象而设定的。

■图表 25 伸展式桌子 5

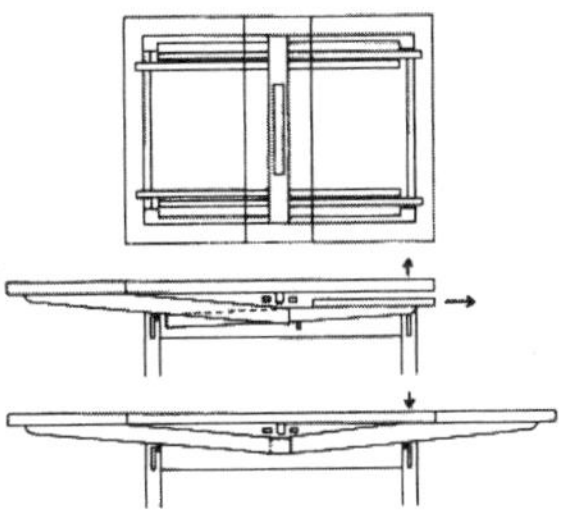

■图表 26 嵌套式桌子

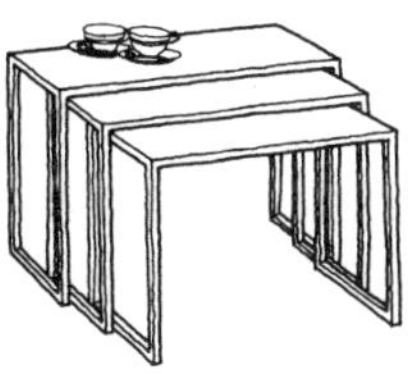

■图表 27 单件储藏家具的结构与各部位名称

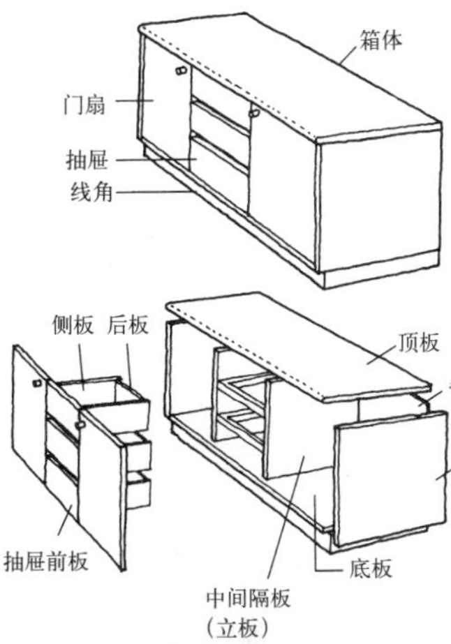

■图表 28 组合式家具

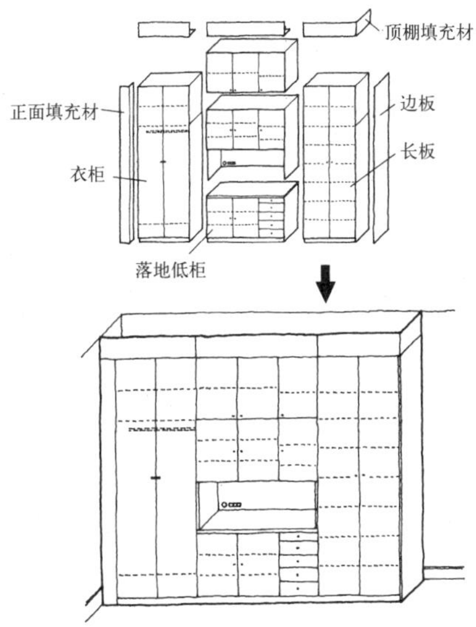

■图表 29 部件整体式家具

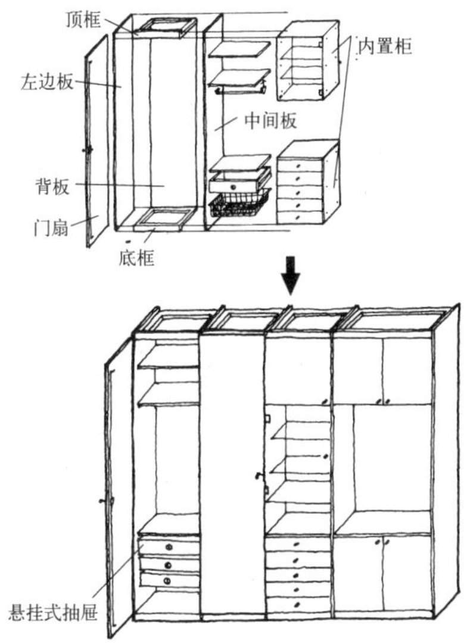

■图表 30 家具强度与性能保障制度

JIS 标志 证明符合国家制定的日本工业规格（JIS）的产品，指定的标志许可物有学校用家具、办公家具、住宅用床类等。

G 标志 由日本产业设计振兴会运营管理，对设计和品质优秀的产品进行选定和认定的制度。

PSC 标志 对具有防止＂特殊产品／对消费者有危害、危险性产品＂出现，满足技术性标准的产品进行认定。

SG 标志 以特殊产品以外的产品为对象，由产品安全协会来指定标准。如：碗柜、婴幼儿用高椅、双层床等。

钢工业品　加工技术　特定侧面　特殊特定产品　特定产品

思考题

- 调查一下自家和学校的家具是用何种木材的何种加工方法制成的。
- 调查一下自家和学校家具的结构，思考一下它们的结构与强度的关系。

3. 室内用品设计——②

照明器具

学习目标：理解照明如何影响室内空间，了解光的强度、性质和物体的可见方式、照明器具的形状
来的不同效果。

1）照明设计

室内设计诸多元素中，照明对室内设计的后期效果有着举足轻重的影响。例如：利用全照明照亮整个房间的照明方式对教室、办公室空间十分有效，但不适于需要不同方式来照明的住宅。环境照明以及工作状态时使用面向特定部位的局部照明，应综合考虑功能性、装饰性、安全性，并根据时间和场所，选择恰当可行的照明设计。

■图表 1 富于变化的照明设计

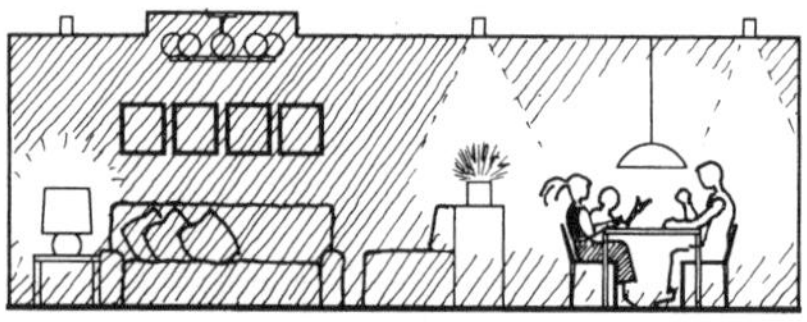

1 用餐时的照明

2 团聚时的照明

3 聚会时的照明

4 安闲时的照明

主要照明与局部照明结合设置，再配以调光功能后，根据房间的利用方法可演绎出不同的照明效果

1 利用悬吊灯照亮餐桌，饭菜给人美味珍肴般的感觉，聊起天来也会很兴奋。关闭客厅的主要照明，点亮台灯，温柔的灯光弥漫整个房间。
2 用于人们在客厅团聚时。熄灭悬吊灯，点亮整个房间。使用调光功能，根据具体情况随时调整明暗变化，也是很有情趣的。
3 成人聚会或者孩子们举行派对时，试结合当时的气氛演绎一下灯光效果。营造一个明亮的空间、提高聚会的活力。
4 休息或闲散的时候，希望不太亮的空间。

2）照明与光的性质

如果没有光，我们就无法看到空间，也无法看到物体。同时光的不同种类及照射方法使空间的感觉和物体的识辨方式也发生了变化。因此在做照明设计时，应结合工作、聚会、休息等不同目的考虑光的明亮度、作用于人心理的光影状态和光色等，甚至要考虑光的品质（图表 1）。

❶ 照度

照度（lx：勒克司）指光源照射在受光面上的光亮程度，1m^2 的平面上 1lm（流明）的光通量入射时，受光面的照度为 1lx（参照 36 页）。

各种空间必要照度的范围很广，一般办公室的办公桌、学习桌的桌面为 1000lx，读书、餐桌为 300 ～ 700lx，进行各种活动的儿童房、餐厅、客厅等房间为 30 ～ 150lx（参照 37 页）。

■图表 2 色温

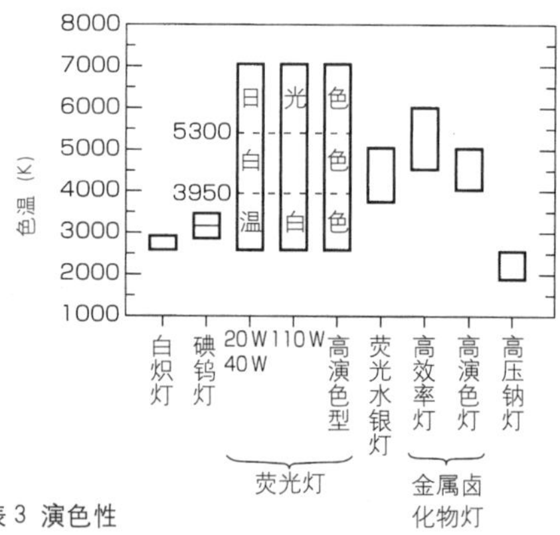

■图表 3 演色性

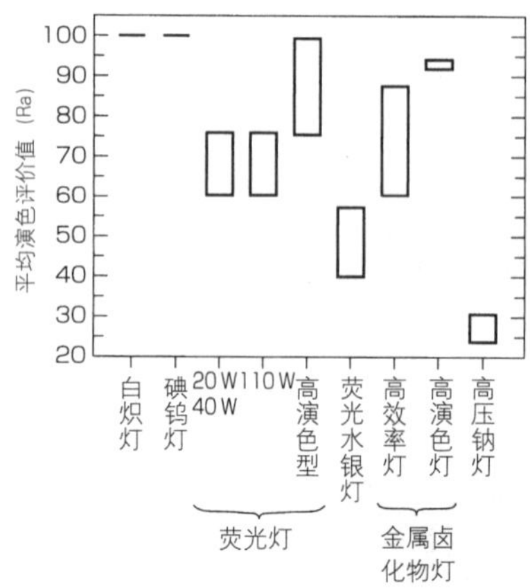

❷ 色温

色温指光源的颜色，光的色温越高感觉越凉爽，而越低感觉越温暖。从代表性电灯光源来看，白色类型的荧光灯的色温约为 4000 ~ 5000K（开耳芬），而暖色光源的白炽灯约为 2800K（图表 2）

❸ 演色性

物体的可见方式因光源的性质而不同，光源决定颜色呈现程度的特性称为演色性(参照38页)。由于物体的颜色随光的性质发生变化，因此必须选择能准确识别该物体的最理想光源。

平均演色性指数是对光源进行色彩实验，色彩的辨识误差通过数值来表示的一种参数，越接近 100 表示其演色性能越好。一般来说照度较高的光源，其演色性能较好（图表 3）。

3）照明器具

❶ 安装形态的分类

照明器具依据形态、安装方式及配置场所进行分类。具有代表性的分类如图所示，以室内设计为志向的人士建议牢记这些名称（图表 4）。

❷ 照明器具在配光上的分类

根据材料和形状，从照明器具上放射出来的光在扩散方式、强弱、照射范围等方面有不同的形式。

单从外观无法了解照明器具的照明效果，要根据器具的形状和材质（透明度）才能判断出器具的配光方向、配光曲线、上下光通量比等，因此记住这些概念，使用起来会很方便（图表 5）。

4）建筑照明一体化

不是指照明器具本身的照明方法，而是组合到建筑内部，通过建筑施工工程来安装，属于设备类照明的方法称为建筑照明一体化。这是一种看不到光源的间接照明方式，可以为室内设计营造出柔和的光环境。

除图表 6 所示的杯罩式、檐口式、均衡式之外，还有筒灯、吊线灯、顶棚灯、格栅灯、上射灯等照明方法。

■图表 4 根据安装方式的分类

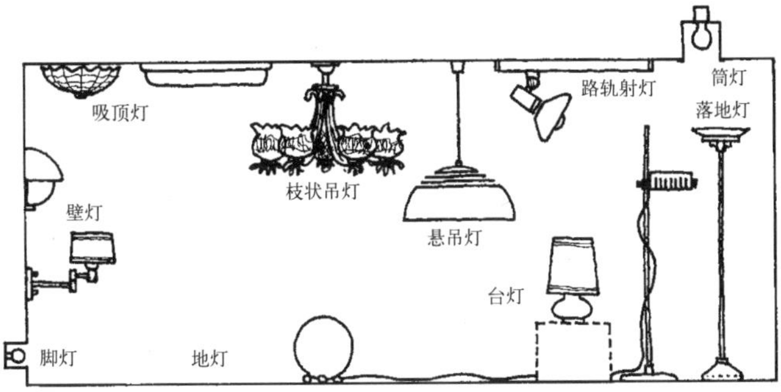

■图表 5 照明器具的形状、材料及配光特性

		直接照明器具	半直接式照明器具	全扩散照明器具	半间接照明器具	间接照明器具
配光方向		金属灯罩 悬吊灯 （底面敞开）	乳白色玻璃灯罩 悬吊灯 （底面敞开）	玻璃球形灯罩 悬吊灯	乳白色玻璃 悬吊灯 （顶部敞开）	金属悬吊灯 （顶部敞开）
光通量比	上方	0%~10%	10%~40%	40%~60%	60%~90%	90%~100%
	下方	100%~90%	90%~60%	60%~40%	40%~10%	10%~0%
配光曲线						
照明效果		•顶棚面变暗 •容易获得水平面照度 •垂直向下的照度变高，也容易发生光幕反射眩光 •只照射下部	•顶棚面和墙面有少量光照，与直接照明相比阴影相对柔和一些 •器具的亮度不至于太亮的效果	•像乳白色球形灯罩和灯笼的器具 •器具的亮度不至于太亮的效果	•顶棚面和照明器具都是明亮的效果不太容易出现昏暗效果	•根据顶棚及墙面的反射率其照明效率会有明显的不同 •物体的立体感较弱 •顶棚面明亮而器具有阴影

■图表 6 建筑照明一体化

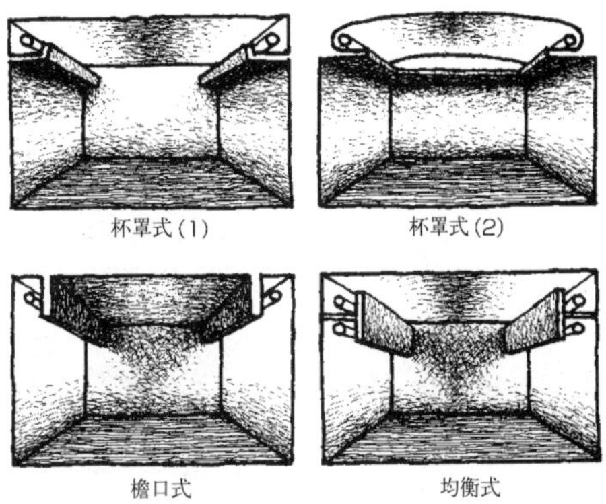

杯罩式照明是照亮顶棚的照明。通过顶棚的反射光柔和地照亮整个空间，杯罩（2）中利用曲线反射营造出柔和的、有层次的光线。檐口式照明是照射墙面的照明，墙壁变亮而顶棚变暗，均衡照明是顶棚和墙面都照亮的照明。通过调整灯与顶棚、墙面之间的关系，营造出美妙而不刺眼的光环境设计。

思考题

- 光源种类不同，肉及蔬菜的外观会发生变化。请确认一下它们在白炽灯和荧光灯下的不同。
- 观察一下照明器具的形状、材质与照明效果的关系。

3. 室内用品设计——③

窗饰

学习目标：窗户是确保采光、通风、眺望、阻隔雨和冷空气、连接内外空间的阻隔装置。在保证这些窗户的基本功能的基础上，学习各种窗饰的基础知识。

1）窗饰的功能

窗饰是"窗户的装饰"，是在确保窗户自身目的和功能的基础上，完善室内设计的舒适性。建筑物的位置、周边环境、窗户的开启方式、庭院及阳台有无出入、房间的用途以及使用者身体条件等，对窗饰都有影响。

❶ 遮光性

在卧室或白天放映影像时会有需求，要使用具有遮光性的材料，与墙体之间不要留有空隙。

❷ 隔热性

在寒冷地区，选择相应的材料，缝制时要注意在墙体和地面之间不要留有缝隙，这样会起到很好的防寒效果。

夏天，天窗会有很强的光照射进来。使用隔热材料的幕帘会减轻空调负荷。

❸ 隔声性

隔断外界的噪声，使内部声音不易泄露。

❹ 防燃性

使用有阻燃特性的材料可达到防止燃烧扩散的效果。

❺ 开关功能不同的窗饰种类

根据装饰和功能开发出了各种形式的窗饰，因此选择时应了解各自不同的性质和特点（图表 1）。

结合不同目的，有单独使用和组合使用的，在此基础上再配以颜色、花纹、材质，能搭配出不同形式的窗饰效果（图表 2），这也是展示设计师创作手法和能力的一个看点。

■图表 1 根据窗饰开启方式的分类

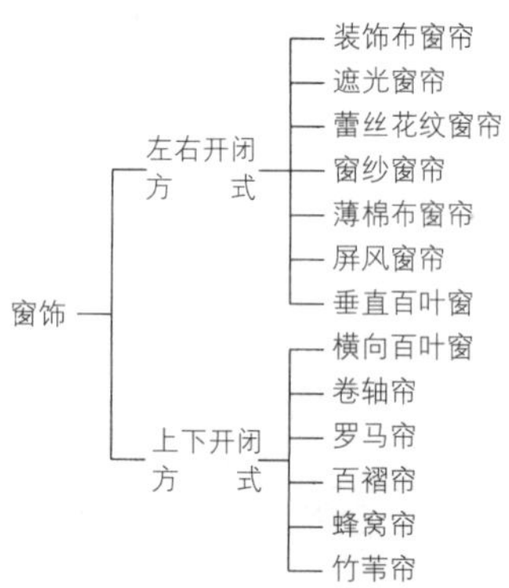

■图表 3 窗帘杆的安装

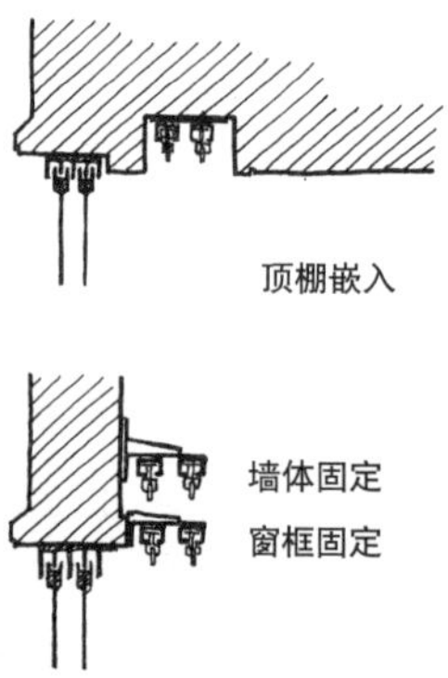

■图表 4 窗帘杆

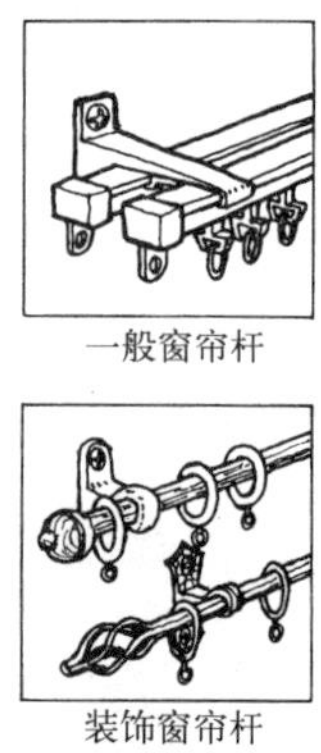

■图表 2 各种组合形式的窗饰

上下 2 层吊帘

竹苇帘＋平波窗帘

双面摆动窗帘

2）窗帘

❶ 窗帘的构成要素

窗帘盒 有通过装修工程加工制作的埋入顶棚方式、窗帘杆钉在墙体上再安装窗帘盒等（图表 3）。

窗帘杆 有普通窗帘杆、装饰窗帘杆、曲轨窗帘杆、伸缩吊杆式等（图表 4）。

窗帘的尺寸 窗帘通常是从地面往上 1cm 开始缝制，但在强调防寒性时，最好取消与地面之间的间隙。要预测好悬挂之后面料的伸缩幅度再慎重决定尺寸（图表 5、6）。

皱褶 皱褶的数量和形式与窗帘的厚重感、保温、隔声功能有关，也受到裁剪尺寸的影响。（图表 7）。

窗帘配饰 窗帘由诸多要素构成，配饰的种类也很繁多。要充分比对诸多搭配方式之后，再确定与室内设计相协调的方案（图表 8）。

❷ 窗帘的种类

窗帘有各种质地的面料，对面料的特殊要求主要在不易产生褶皱、尺寸稳定、防燃性能等方面。聚酯纤维有柔软而不容易产生褶皱的特点，丙烯酸纤维则有类似羊毛感觉的特征。

装饰布窗帘 指光线无法透过且面料较厚的窗帘。有用提花机编织出花纹和提绒编织物，也有用多臂机编织的无花纹、格纹、条纹等织物。

遮光窗帘 有提花编织的厚实面料、真空蒸镀铝薄纸、聚氨酸树脂涂覆的窗帘等。

透花饰边窗帘 用编织物做成的有通透性的非纺织物窗帘。其中，以尺寸稳定（收缩）性、耐久性、耐光坚固性等方面均较优越的聚酯类材料占据主流。

窗纱窗帘 指有透明特性的织物的总称，有平织单色的、印花图案的、薄而脆手感的、泡泡纱状的、在透明面料上印上不透明珠光印花等，样式变化多端。近几年，在装饰布的室内一侧挂

■图表 5 落地窗的窗帘尺寸

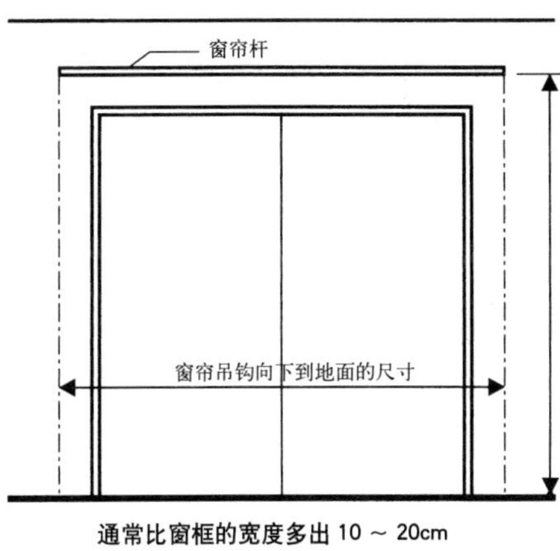

■图表 6 腰窗的窗帘尺寸

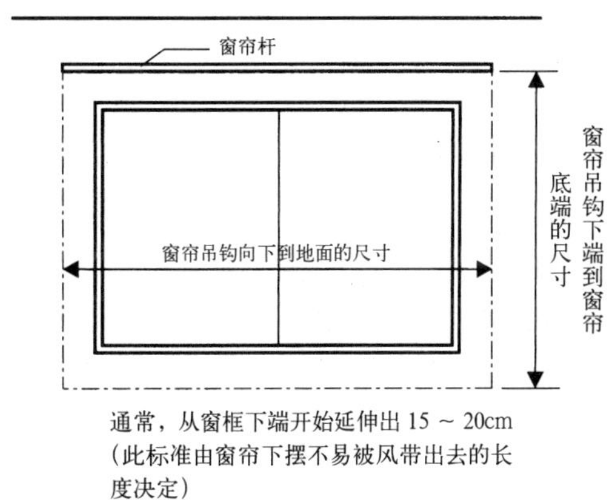

■图表 7 窗帘的折叠（打褶）

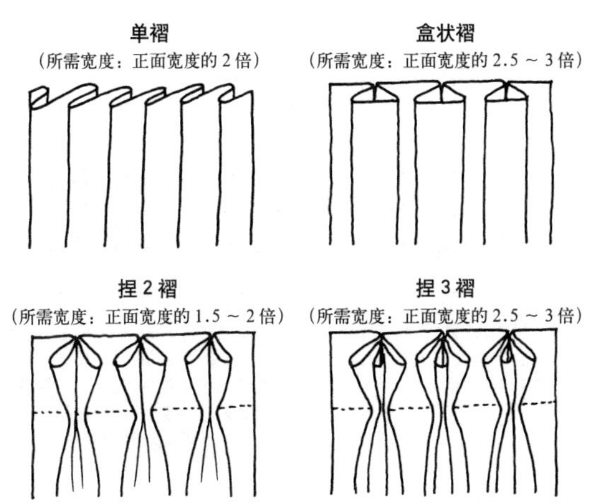

■图表 8 窗帘各部位种类及名称

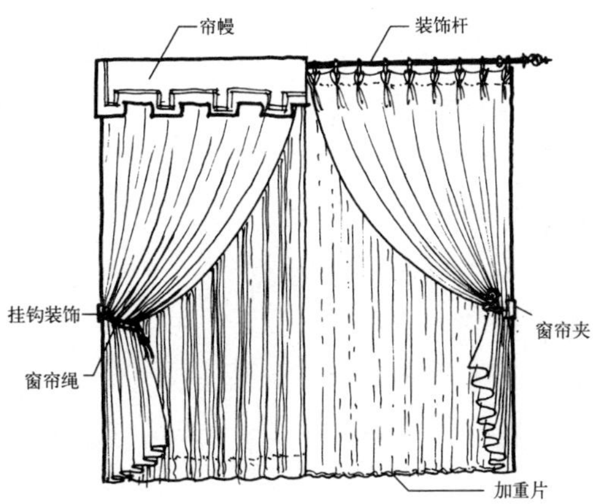

上窗纱的案例不断增多。

薄棉布窗帘 用多臂机编织的纱罗织物，即使用较粗的针编织也不会发生偏移。太阳光能透过，材料质感、色调的表现效果较好，常单独使用。

屏风帘 没有皱褶、呈板条状的窗帘，根据窗户尺寸确定宽度。可用于室内分隔隔断，应用范围较广（图表 9）。

3）百叶窗

❶ 垂直（纵向）百叶窗帘

纵向的百叶旋转后，能调节光量和视野范围，采取整体左右开启的方式。材料有布料、氯乙烯、铝片、玻璃棉、木质材料等，近几年，面料的颜色也很丰富，因此也开始在住宅中使用（图表 10）。

❷ 威尼斯式（横向）百叶窗帘

一边阻隔直射的日光一边保证光量，遮挡外部视线的同时摄入光线，具有灵活调整的特点。有木质的，但以板条上涂覆铝膜的产品占主流。板条的颜色可根据要求自由搭配，因此应用范围较广。不仅可以单独使用，与窗帘组合使用的案例也不少（图表 11）。

4）其他窗饰

❶ 卷轴帘

在棒上缠面料或者竹苇，利用拉拽方式使用。上下操作有幕布式、链条式、电动式等。为保证形状稳定，面料常用树脂加工。聚酯的面料居多，但也有 100% 遮光的玻璃棉、氯乙烯复合材料以及刨花木条编织的像竹帘一样的产品。这些还可

■图表 9 屏风帘

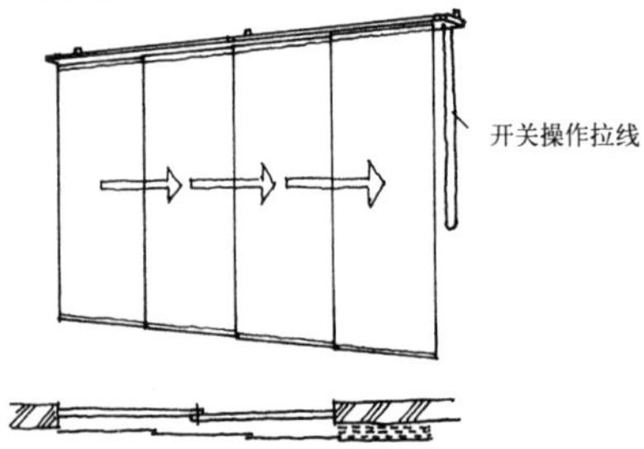

图表 10 垂直百叶窗帘

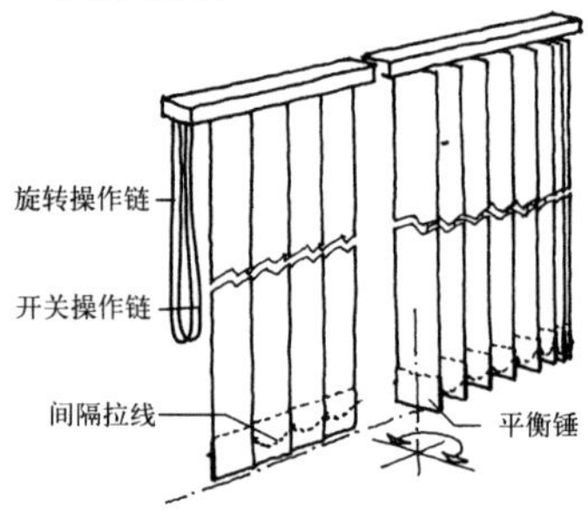

■图表 11 水平百叶窗帘

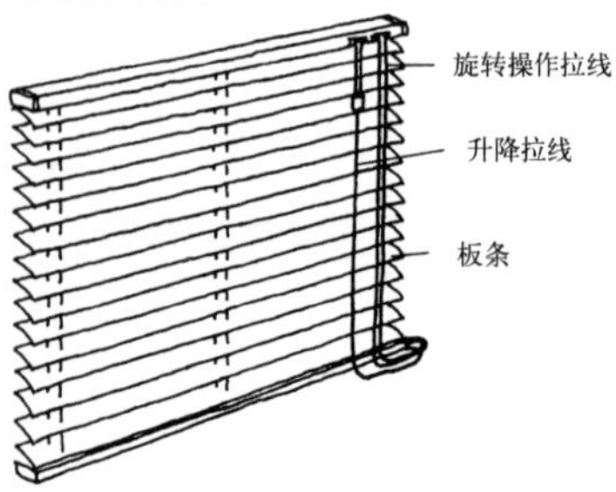

■图表 12 卷轴帘

■图表 13 罗马帘的结构及各部位名称

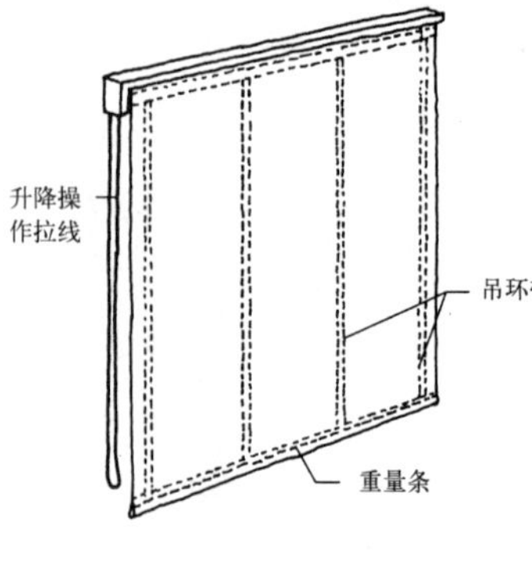

■图表 14 罗马帘的类型

名称	平面帘	折叠帘	气球帘	奥地利帘
类型	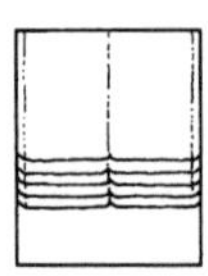	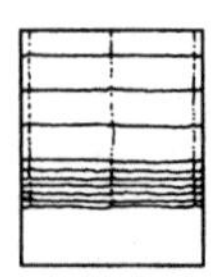	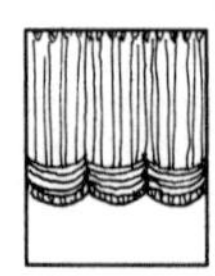	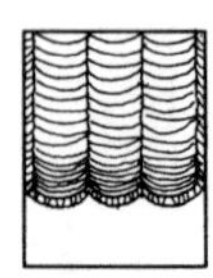
特征	平面状皱褶按一定间距向上折叠，是罗马帘的最基本类型。 装饰面料的选择范围比较大。	面料和细棍的组合，其特征是简单及有规则的线条排列。	拉拽时 U 字形褶皱可接连向上折叠，其特征是能营造女性般优雅的氛围。	窗帘整体全部打上褶皱，具有高贵儒雅的特征。也可使用在宾馆的门厅和剧场等空间中。

以与窗帘组合使用（图表 12）。

❷ 罗马帘

面料的内侧缝上细棒并用细绳拉拽的窗帘，根据缝制和拉拽方式，既能做出平面效果，也能做出装饰性效果。通常与透花饰边窗帘、卷轴帘并用（图表 13、14）。

❸ 百褶帘

以 25mm 大小反复折叠、通过上下拉拽的方式制成。有单一素材的产品，也有的产品组合使用通透性高低不同的素材，以有效调节光量（图表 15）。

❹ 蜂窝帘

幕帘的断面呈蜂窝状，在结构上形成空气层，具有隔热、隔声的效果。拉绳可以从内侧穿过，所以外观显得非常利索，拉绳的眼孔内不会漏射光线。由于是双层结构所以没有眺望性能，在有强烈日光照射的西侧窗户中使用效果最佳（图表 16）。

❺ 竹苇帘

竹子或芦苇用线连接的日本传统式幕帘，是作为遮光、遮掩视线、室内的分隔隔断来使用。夏天，竹帘可以称得上是日本的传统风景（图表 17）。

5）品质标志与消防法

❶ 品质标记

窗帘根据“家庭用品品质标记法”，要求责任性地标注上纤维的组成成分、所规定的伸缩性、难燃性、家庭洗涤方法、尺寸等。

❷ 防火规定

防燃与“不燃”不同，是表示“不容易燃烧”的特性，满足消防规范标准的物品称为“防燃物品”。防燃防火对象物（高度超过 31m 的建筑物、地下商业街、剧场、医院、老人福利院、宾馆等）必须有责任地使用“防燃物品”（图表 18）。

■图表 15 百褶帘

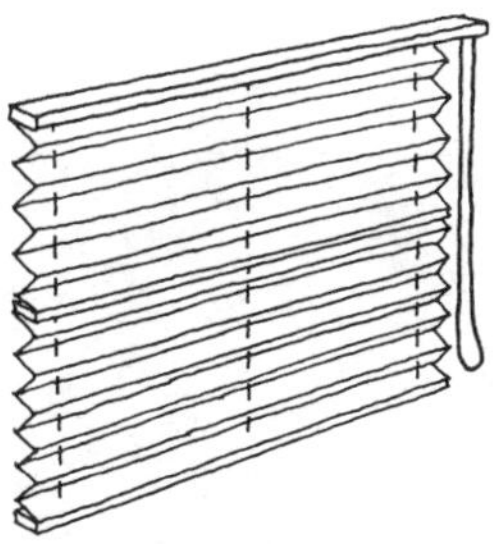

■图表 17 竹苇帘

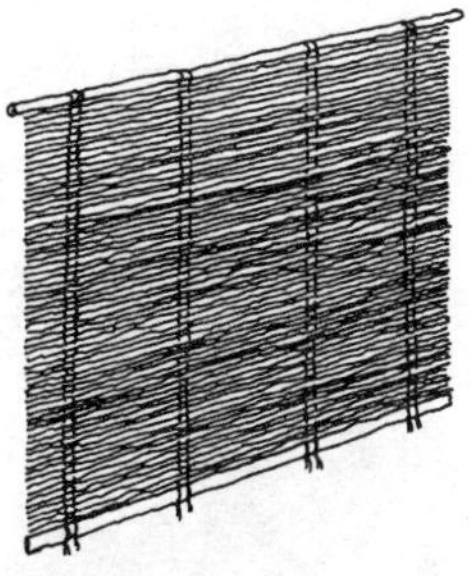

■图表 16 蜂窝帘

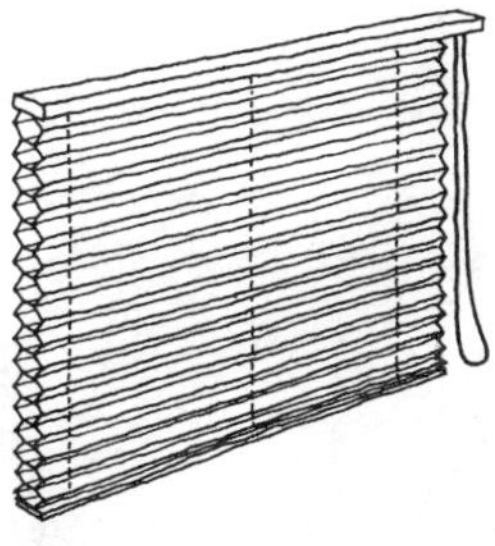

■图表 18 防燃标签

(A)	消防署许可 许可证号 防 火 财团法人 日本防火协会	洗衣机水洗及干洗后无需做防燃再处理的产品
(B)	消防署许可 许可证号 防 火 干洗后请再做处理 财团法人 日本防火协会	洗衣机水洗后效果不发生变化，干洗后需做防燃再处理的产品
(C)	消防署许可 许可证号 防 火 水洗后请再处理 财团法人 日本防火协会	干洗后效果不发生变化，洗衣机水洗后需做防燃再处理的产品
(D)	消防署许可 许可证号 防 火 洗涤后请再处理 财团法人 日本防火协会	洗衣机水洗和干洗后都需做防燃再处理的产品
原始面料标签	消防署许可 许可证号 防 火 许可证号 财团法人 日本防火协会	原件面料标签（不是缝在面料上的而是用线吊着的）在窗帘的原件面料上缝制，根据防燃特性与上述同样分为 4 类

● 利用防燃商品通过试验方法认定的商品，非不燃产品。请绝对不要接近烟火。

思考题

- 调查一下窗饰材料所带来的白天与黑夜表象特征的变化。
- 观察一下窗饰的形式所带来视线遮挡和光量控制上的不同。

■图表 19 窗帘的样式与风格

第三章

设计传达表现技法

1. 建筑图纸绘制方法——①

设计工程图纸——总平面图、建筑物概要、外部／内部面层材料表、平面图

学习目标：设计阶段重要的是借助效果图对空间发挥自由想象，而制图阶段的图纸要将方案严格遵照各项规定完整地表达出来。

1）什么是设计工程图纸

用效果图对建筑空间发挥自由想象后，要想将设计内容向其他人准确地表达出来，就需要制作"设计工程图纸"。设计工程图纸是"图纸"、"报价表"、"工程做法表"的总称。设计之后需要建设，因此在业主与施工者之间进行契约交涉时，这三点是必需的。在此对"图纸"实例进行讲解（图表1）。

2）总平面图

用地红线有道路红线和与邻接地相接的红线2种。要清晰地标记好用地前方道路的位置和宽度。建筑物的位置是以用地红线到外墙之间的距离来表示。除此之外，一定要标注指北针、比例尺、图纸名称。门扇开启方向、净化水槽、必须保留的树木等也要绘制出来（图表2）。

3）建筑物概要、外部面层材料做法表

外部面层材料首先应以设计师的审美意识为主，通过材质和颜色来表现。其次要对材料的耐水性、耐火性、力学特性、抗震性等各项性能加以确认，这些都是非常重要的。但最终也要考虑到不破坏地域的美观、对视觉环境的关爱等方面（图表3）。

■图表1 案例的概要

●外观模型

●内部透视图

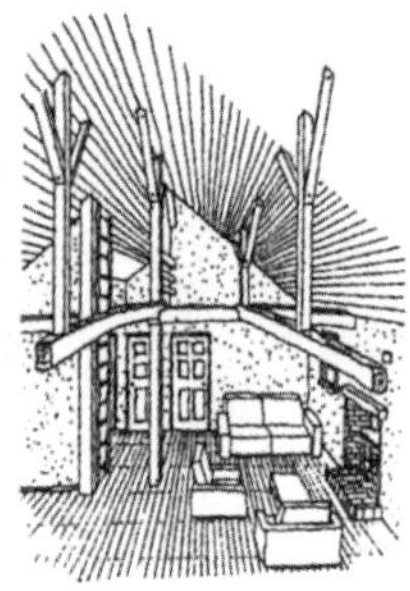

●设计理念

以"大自然中的天然"为理念，尽可能使用天然材料。外墙壁粘贴红松鱼鳞板，内墙壁使用硅藻土涂料，均采用不含甲醛的材料。整体意向以"英式木结构小屋"的设计理念进行统一。

案例／轻井泽别墅
设计／宫宇地一彦建筑研究所

■图表2 总平面图的案例

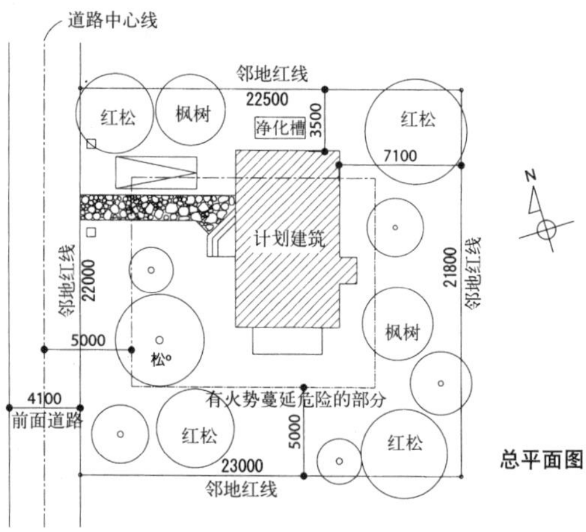

总平面图 1/500

■图表3 建筑概要及外部面层材料表

●建筑概要

用途：单户独立住宅
结构：木结构（传统结构方法）
占地面积：64.00m^2
建筑面积：61.50m^2
最高高度：5640mm

●外部面层材料表

屋顶：彩色石棉瓦满铺
屋檐下部：硅酸钙板 t=6 VP
屋脊：彩色不锈钢板压顶
外墙：松木鱼鳞板粘贴 t=15
窗框：木质窗框，双层玻璃
玄关门：木质门扇
雨水管：无
建筑地基周围：混凝土表面补涂灰浆
暖炉：砖式贴砖
阳台：柏木 OS

省略语	OP：油漆	CL：清喷漆	t：厚度
	OS：油性着色剂	PB：石膏板	@：间距
	VP：乙烯基涂料	ST：钢	

这些省略语适用于所有图纸。

4）内部面层材料做法表

将平面图中出现的所有"房间名称"列入表格内，各个房间的装修材料按照地面、踢角、墙体（墙裙）、线角、顶棚的顺序填好。备注栏内写上这些房间附设的家具内容。

在一个房间的同一部位使用 2 种以上材料时，可在同一个栏内用括号标注。有火源的厨房，必须使用"不燃材料"，因此墙体及墙体内侧的顶棚要使用像瓷砖、金属护墙板、硅酸钙板等对火源有较强不燃特性的材料，并在括号内标注清楚（图表 4）。

■图表 4 内部面层材料做法表案例

内部面层材料做法表

房间名称		楼地面	踢脚	墙体（墙裙）	线脚	顶棚	备注
客厅	面层	地板 t=20	木质 h=60	硅藻土涂料 t=5 （厨房：瓷砖）	聚氯乙烯	杉木板 t=12 （厨房：大型平板 t=6VP）	厨房系列 木炉 玄关储藏柜
	基层	结构用合板 t=12		多孔石膏板 t=9			
卧室	面层	地板 t=20	木质 h=60	硅藻土涂料 t=5 （厨房：瓷砖）	聚氯乙烯	杉木板 t=12 （厨房：大型平板 t=6VP）	盥洗室
	基层	结构用合板 t=12		多孔石膏板 t=9			
厕所 盥洗	面层	地板 t=20	木质 h=60	硅藻土涂料 t=5 （厨房：瓷砖）	聚氯乙烯	杉木板 t=12 （厨房：大型平板 t=6VP）	洗脸池、混合水栓、毛巾环镜子组合
	基层	结构用合板 t=12		多孔石膏板 t=9			
浴室	面层	贴地砖 300 × 300	无	贴瓷砖 300 × 300	聚氯乙烯	PVC 浴室骨架	
	基层	混凝土		墙体：多孔石膏板 t=9 墙裙：混凝土			浴缸 镜子 混合水栓

5）平面图

平面图内必须标注出各个房间的"房间名称"。这些房间名称将用于材料做法表及展开图中。像"卧室"这一房间名称与功能的含义基本一致，所以只标记此名称即可，但是如果遇到像在一个房间内的"客厅"，包括有起居、餐厅、玄关等多项功能分区时，则需要将客厅这一房间名称用长方形线条框出来加以强调，各个不同的功能分区再用较小的字体标注在各自的位置上。现场加工的家具（主体工程）用实线画出，成品放置的家具（额外工程）用虚线画出。图纸周边用尺寸线、尺寸值以及轴线号沿着 X 轴和 Y 轴方向分别标注清楚（图表 5）。

■图表 5 平面图案例

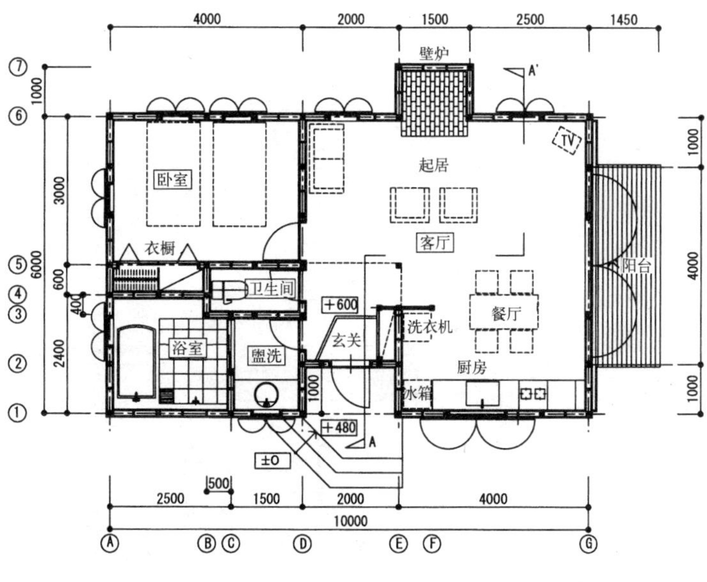

平面图 1/150

1. 建筑图纸绘制方法——②

设计工程图纸——立面图、剖面图、展开图

学习目标：设计阶段重要的是借助效果图对空间发挥自由想象，而制图阶段的图纸要将方案严格遵照各项规定完整地表达出来。

1）立面图

画出东、西、南、北4个方向的立面。建筑物建造于地面上，因此绘制地面线时左右要延伸出去。窗户和门扇的位置不要与平面图出现错位。立面主要部分（屋顶、外墙、窗框、雨水管、檐口等）的材料要标记清楚。新手大多的失误往往出现在檐口及窗框的厚度未用双线描绘（图表1）。

2）剖面图

是将建筑垂直剖切后，从横向角度看到的图面。用与水平剖切得到的平面图同样的操作方法来描绘。剖面图中的高度尺寸很重要。尺寸的读取方法和标注方法参照“节点构造详图描绘技法实例”（146～153页）（图表2）。

■图表1 立面图案例

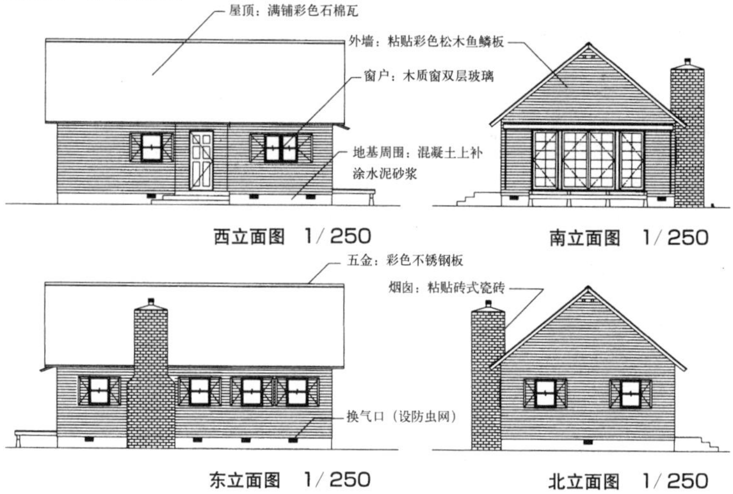

■图表2 剖面图案例

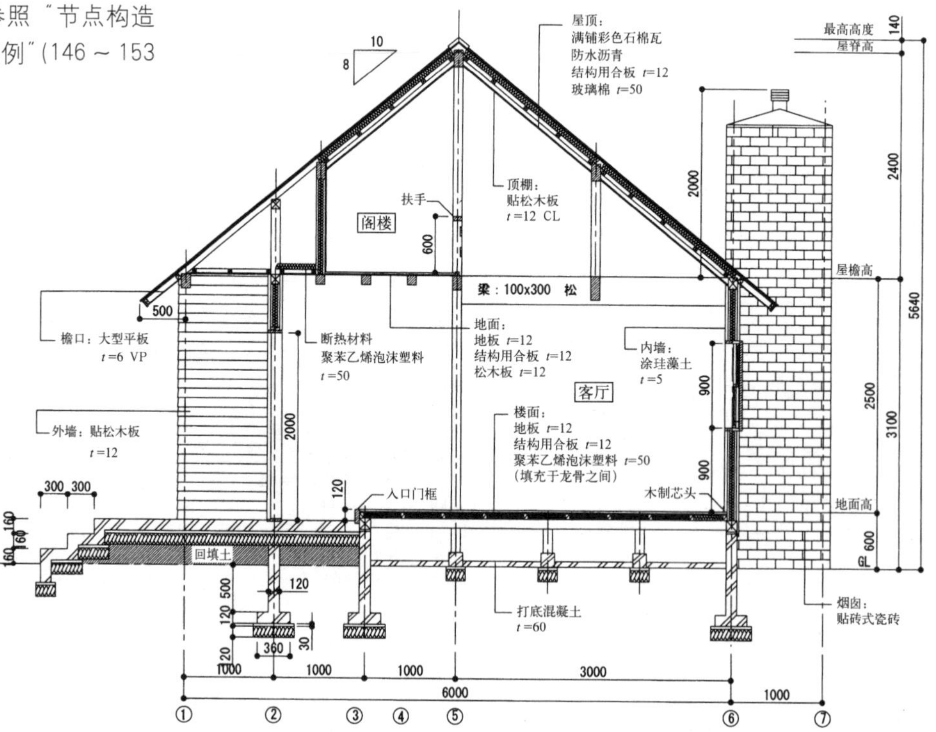

A-A′ 断面图 1/80

3）展开图

首先画出解说图，将4面墙体分别用A、B、C、D标记好。展开图的绘图原理最好是在此房间的中央站立时以能看到的部分来描绘。墙体内侧及顶棚内侧等看不到的部分无需描绘。现场加工的家具（主体工程）用实线绘出。业主将来自己购置的家具（额外工程）在其摆放位置上用虚线绘出。面层材料可直接在图面上标记清楚，在这里列举以表格方式归纳的绘制方法，客厅B展开图中像壁炉使用特殊贴砖材料时，要在图纸上特别标记出来（图表3）。

■图表3 展开图案例

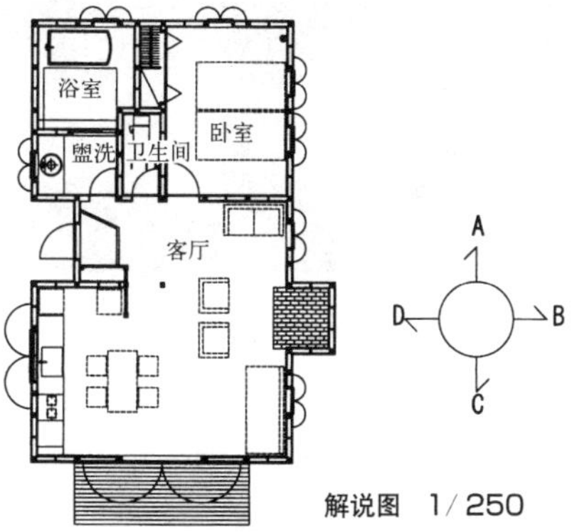

解说图 1/250

内部面层材料一览表

客厅	楼面：地板 t=20 踢脚：木质 h=60 墙体：硅藻土涂料 t=5 线脚：聚氯乙烯 顶棚：杉木板 t=12
卫生间	地面：地板 t=20 踢脚：木质 h=60 墙体：硅藻土涂料 t=5 线脚：木质 t=12 顶棚：杉木板 t=12

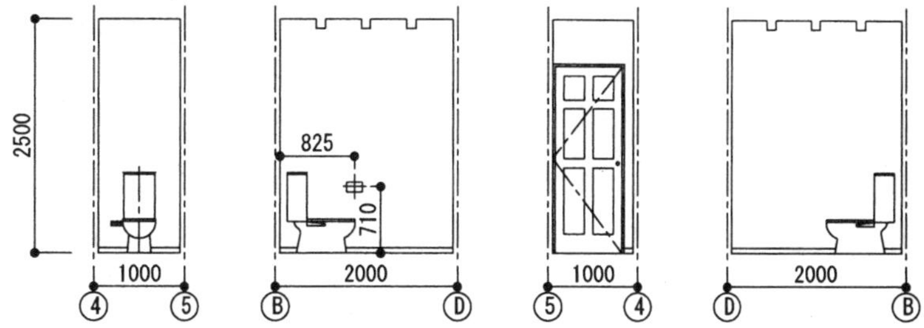

A 展开图　B 展开图　C 展开图　D 展开图

卫生间

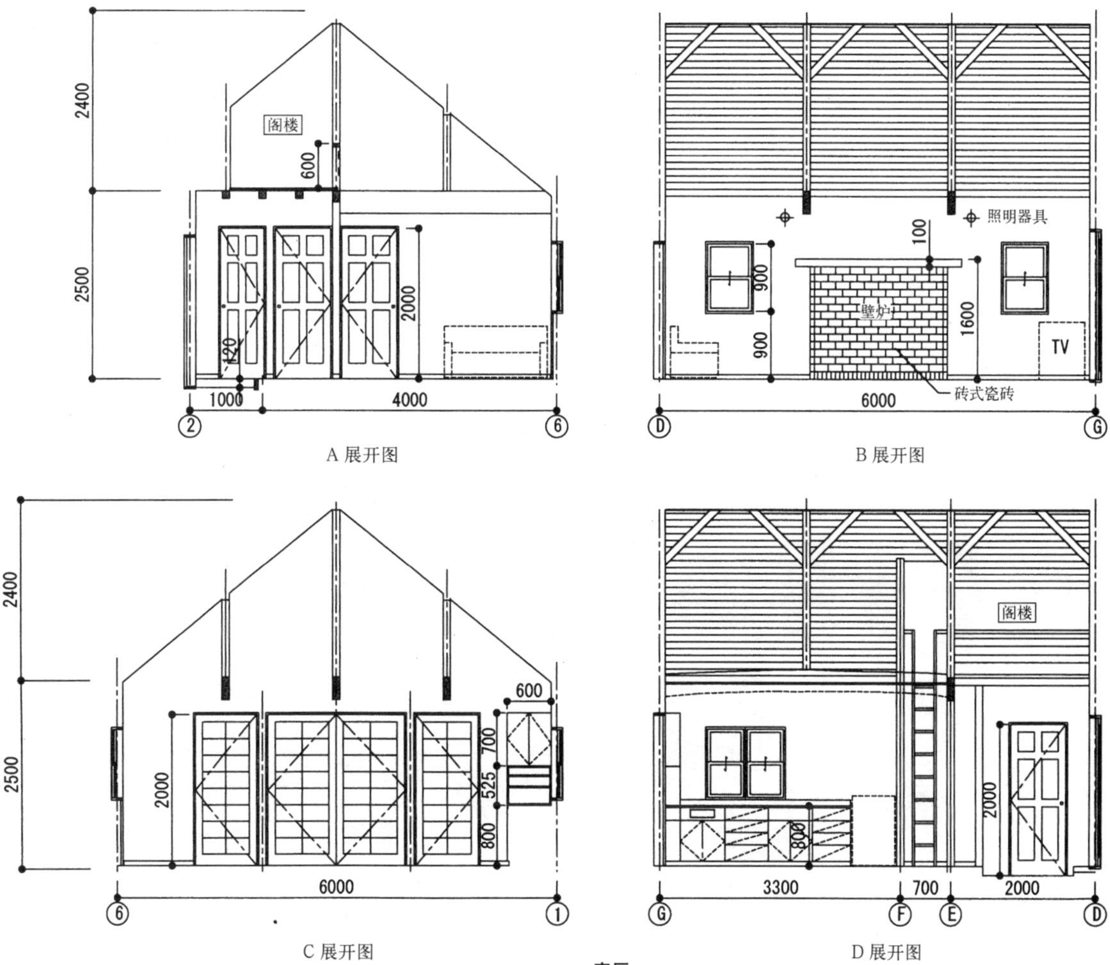

客厅

展开图 1/100

设计工程图纸——门窗表、基础布置图、地面布置图、顶棚布置图

学习目标：设计阶段重要的是借助效果图对空间发挥自由想象，而制图阶段的图纸要将方案严格遵照各项规定完整地表达出来。

1）门窗表

首先做出解说图，然后编制门窗列表。将各个门窗编上符号和编号后，按照编号依次绘制门窗大样图。门窗表中，金属门窗与木制门窗要分开绘制。这是由于它们的订制加工厂家不同。本节主要介绍的是小型住宅，因此将两种门窗归纳到一个目录表中。外墙上设置的门窗大样要绘出室内一侧的大样图（图表1）。

■图表1 门窗表案例

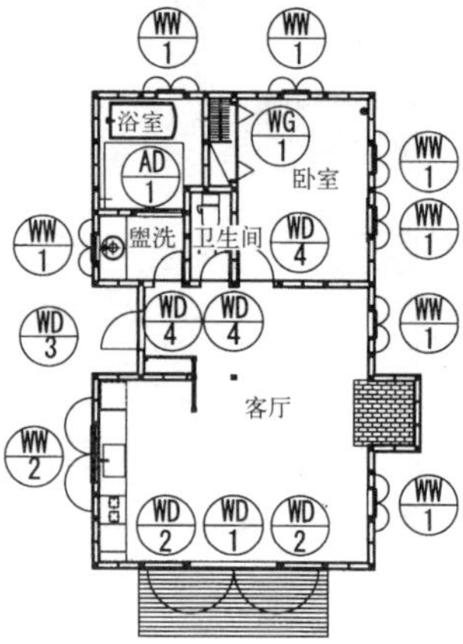

解说图 1/250

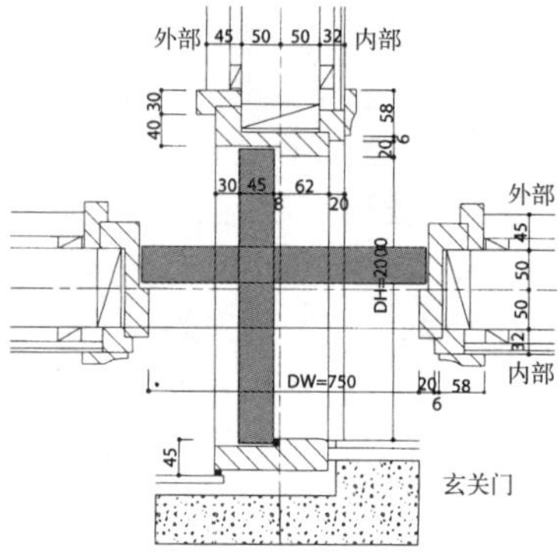

门窗详图 1/15

门窗表 1:100

	WW 1 上下推拉木窗	WW 2 上下推拉木窗 （双层）	WD 1 双扇平开木门	WD 2 单扇平开木门
大样图	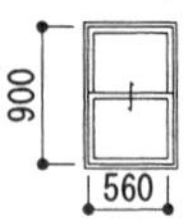	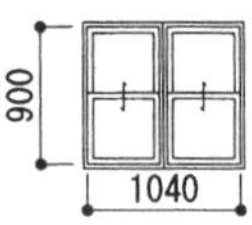	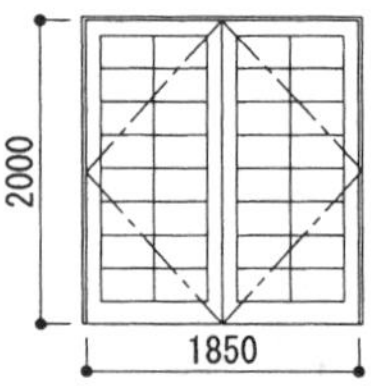	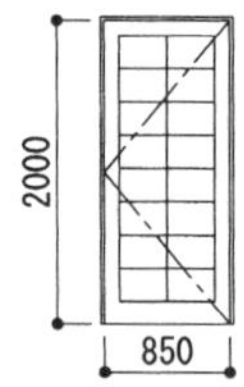
玻璃	中空氩气填充双层玻璃	中空氩气填充双层玻璃	中空氩气填充双层玻璃	中空氩气填充双层玻璃
五金件	月牙卡铁	月牙卡铁	手柄球、门扭	手柄球、门扭
位置	客厅、卧室、浴室、盥洗	客厅（厨房）	露台	露台
	WD 3 单扇平开外木门	WW 4 单扇平开内木门	WG 1 木百叶门	AD 1 3扇推拉铝合金门
	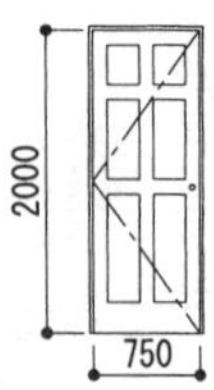	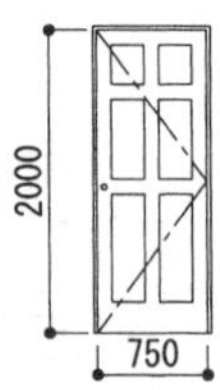 *盥洗室门宽度600	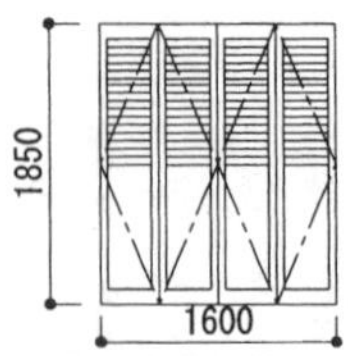	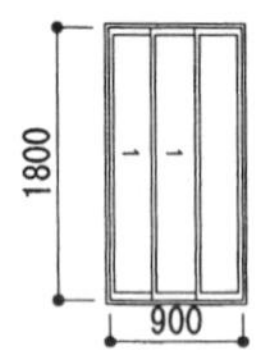
玻璃	无	无	无	磨砂玻璃 t=3
五金件	手柄球、指旋销、门枢	手柄球、指旋销、门枢	门枢、门吸	拉手
位置	玄关	卧室、卫生间、盥洗	卧室	浴室

省略语	AW：铝合金窗	AD：铝合金门	SD：不锈钢门
	WW：木窗	WD：木门	WG：木百叶门

2）基础布置图

木结构的基础有条形基础和独立基础2个种类。外墙基本都使用条形基础。围合房间用的间隔墙也使用同样的基础。大面积展开的地面，要按900间距排列上独立基础。浴室、玄关用混凝土整体浇筑。外墙下的独立基础要留出附设防虫网的换气口（图表2）。

3）地面布置图

绘出地面从下部开始起支撑作用的龙骨、木梁、基础梁这三个部分的结构构件。要记住，在条形基础上一定会出现基础梁。龙骨与木梁应直角相交形成一体来支撑地面，但是沿着建筑物的X方向还是Y方向设置，其原则上是自由的，详细内容参照“节点构造详图描绘技法”（146～153页）（图表3）。

4）顶棚布置图

最好站在地面，以仰视的状态去描绘最佳，但是真要用“仰视”角度来绘制顶棚图其实会很累，而看到图表4中绘制出来的实际图纸就能恍然大悟，知道如何去描绘了。需注意的事项是，使用火源的厨房顶棚要使用“不燃材料”，浴室的顶棚要使用“防水材料”。顶棚较高的共享大厅，用点划线的X标志来表示。

■图表2 基础布置图案例

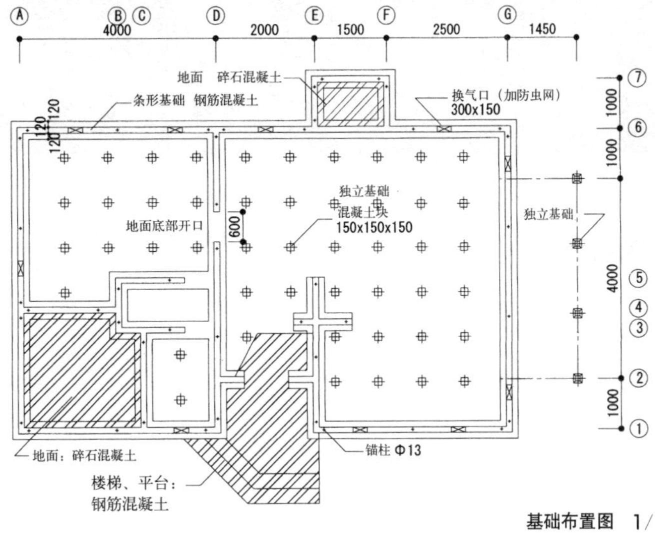

基础布置图 1/150

■图表3 地面布置图案例

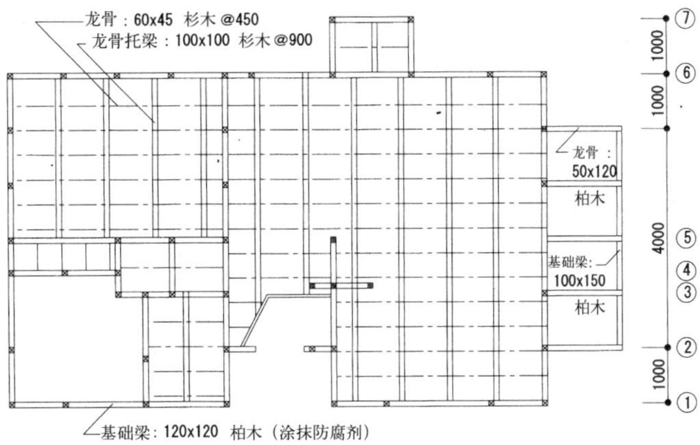

地面布置图 1/150

■图表4 顶棚布置图案例

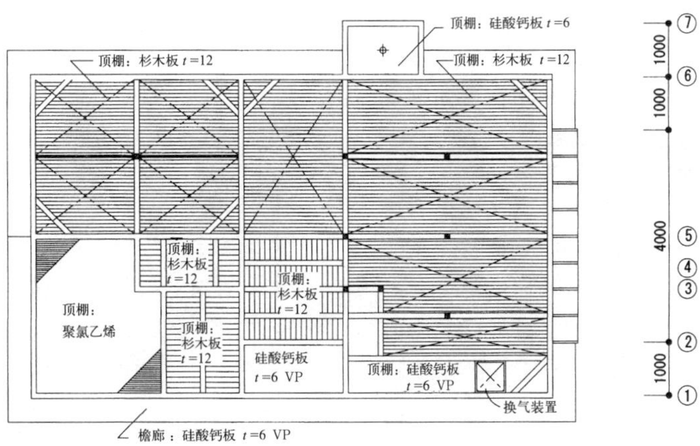

顶棚布置图 1/150

1．建筑图纸绘制方法——④

设计工程图纸——梁布置图、坡屋面布置图、平屋顶布置图、给排水设

学习目标：设计阶段重要的是借助效果图对空间发挥自由想象，而制图阶段的图纸要将方案完整地表达出来。

1）梁布置图

也有将梁布置图与坡屋顶布置图一同绘制的，但这样就会比较复杂，因此本节将这两部分分开进行描述。梁的作用是与柱子的顶部连接并承受上部屋顶的荷载。如何确定梁的高度（梁深）比较复杂，其粗略的计算方法可以参照"节点构造详图描绘技法"（146～153页）。坡屋顶立柱插入的位置用〇来表示（图表1）。

2）坡屋面布置图

日本由于多雨，木结构屋顶一定要做成坡屋顶的形式。也可利用坡屋顶去营造美观效果。屋顶具有调节太阳、风、雨、雪等气候条件的作用，坡屋顶桁架在力学上还起到支撑屋顶荷载的作用。屋顶主要通过椽子、檩条、栋梁、坡屋面桁架中柱等来支撑。梁按2跨度（约1800mm）的间隔插入比较合理（图表2）。

3）屋面布置图

从上空垂直向下观看建筑物而描绘出来的图纸即为屋面布置图。屋顶材料要选择具有耐日光、雨、雪、风等耐气候性材料。如果采用上人屋面，则要选择方便踩踏的材料。檐口、屋脊、山墙部分是材料相互结合的部位，应使用防水性和加工性较好的金属材料，且处理好漏雨（图表3）。

■图表1 梁布置图案例

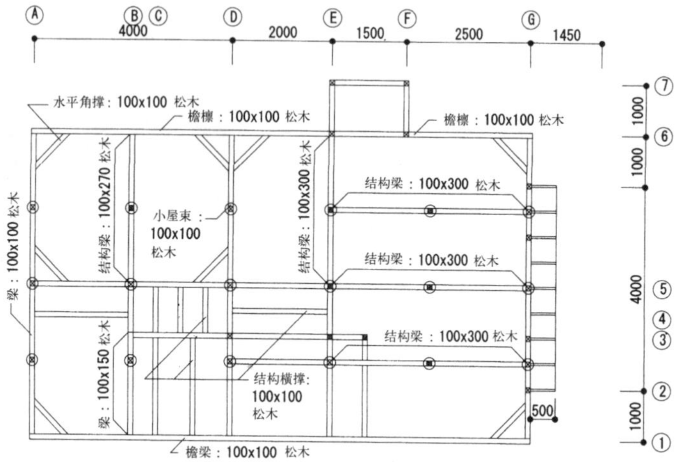

梁布置图 1/150

■图表2 坡屋面布置图案例

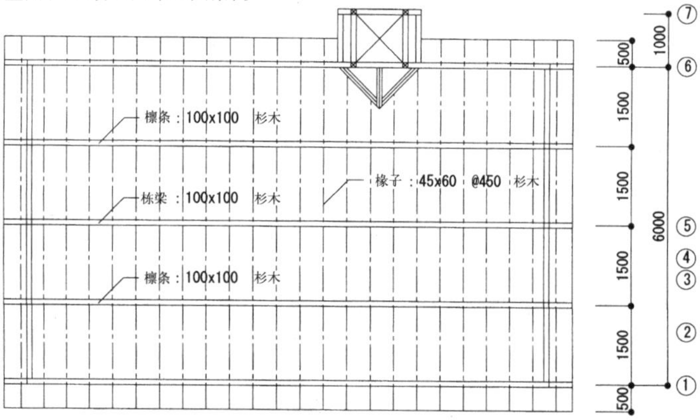

坡屋面布置图 1/150

■图表3 平屋面布置图案例

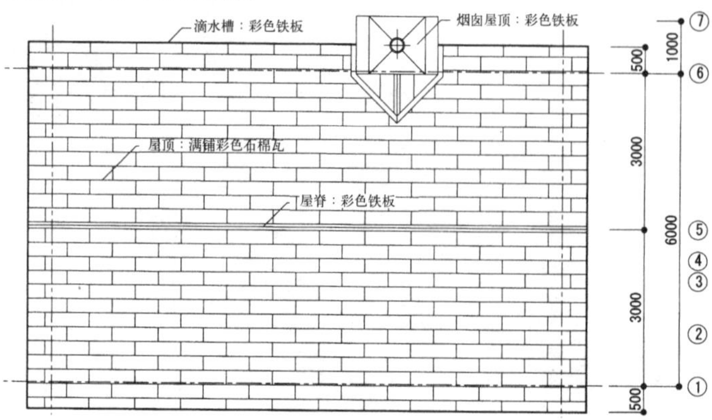

屋顶布置图 1/150

4）给排水设备图

首先要明确厨房、盥洗、浴室、卫生间等房间内使用设备器具的种类和位置。其次，将这些配管按顺序连接好（图表 4）。

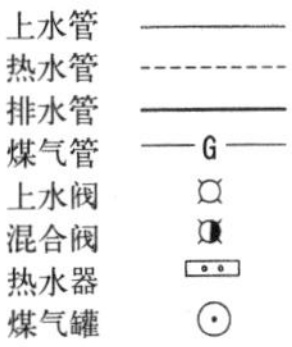

■图表 4 给排水设备图案例

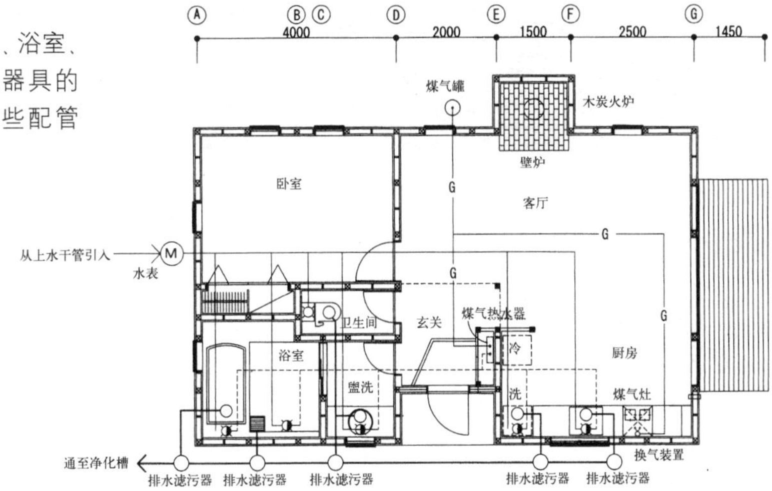

给排水设备图　1/150

5）电气设备图

首先确定好照明器具的种类和位置。其次，将这些与开关连接好。开关的设置要注意门扇的位置及开启方向。要先确定好电视、冰箱等电器用品的位置，再决定插座的位置（图表 5、6）。

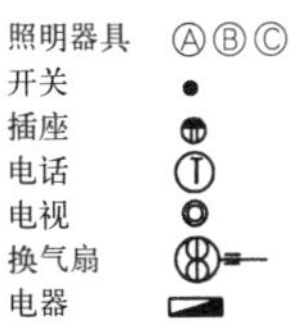

■图表 5 电气设备图案例

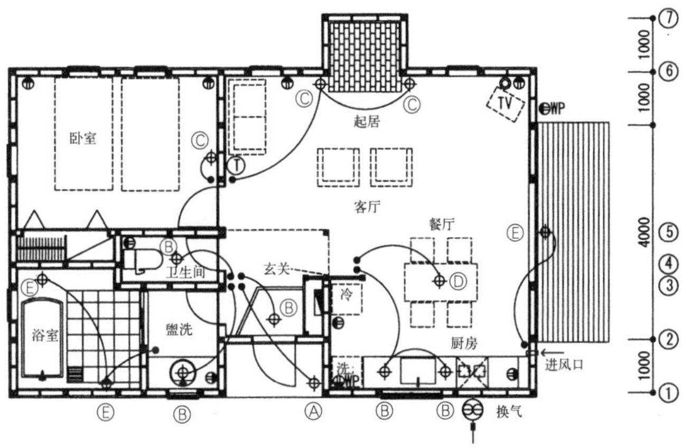

电气设备图　1/150

■图表 6 照明器具一览表案例

照明器具一览表

	Ⓐ 玄关灯	Ⓑ 筒灯	Ⓒ 壁灯	Ⓓ 垂吊灯	Ⓔ 防水型壁灯
大样	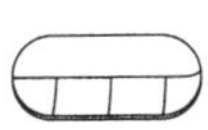 280×165×140(d) 1个	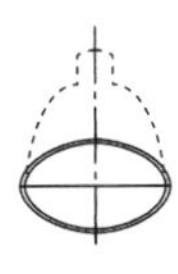 195φ×196(h) 5个	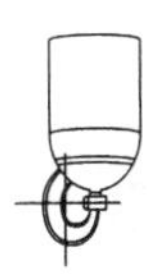 110φ×197(h) 3个	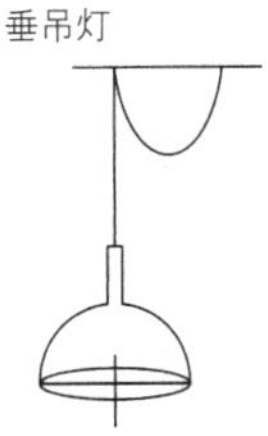 252φ×230(h) 1个	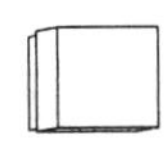 155×155×100(d) 2个
厂家名称	○○社	○○社	○○社	○○社	○○社
零件标号	39-50024-02-91	MD2819-01	MS1240-35	MP40114-37	MB50129-01
灯泡	荧光灯9 W	荧光灯42 W	白炽灯60 W	白炽反光灯 57 W	白炽氪灯 40 W
颜色	黑色	白色	铬合金	银色	白色
位置	玄关	厨房、盥洗、卫生间	壁炉	餐厅	浴室、阳台

思考题

- 请思考一下自由发挥构想的效果图与确保各项规定的工程图纸之间的区别。
- 确认一下设计工程图纸中有没有自相矛盾的地方。

2. 室内设计效果图表现——①

效果图表现技法

学习目标：正确理解设计表达的初始目的，学习对应不同目的的效果图表现技法。

1）室内设计效果图表现的思考方法

当开始建造建筑物（住宅等）时，对于委托方而言，感到最困惑的是无法事先看到完成的作品。住宅可利用现场展示、样板间等方法在某种程度上能达到接近真实的效果，但大部分与委托方实际拿到手的成品并不完全一致。

通常，通过解读建筑设计图纸（图纸、装修材料表等）来想象完成后的意向，如果不是专业人士，是很难做得到的。但是委托方对于是否能按自己所期望的那样完成，事先如果未知的话毕竟会感到不安。因此，利用效果图表现的方法，给普通的人看也能很容易理解，是能轻松理解竣工后整体意向的最佳方式。本节以解说室内设计效果图表达技法为主，同时也适当增加以往使用的技法和活用计算机绘图（以下称 PC）的方法。

■图表 1 手绘着色平面图

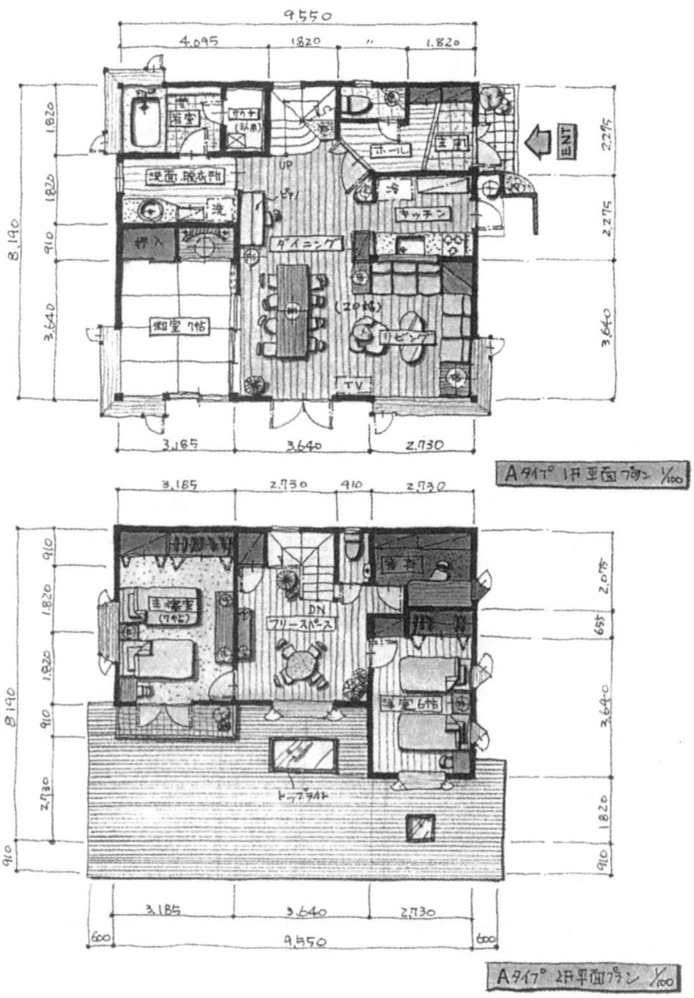

■图表 2 利用剖面图表达视线感觉

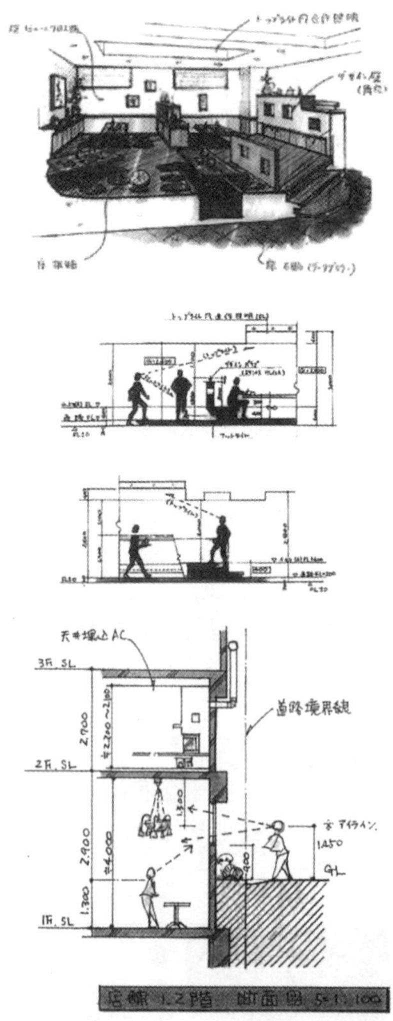

2）平面图、展开图、剖面图

将平面图、展开图通过效果图加以表现时，可以将墙体结构简化，实际使用的家具、室内陈设品等尽可能细致地描绘出来。同时，表现出木纹等构件表面的纹理，在此基础上附着以颜色，并适当表现出阴影效果，即使是平面图、展开图也能产生出立体效果（图表 1、3）。场景中表达出尺度感、视线、动线、开敞空间等意象，再描绘出人物就能达到更好的效果（图表 2、5）。

特别要留意的是，在利用 CAD 作图时，图纸的初期设定是依靠 CAD 软件自动完成的，同时图面在显示器上放大或缩小后与比例尺之间没有任何对应关系。因此一定要注意，当比例尺改变却仍按照计算机内的通用数据尺度去描绘时，就会造成细节部位过于细致而导致画面整体失调。另外，为使描绘图不显得单调，也要注意区分使用各种线型（特别是实线的粗细度）（图表 3 ~ 5）。

注）CAD（Computer Aided Design）称为计算机辅助设计，是利用计算机进行设计或利用计算机作为设计辅助工具。
还有解释成"计算机制图系统"Computer Assisted Drafting，Computer Assisted Drawing 等。

■图表 3 CAD 平面图（集合住宅）

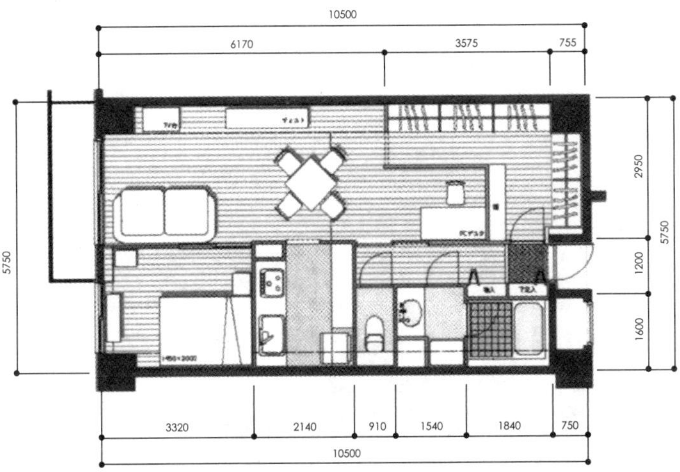

■图表 4 CAD 展开图（店铺）

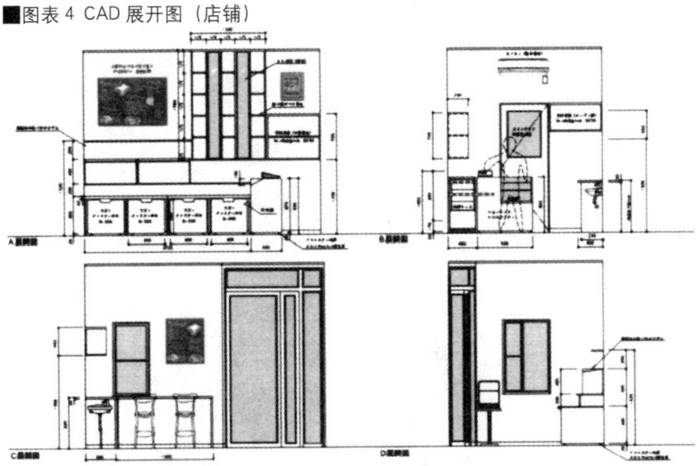

■图表 5 平面图中表现人物的案例

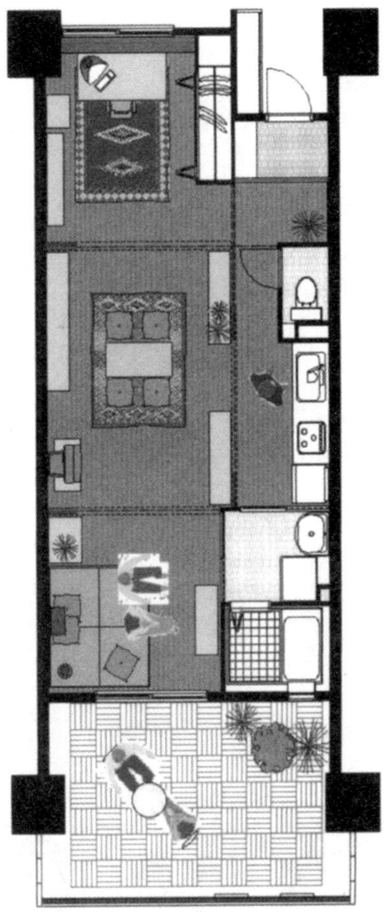

思考题

- 如果自己是委托方，要提供哪些资料才能达到容易理解的目的。
- 效果图表现中还有哪些其他的表现技法，自己调查一下。

2. 室内设计效果图表现——②

透视效果图

学习目标：能表达预想效果的最佳手段是使用透视图，它的技法表现多种多样。在理解有哪些表现方式的同时，学习恰当的灵活使用方法与技法。

1）室内设计透视效果图的种类

理解透视原理后再进行作图表现是透视效果图最基本的。透视原理有平行透视法（一点透视法）、有角透视法（两点透视法）、斜角透视法（三点透视法）（图表 1），应结合所要表现的具体内容来区分使用。室内设计效果图大多使用一点透视、二点透视。最近也开始普及利用 PC 通过 CAD、3D—CG 等完成效果图的表现。各种方法都有各自不同的特点，所以要学会能结合不同场景选择最佳的表现方式。

2）手绘透视效果图

手绘透视效果图的优点是为了传达手绘思想，利用变形的手法（强调、省略等）加以表现，这是这一手段的独特之处。与全部使用写实的表现手法相比，手绘是以透视原理为基础，将重要的关键点以更有效的表现手法来完成，在表达设计者意图方面能够发挥很好的作用。但是要注意，不能失去尺度感，这是最重要的。手绘效果图的表现技法多种多样，有只用铅笔等的线稿图，也有用彩铅、水彩、水粉、马克笔等工具进行着色的表现技法（图表 2、3）。

■图表 1 透视原理图

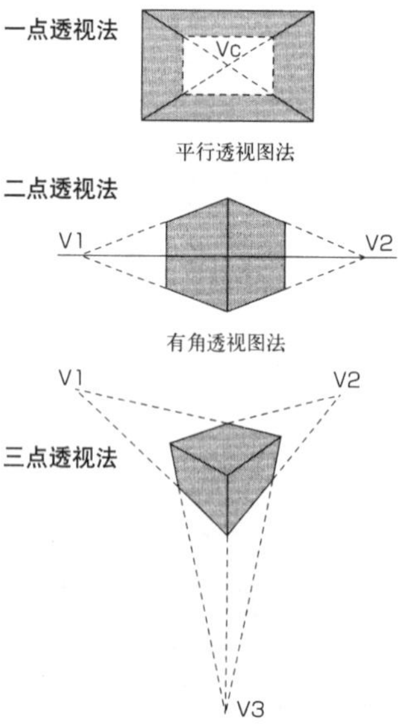

■图表 3 马克笔着色的材料表现

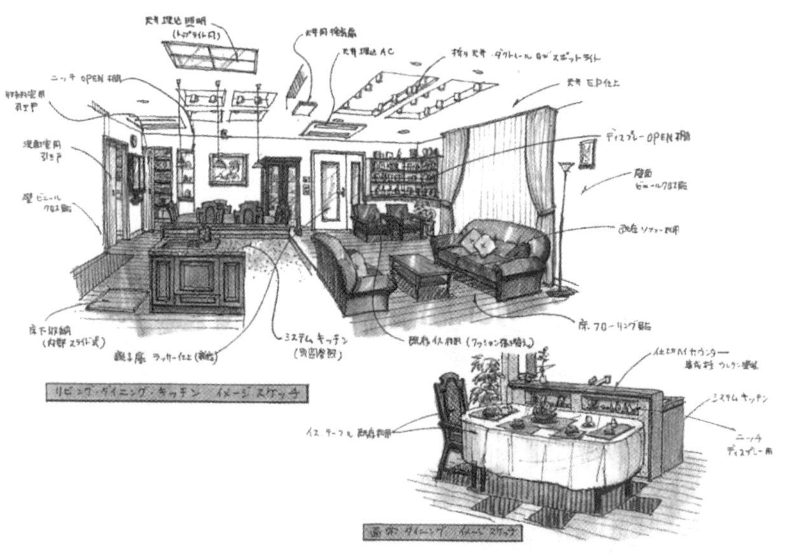

■图表 2 线稿手绘透视效果图

3）CAD 描绘的效果图

如果用的是 CAD 来绘制建筑图纸，那么以这些建筑图纸为基础直接生成效果图，也是非常合理的作图手法。最近能将 CAD 软件自动生成 3D 的表现方法开始多起来，它有在建筑内部游走并改变不同观察视点的“预演”功能（图表 4），有能真实表现出材料表面质感（纹理）的“映象”功能，是一个应用范围很广的效果图表现软件。还有使用 CAD 的线稿透视图作底样，在其上用手绘效果表现出面层材料的质感纹理等方法（图表 5）。

4）灵活使用 3D–CG 透视效果图

3D–CG 的透视效果图在写实表现上占优势，能将所表现的内容像照片或摄影图像一样呈现出来。最近在住宅（公寓）的销售活动中，以往建好样板间后通过照相摄影来展示的形式被取代，而是在设计完成后直接生成 3D–CG 透视效果图、并作为室内及外观的样板制作成宣传册。这种方法，能尽早地使用栩栩如生的视觉效果来促进销售（图表 6）。

注）3D–CG（3Dimensional computer Graphics）是指三维计算机绘图。将设想的三维空间形态转换成数据，并将这些数据通过平面投射生成效果图的计算机绘图。3D–CG 的优势是能像照片那样进行写实表现，视点变换自由度高，模型一旦建成能很容易转换成动画。

■图表 5 CAD 打底马克笔上色的作品

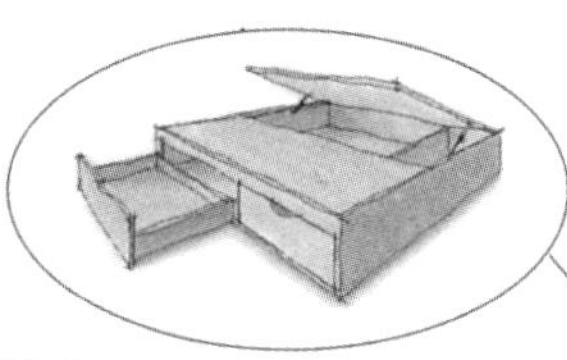

■图表 4 利用 CAD 的预演表现

■图表 6 3D–CG 生成的室内透视

思考题

- 站在制作者及委托方的立场上思考一下各种表现技法各有怎样的优势。
- 试着找一下，CAD 预演方式中理解方便的最佳观察角度。

2. 室内设计效果图表现——③

轴测图与意向图

学习目标：学习透视效果图以外的立体投影图表现技法并理解它的方便性。还要了解如何利用意向图归纳整理出实际要使用的部件材料，尽可能减少表达上的失误。

1）家具、家庭用品的手绘

与以往相比，办公、店铺甚至住宅对以贮藏家具为主的定制家具的需求也同样在不断增长。这些定制家具可以结合现场要求确定各自的尺寸、材质、功能、五金配件、饰面材料（涂装等）。应与委托方仔细沟通，充分理解每个定制家具的样式和做法。在沟通时，需要有一个恰当的表达手段，而十分简便的表现方法则是轴测投影图、斜投影图。轴测投影图即 Axonometric，其中有等角投影图也称 Isometric，由深度、高度组成的 3 个轴的比例相同，能轻松地从平面图绘出立体图，因此经常被采用。此外还有二等角投影图、不等角投影图等（图表 1）。斜投影图中有斜二轴测图、斜三轴测图，还有利用正立面图形成正投影图来表现立体的形式（图表 2）。这些图式的表现方法也可用于表达空间整体效果。要学会并熟练到能与委托方在现场边描绘边进行设计讲解的程度（图表 3、4）。

■图表 1 轴测投影图与斜测投影图的参考案例

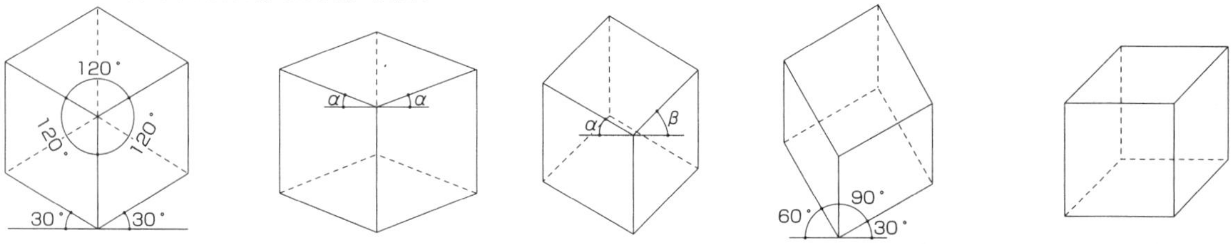

等角投影图　二等角投影图　不等角投影图　轴测投影图（简易法）　斜投影图

■图表 2 斜轴测投影图（左）与斜轴测投影图（右）

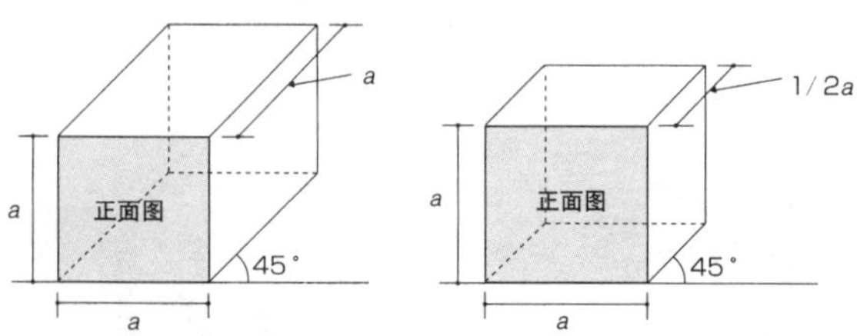

宽度、高度、深度的比例为 1：1：1 来描绘的图示方法

宽度、高度、深度的比例为 1：1：0.5 来描绘的图示方法

■图表 3 斜二轴测投影图表现的案例

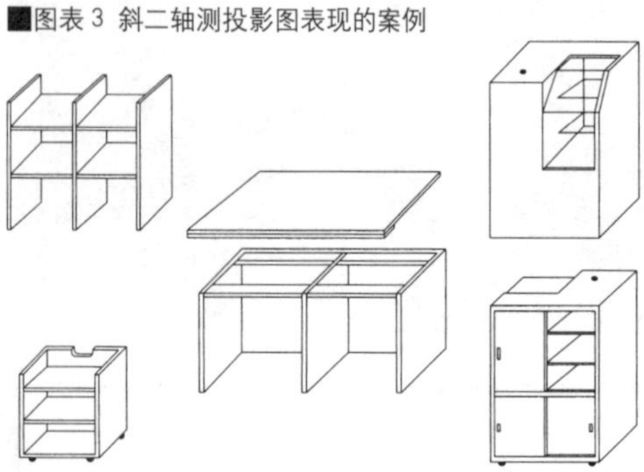

■图表 4 二等角投影图表现的案例

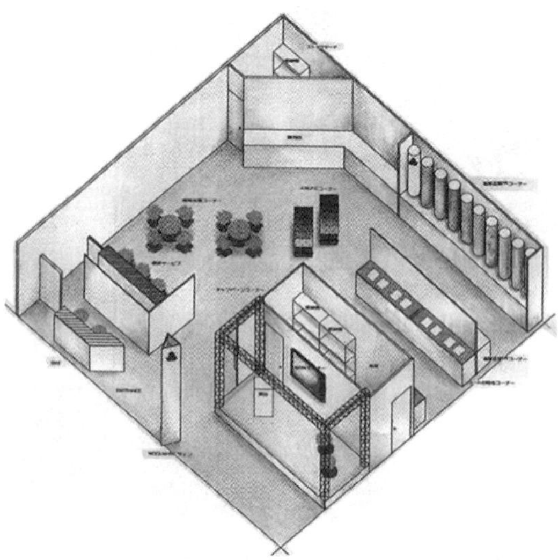

2）室内设计意向图

在传达室内设计方案时，也有利用意向图来进行效果展示。意向图中有利用照片作参考的手法，也有粘贴实物样品等其他技术方法。这些都有各自不同的特点，要在充分理解这些差异的基础上再灵活运用。

❶ 利用图片合成的意向图

图片合成的操作方法是灵活运用产品照片、意向图片及图纸等。以往采取的是粘贴产品样片或杂志的方法。但是最近，出现了很多将各个厂家在网络上上传的产品图像或者数码照片、大样图、扫描图等通过PC加工完成的方法。这种手法在表达室内设计氛围及意向上十分有效，但是打印出来的图册，在后述的色彩图谱中，对把握材料的质感及色彩准确度上会有欠缺，要引起注意。这种操作还必须使用图像处理软件及图面排版软件等（图表5、6）。

❷ 利用实物样品制作图片采集卡

这种手法是以楼面、墙体、顶棚的面层材料及织物等实物样品为基本，是开展色彩设计的有效方法。因为主要使用实物及色彩样片（涂料样本手册等），因此能明确了解色彩和质感，也能用于确认整体配色效果。但是因光源的差异会使颜色产生偏差，也会出现因为样品尺寸过小而无法辨认花纹的现象。因此，要考虑所使用场所的明亮程度及光源的种类，根据情况可能还需另外准备更大规格的样品卡片（图表7、8）。

■图表5 照片与透视效果图组成的意象图

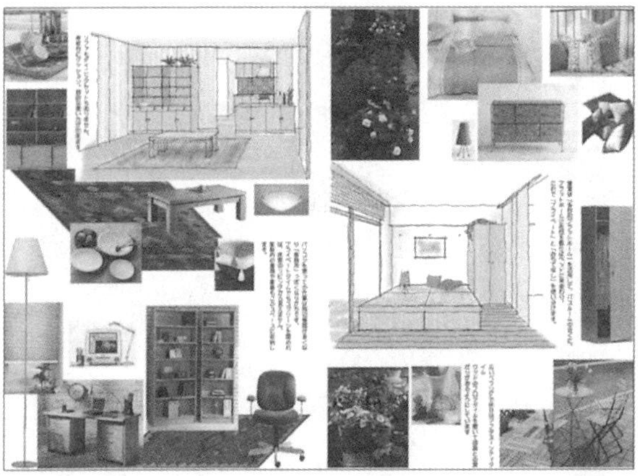

■图表6 平面图与产品照片组成的意象图

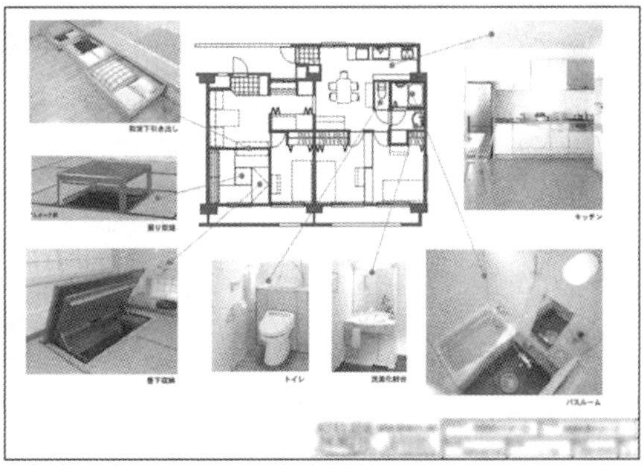

■图表7 实物样品的意象图

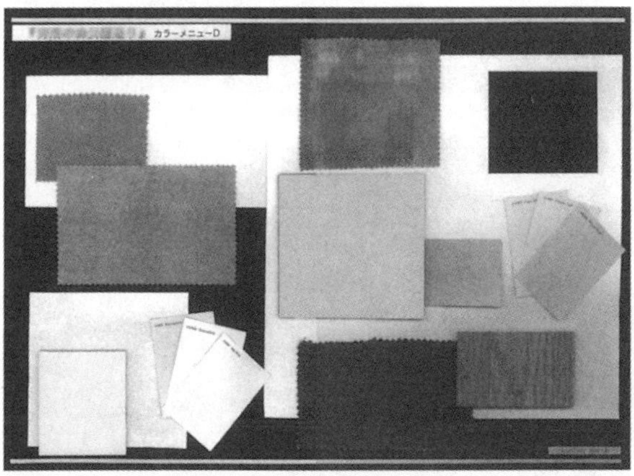

■图表8 以装修材料表的形式归纳的图片采集卡

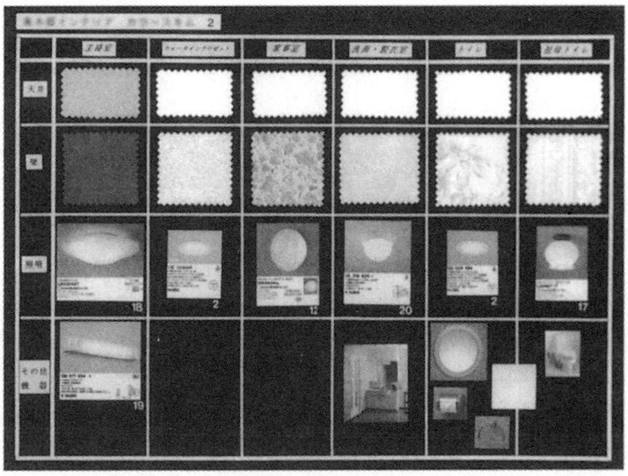

思考题

● 试着绘制并比较一下哪种图示技法最容易描绘，哪种最容易理解。
● 请思考一下哪种意象图能更容易表达设计理念。

2. 室内设计效果图表现——④

计算机表现与室内设计模型

学习目标：灵活使用今后会逐步普及的 PC 去学习效果图表现，扩大表现技法的范围。同时也学习运用模型把握空间的优势。

1）灵活使用 PC 的效果图表现

商务谈判中，利用 PC 作幻灯演示的形式已成为标准模式，而笔记本电脑以及便携式投影仪的普及，实现了在讨论现场进行效果演示。从解说方案的策划理念到设计规划、完成意向的透视效果展示，通过一项项效果演示能加深委托方对方案的理解，同时也能很顺利地将设计者的意图完整地表达出来（图表 1）。除此以外，还有照片合成的模拟表现（图表 2、3）、色彩调和分析时各种色彩变化演示、CAD 预演形式的实时表现、3D 动画的影片片段等展示方法，甚至在网络上提供演示等手段也开始普及（图表 4），运用 PC 的效果展示对于设计者、设计师、协调者来说已成为一种必不可缺的手段。

■图表 1 幻灯效果表现的简短画面

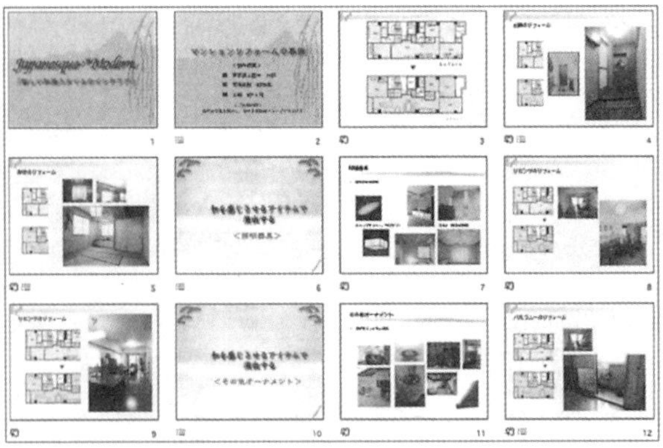

■图表 2 利用原始图像（上）与合成照片（下）的效果表现

■图表 4 网络上效果展示服务的画面

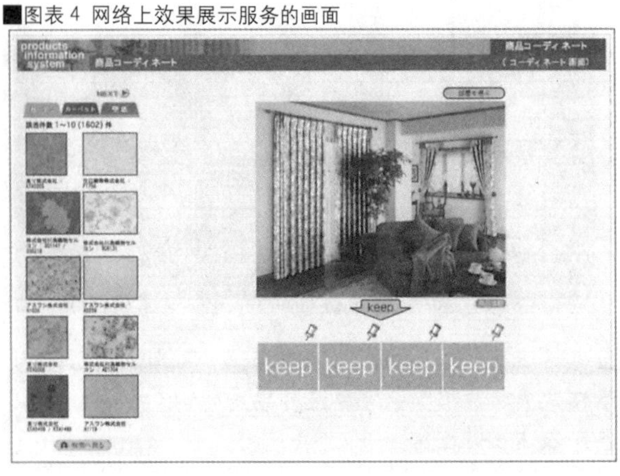

■图表 3 实际完成的店铺

2）室内设计模型

说明室内空间的组成及动线、配光等的有效手段是模型演示的方法。室内设计的模型大都使用 1/50 ~ 1/20 的比例，这种比例能恰到好处地展现室内设计的材料质感及细节，因此材料的质感及应用能力就显得十分重要（图表 5）。制作模型用的材料基本是苯乙烯板、瓦楞纸、各种纸板、软木材等，辅助材料使用丙烯酸板、PVC 板、塑料棒、金属等。此外，在市面上，也有按不同比例销售的用于建筑模型的面层材料及树木等部件、家具，灵活使用这些部件能展示出更真实的、更有效的表现内容（图表 6）。

如果主要以空间布局及构成为讲解对象，也完全可以用苯乙烯板和白板纸加工制成素模型来表达。设计者在探讨空间形式时，也可有效利用这种素模型来推敲方案（图表 7）。无论哪一种，最重要的是一定要用准确的尺度完整地表现出建筑物的房间分隔及家具布置方式、地面高差关系、开口部位的位置及大小等。

在表现室内设计的面层材料效果时，如果所使用产品（地面材料、壁纸等）的纹理样片未按比例尺缩放而直接使用的话，就会出现不自然的饰面效果。另外，制作出来的模型，如果从人的视点下方进行拍摄，则拍出的照片可以取代效果图，展示效果也很不错（图表 8）。

■图表 5 表现质感的模型

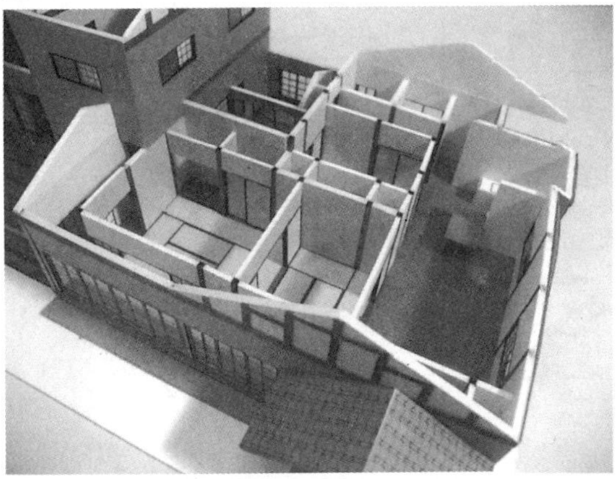

真实地表现出地面及墙壁等的质感

■图表 6 市场销售的模型零件

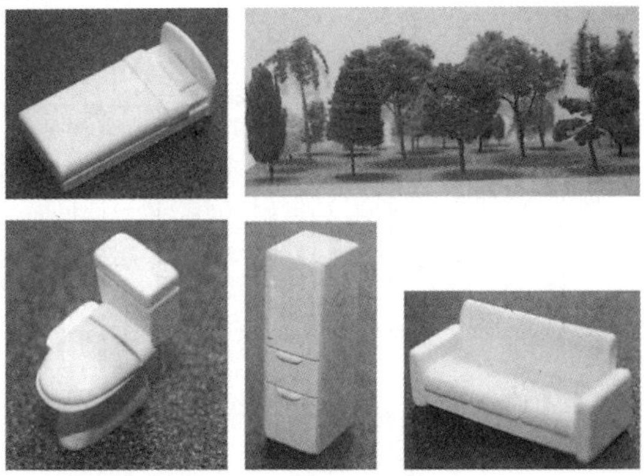

■图表 7 素模型

主要表现房间分隔和开口部位等

■图表 8 模型内部的照片

通过拍摄模型内部来抓取空间意象

思考题	● 调查一下是否还有其他在效果表现上能灵活使用的演示软件。 ● 思考一下周围是否还有对模型制作有帮助的材料。

■学生作品（学校内的实际测量训练）。在明信片大小的卡片上记录下9张。

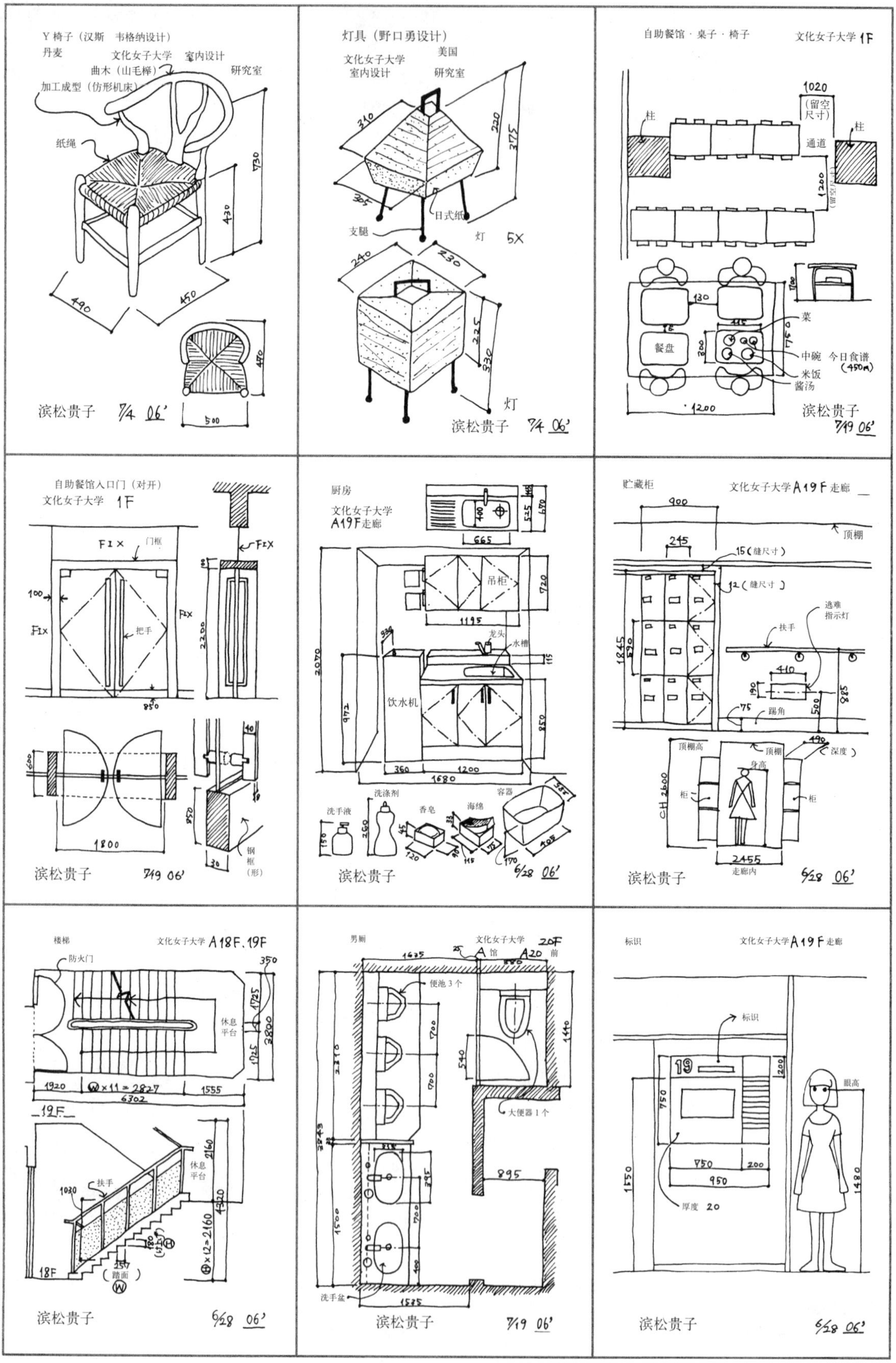

第四章
设计参考资料

1．物品及空间的实际测量——①

建立尺寸感觉

学习目标：设计也是与尺寸的较量。但是尺寸很容易被忽略掉。因此，在需要知道尺寸时，要像用卷尺测量出来的那样积累实测经验。

1）实际测量的关键

在室内设计中，除家具等的"物体尺寸"之外，还要留出人活动起来比较方便的"空余尺寸"，这一点很重要（图表 1）。尺寸除教科书中出现的标准尺寸外，还要记住实际生活中，自身周围使用的家具和空间 "尺寸"、"使用方便"或"使用不方便"的经验尺寸，这也是非常重要的。

2）烹调

很多人认为站着烹饪的橱柜台面高度和坐在椅子上用餐的餐桌高度是相同的，这要实际测量并确认它们之间的不同。吊柜是从棚顶垂吊下来的，所以很容易认为是从顶棚开始测量，实际上

■图表 1 实际测量的关键点

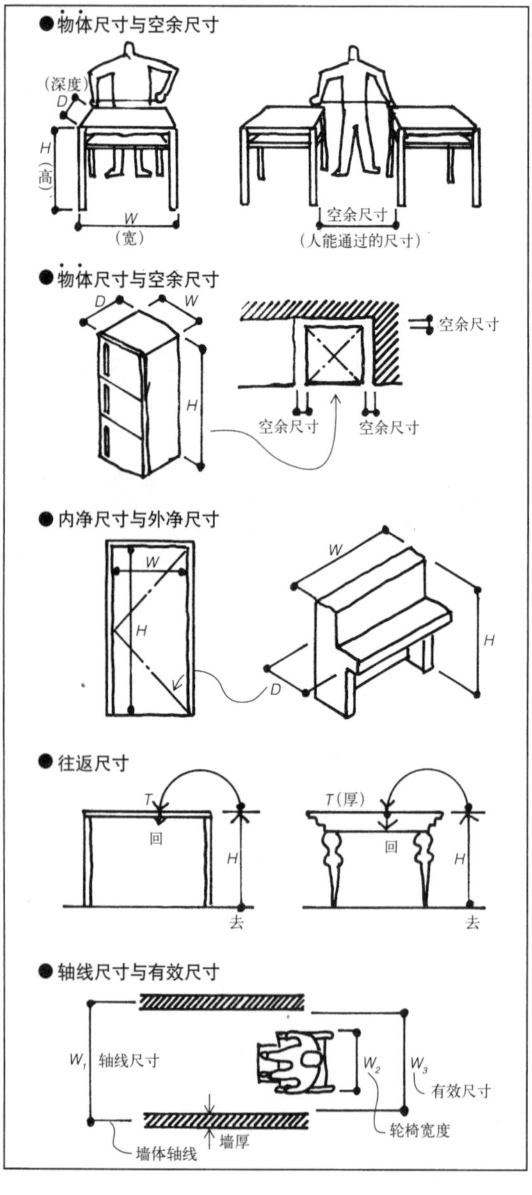

■图表 2 "烹调"的尺寸案例

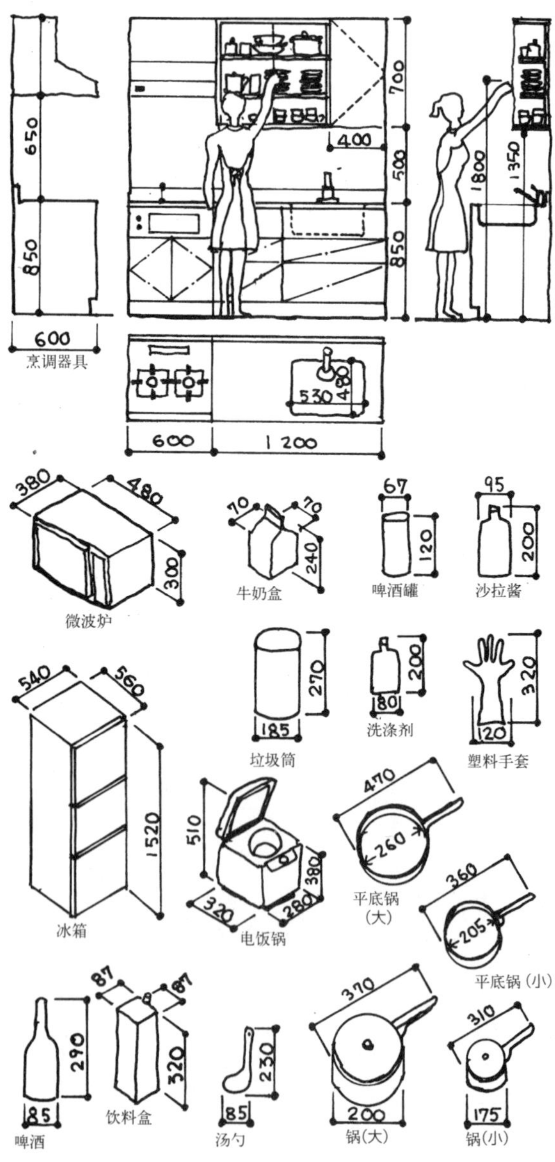

应该用站在地面手伸展的高度作为测量标准。不单是烹调器具，也要测量平底锅、炒锅等储藏物品的尺寸（图表2）。

3）用餐

除餐桌尺寸外，也要测量人走动时饭桌与墙壁之间预留出的空余尺寸。住宅中基本以4～6人用的饭桌为主，这个尺寸也能应用于自助餐厅中。此种情况，最好以就餐时的"交谈距离"作为基本尺寸依据。大型餐馆设计特别容易失去人体尺度感，因此要对住宅进行实际测量才能建立准确的尺寸感觉（图表3）。

4）家庭起居

住宅设计中，要判断好是"沙发派"还是"矮桌派（专指榻榻米上用）"，对家具进行实际测量很重要。大型宾馆大厅设计特别容易失去尺度感，要对住宅进行实际测量才能建立起准确的尺寸感觉（图表4）。

5）就寝

很多人认为床与榻榻米的尺寸是一样的，这是误解。就寝和更换床单都是在床的一侧操作，所以床与墙之间要留出一定的空余尺寸。被褥尺

■图表3"用餐"的尺寸案例

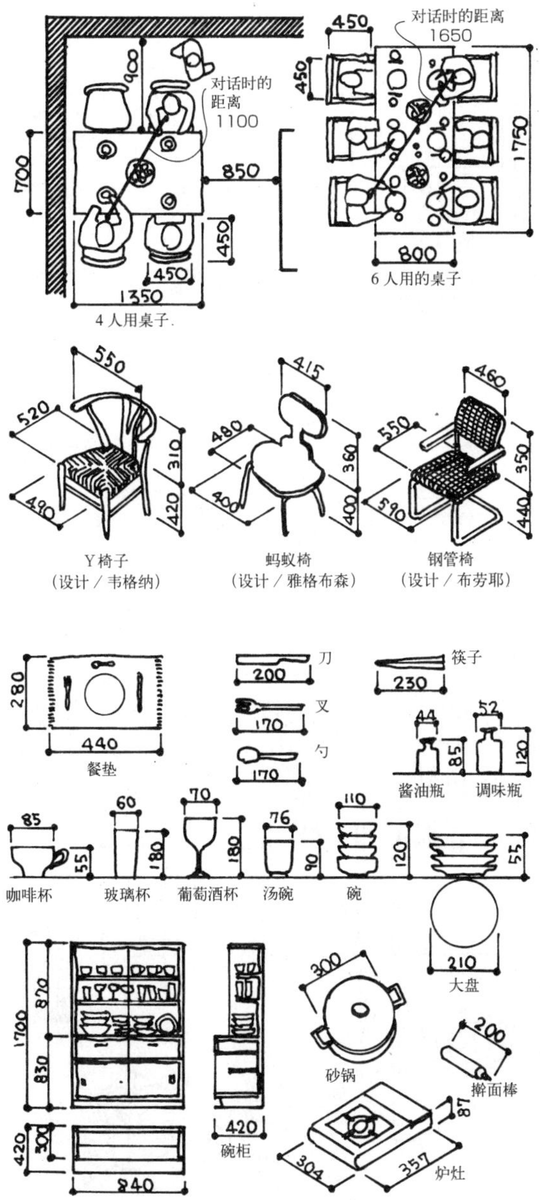

■图表4 "家庭起居"的尺寸案例

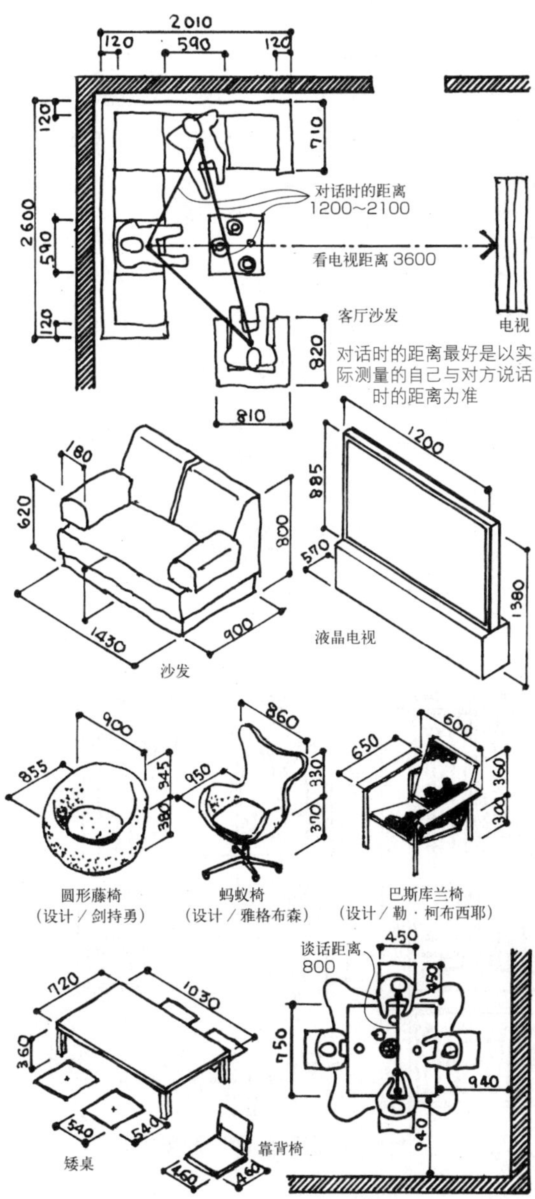

寸要在褥子上铺好被子的状态下测量。同时，也要测量储藏时整齐叠好状态下的尺寸。还要测量一下储藏衣物、被褥的立柜尺寸和壁橱尺寸。个人随身物品储藏于卧室时，同样也要测量（图表 5）。

6）儿童活动

儿童用的床，最好按照长到成人后的尺寸来设计。学习桌的尺寸要考虑到椅子向后拖时需要的空余尺寸再去测量。储藏衣物的衣柜尺寸最好按与成人同样方法来考虑，但是儿童会有很多物品。除了书、笔记本、书包之外，还有运动类用品、感兴趣的收藏物等。在门扇上收藏的物品和在格架上装饰收藏的物品都考虑在内，去测量儿童所持物品的尺寸（图表 6）。

7）确保卫生

在日本有把如厕、洗浴、盥洗的功能分成 3 个房间使用的习惯，但在西方这些都是归拢到浴室这一个房间内。无论哪一种，针对这三种功能的卫生器具的尺寸都要准确地实际测量出来。同

■图表 5 “就寝”的尺寸案例

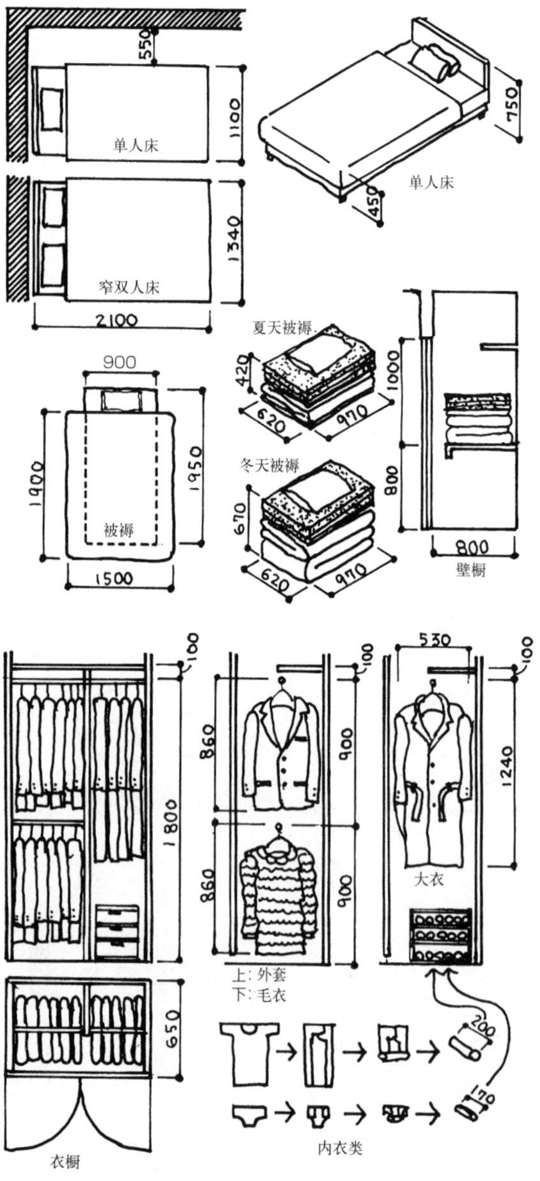

■图表 6 “儿童活动”的尺寸案例

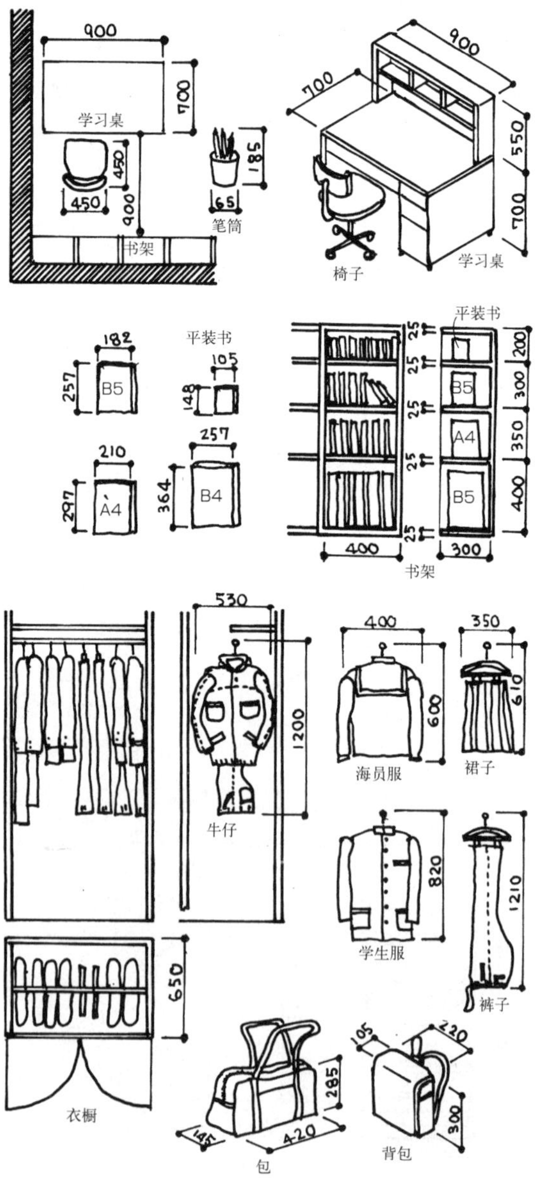

时，这些卫生器具与墙壁之间、或者与门扇之间的空余尺寸也要实际测量出来。除测量自家以外，在宾馆住宿时带上卷尺，实际测量一下卫生间的尺寸，也是很有必要的（图表 7）。

8）走动

室内设计中，楼梯细部尺寸是较难设计的。其最大原因是设计师即便掌握了使用起来较为舒服的楼梯尺寸，但偶尔也会记不清楼梯的宽度、踏步高度、踏步宽度、扶手高度的具体尺寸。除了自家，最好找一找公共建筑中使用起来比较舒适的楼梯，亲自测量一下。走起来比较舒服的走廊宽度、坡道坡度，最好通过亲身体验牢牢记住（图表 8）。

■图表 7 “卫浴管理”尺寸的案例

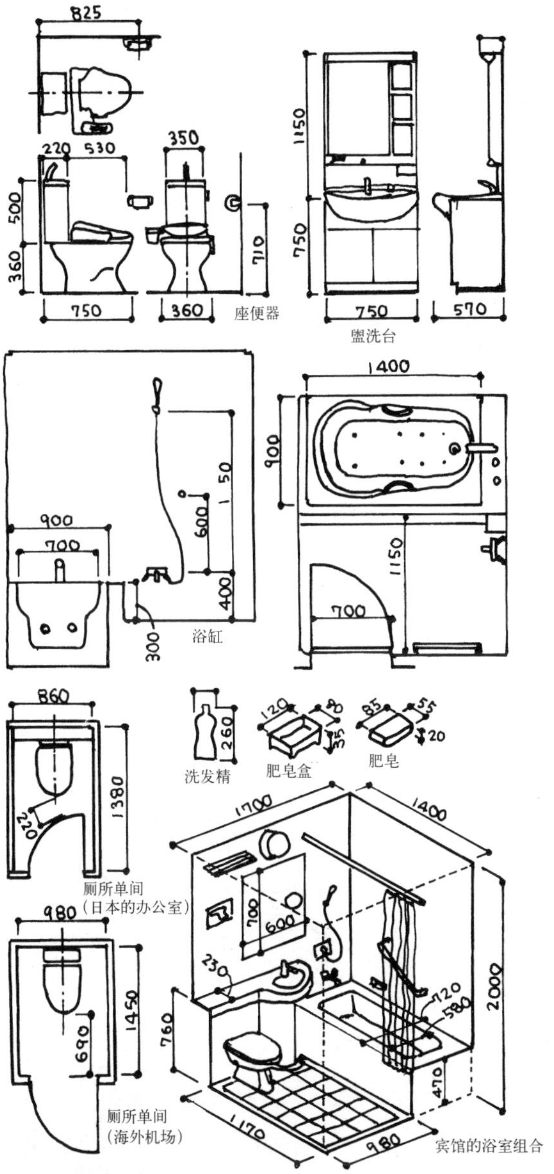

■图表 8 “动线”尺寸的案例

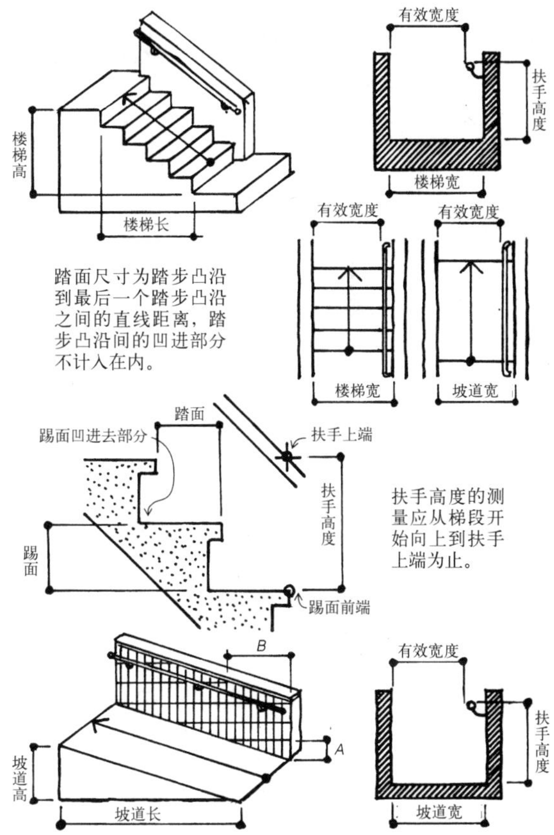

坡道坡度的实际测量、计算方法

坡道坡度的实际测量和计算按如下方法进行。首先，找到有瓷砖水平线砌缝的位置。以 1 块瓷砖的高度为标准进行测量（A）。测出这个砌缝在高度上的水平距离（B）。例如，A=200，B=2430 为实际测量到的数据。坡道的坡度以分子为 1 的结果表示，例如 1/12，若所得分母以 a 来代表，则

① 建立 1/a=200/2430 的计算公式。

② 计算出 a=2430/200=12.15。

③ 得到坡度为 1/12 · 15，结果满足法规中（爱心建筑法）规定的 1/12 的容许范围。

思考题

- 思考一下室内设计中为什么物品的尺寸和空余尺寸很重要。
- 思考一下在进行五感（视觉、听觉、嗅觉、味觉、触觉）体验的同时牢记实际测量尺寸的重要性。

2. 住宅行为的设计案例——①

“烹调”与“用餐”

学习目标：通过在房间的主要功能上附加其他功能，设想一下新的行为活动场景。

1）烹调

❶ 组合工作台方案

考虑一下在家庭成员共同使用的厨房边缘一侧放置工作台。既能写信，也能读一些有趣的图书。如果在桌子旁边拉上电话线，就能坐着挂电话，连上PC后还可以上网。这是家庭中任何一位成员都能使用的住宅内小型公共书房。

❷ 组合洗衣机方案

考虑一下在厨房的工作台附近设置洗衣机。在日本，内衣通常在洗浴之后才替换，也有利用前一天洗澡剩下的水洗涤衣物。所以通常洗衣机放置在更衣室内。如果浴室附近有厨房的话，也可考虑在工作台的旁边放置洗衣机。工作台还可用于整理衣物或熨烫。而美国的洗衣房一般都放在厨房附近。

❸ 厨房学习方案

一般来说，小学程度的儿童在餐厅及客厅内学习比在儿童房间学习更能提高学习效率。但此时，父母在旁边是一个基本条件。父母可以在厨房边做事边看着孩子学习，所以可以把餐桌安置在厨房附近，一并设置书柜可能会更好。这是餐厅式厨房（DK）的典型案例。

■图表1 “烹调”行为的概念设计案例

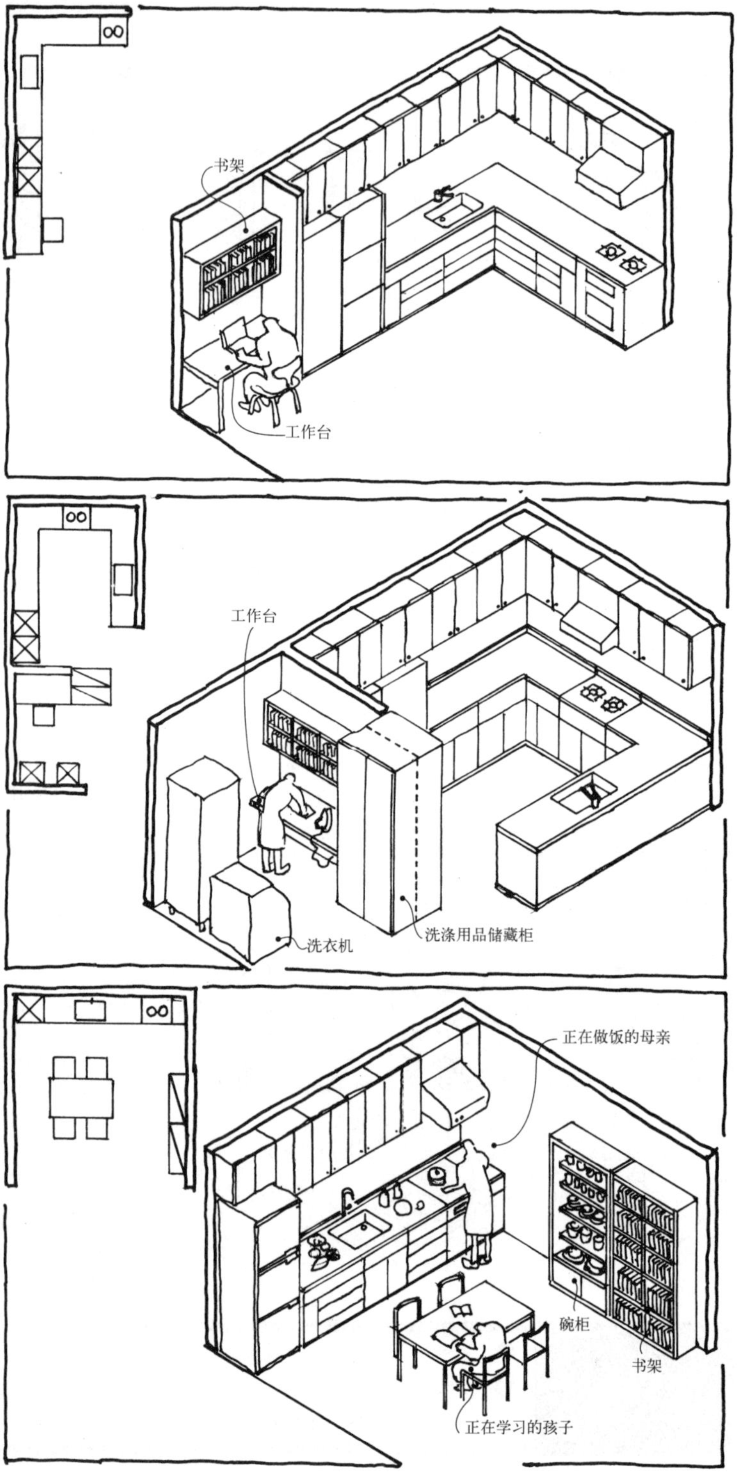

2）用餐

❶ 厨房兼餐厅方案

这种方案与“厨房学习方案”基本是同一个原理，将烹调器具与餐桌并排布置。在这里即可以看着孩子学习，同时也可以开展小型家庭聚餐。如果餐桌为能坐10位左右的长条形“长桌”，还可以开设烹饪教室。

❷ 晚餐室方案

住宅内设置家庭成员用餐的空间是理所当然的事情，但在这里招待重要客人就会比较麻烦，需要前一天进行大扫除，然后装饰上花卉等待客人到来。如果是客人经常来访的家庭，也可以采取设置“独立”的用餐房间，这样就可以随时举行比较正式的晚餐会。最好采用从就餐室看不到厨房内部的布置方式。

❸ 起居室兼餐厅方案

此方案的特点是在房间中间摆放近似正方形的“大方桌子”，将用餐的功能和家庭起居的功能结合在一起。如果有这种桌子，则可以不需要沙发等家具，在这里可以用餐、看电视、边聊天边喝茶，也能看着孩子学习。客人来访时，可用来会客，还可以开家庭聚会。

■图表2 “用餐”行为的概念设计案例

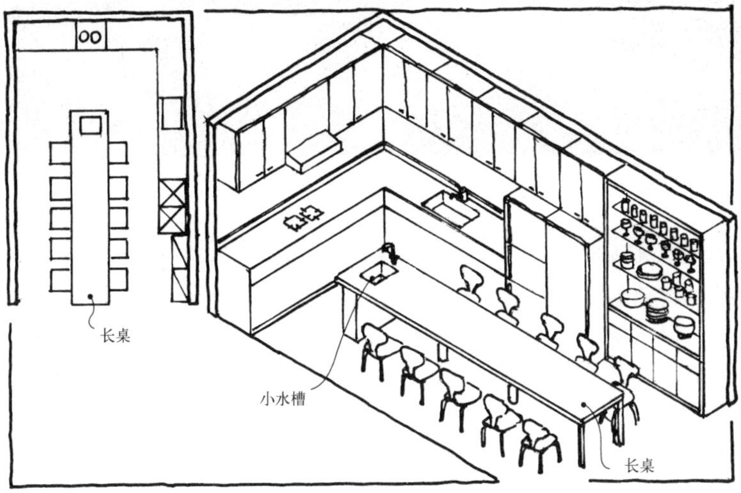

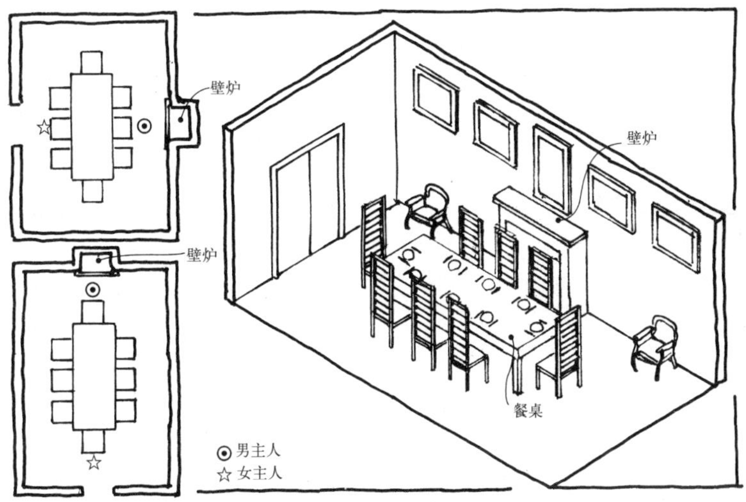

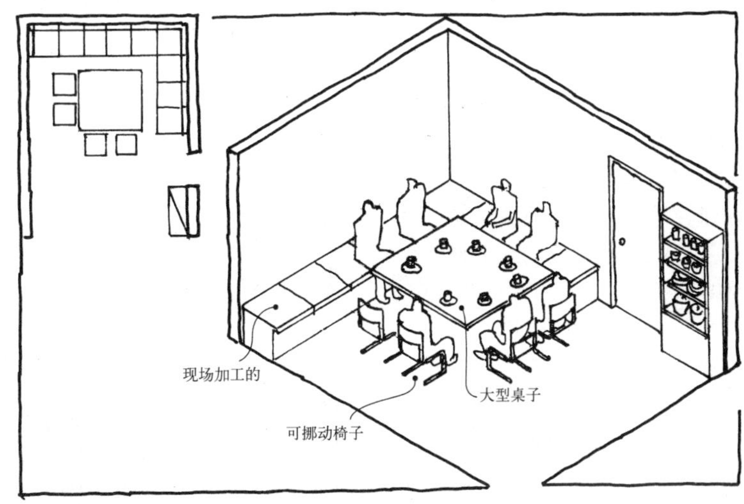

行为定势（Behavior Setting）（也有翻译成行为情境）：生态心理学家罗嘉·巴卡提倡的思维方法。是指在特定的时间和空间中反复发生的行为状态。其特点是将行为和提供行为发生的空间作为一个组合单元来考虑。

思考题

- 在考虑组合功能之后结合“烹调”的行为设定一个新的房间名称。
- 在考虑组合功能之后结合“用餐”的行为设定一个新的房间名称。

2. 住宅行为的设计案例——②
“家庭起居”与“就寝”

学习目标：通过在房间的主要功能上附加其他功能，设想一下新的行为活动场景。

1）家庭起居

❶ 起居室兼餐厅方案

这种方案和上一节的“起居室兼餐厅”是同一个名称，但在这里设置了起居应有的“沙发”和餐厅应有的“餐桌”这两种家具。欧美等国家的家庭聚会通常以站着就餐形式为主，但是日本人喜欢坐着，所以如果在靠墙的位置打制长条沙发，再摆上可移动的凳子，就能围出数个有舒适距离的聊天空间。

❷ 内客厅方案

最近，“内客厅（family room）”代替了起居室这一名称开始渗入到住宅设计中。房内有散乱放置的儿童玩具、母亲翻看着的书，还有父亲个人爱好收集的物品，看起来稍微有些杂乱但却是一个富有艺术氛围的房间。对这样的房间，想清楚必要的使用功能后，也可以给它定义一个至今未使用过的房间名称。

❸ 茶之间（邻近厨房的餐厅、茶室）方案

家庭成员聚会的房间，有人希望在地面上铺上地毯采取“椅座”方式去利用，也有人愿意在榻榻米上以“平座”方式去利用。椅座只能按椅子的数量就座，而平座则人稍微多一些也可以围坐在矮桌周围。冬天放上暖炉式茶几，就能让脚暖和起来。晚上把茶几收起来再铺上被褥就能变成“卧室”。

■图表1 “家庭起居”行为的概念设计案例

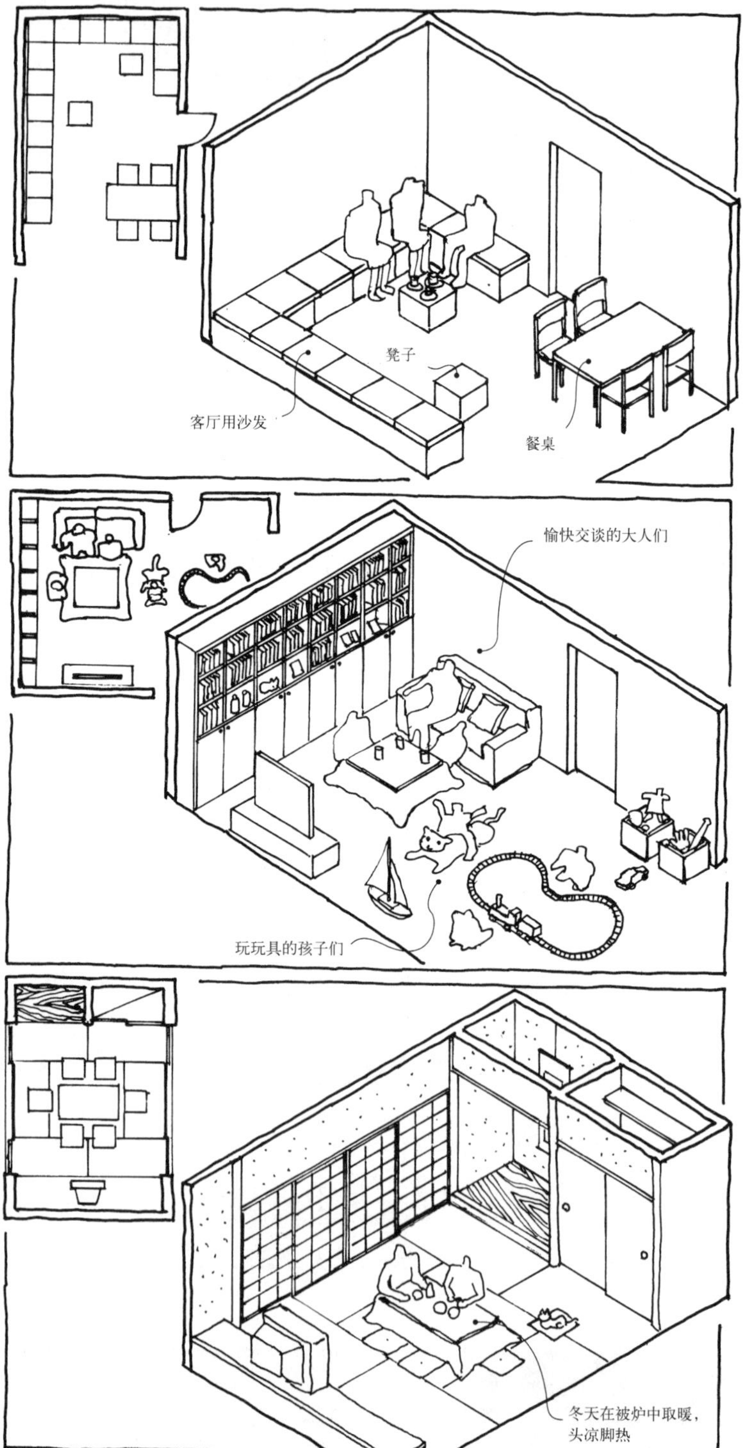

2）就寝

❶ 仅限晚间就寝的方案

这个方案完全不考虑白天使用，而是"仅限夜晚就寝"的方案。如果放置简易床则能节省卧室的面积。与两个单人床相比，一个双人床应该能更节省空间。这种情况多少会感到有些拥挤，所以在床与壁橱以及床与床之间最好留出不小于600mm的空余空间。

❷ 与书房书桌组合的方案

像厨房一节中提出的设置工作台方案一样，是在卧室内设置书房的提案。这种情况，要注意读书时的光线不要照到正在就寝的同伴。此方案是用书柜将卧室的一部分隔开，并遮断光线形成的。如果喜欢夫妻俩躺在床上一起看电视，则可在床尾方向放置电视柜。

❸ 年迈后的设想方案

在二三十岁年轻的时候建造住宅的人，或者在四五十岁成年之后建造住宅的人，无论哪一类人都会走向六七十岁的年龄。因此设想一下，年迈后卧床不起的时候，将就寝、用餐、家庭起居都整合在一起进行平面设计，这也是非常重要的。关键是在最初就设想好年迈之后无需再进行无障碍施工也可居住的方案。

■图表 2 "就寝"行为的概念设计案例

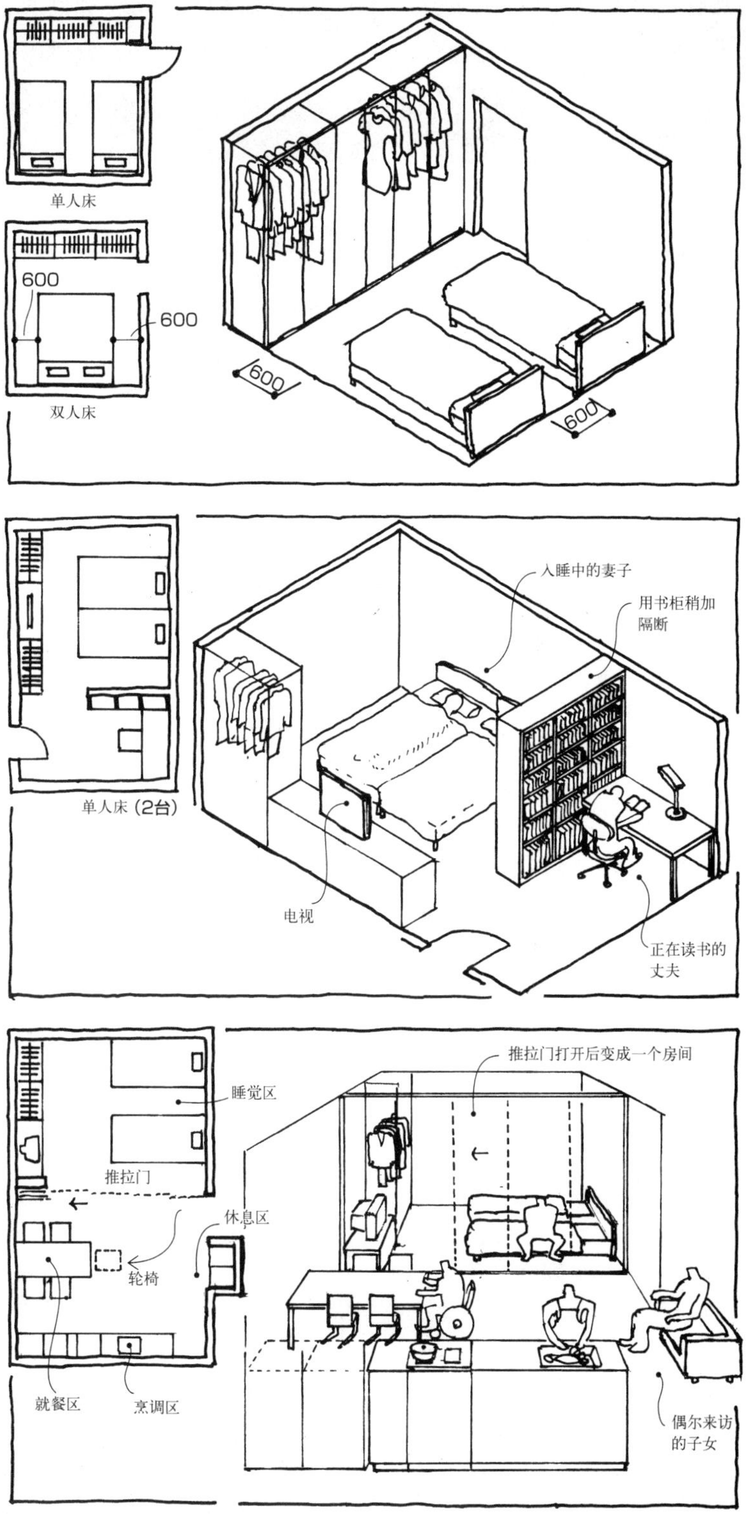

思考题

● 在考虑组合功能之后结合"家庭起居"的行为设定一个新的房间名称。
● 在考虑组合功能之后结合"就寝"的行为设定一个新的房间名称。

2. 住宅行为的设计案例——③
“儿童活动”与“卫浴管理”

学习目标：通过在房间的主要功能上附加其他功能，设想一下新的行为活动场景。

1）儿童活动

❶ 兄妹一起学习的方案

孩子的数量较多、同时既有男孩也有女孩时，首先确定好能放下床的最小极限，然后通过分隔墙以最小睡觉空间的标准来集中划分。将睡觉部分节省出来的空间汇总后可变成兄妹能共同学习和游戏的较大空间。如果在靠墙部位设上条形柜台式学习桌，大家可以一起学习，不懂之处还可以问问旁边的人，形成姐姐哥哥辅导的方式。

❷ 独生子女学习房间的方案

是在一个房间内为独生子女设置的、兼有“睡觉空间”与“学习空间”的形式。是典型的“儿童房＝学习房”的案例。门扇采取内侧上锁还是父母随时能够进入到房间的方式，一直以来意见不统一。因为是孩子长大后总会需要的一个房间，所以在新建时就要作为个人房间计入到房间数量中。

❸ 坡屋顶探索式方案

像“哈里波特与神秘房间”中的那样，在建筑物的某个地方设置一个神秘房间会很有趣。地下室及屋顶内侧是常利用的地方，在本方案中是将三角形屋顶内侧作为神秘房间来使用。房间的下一层有学习桌，顺着梯子爬上去会有床，再向上爬就能与屋顶的内部连通起来。拥有迷宫一样的魅力，能够培养孩子对未知的冒险心和探索心。

■图表1 “儿童活动”行为的概念设计案例

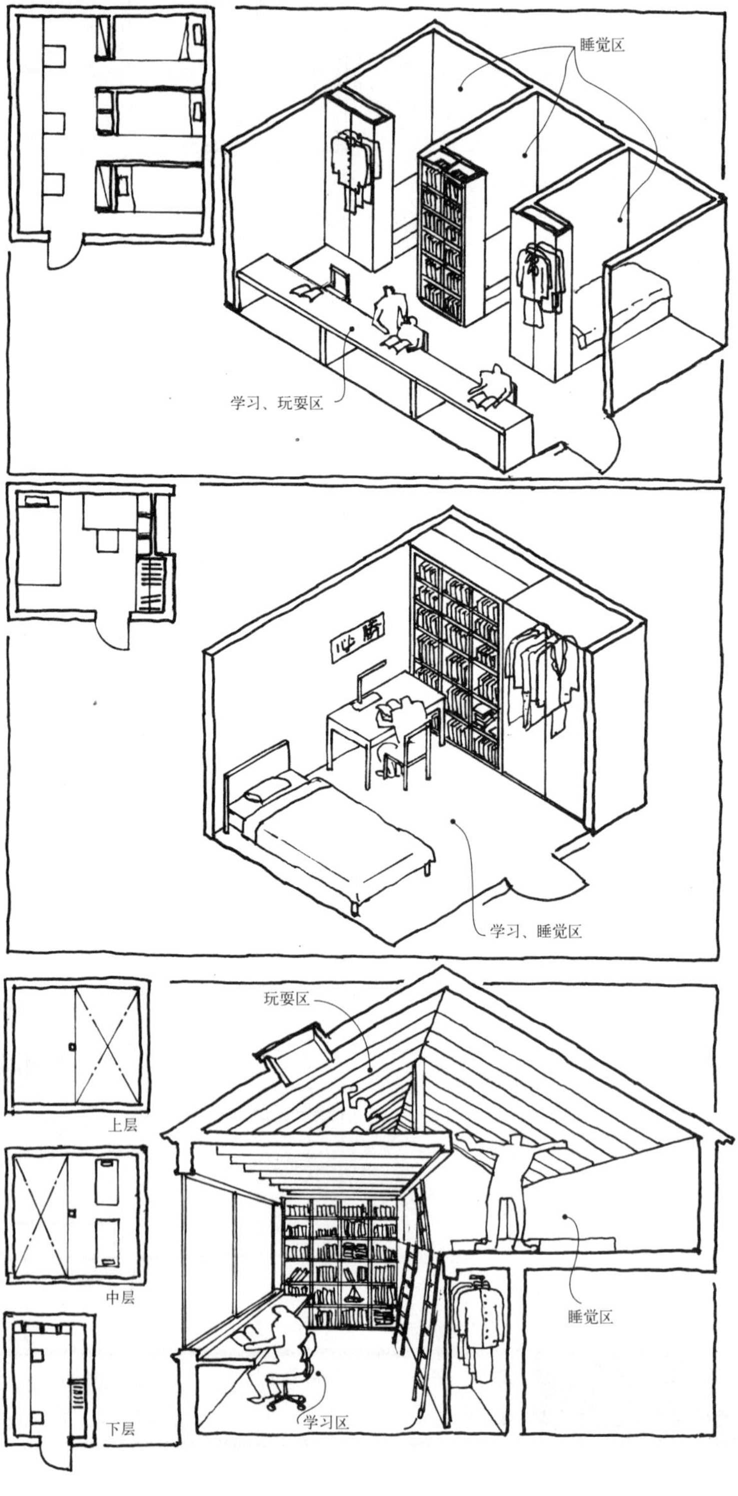

2）卫浴管理

❶ 日式方案

如厕、盥洗、洗浴的功能之间，用隔断分隔成3个房间的方案。加上薄墙后即使会感到有些狭窄也无所谓，因为这在日本很受欢迎而根深蒂固。最主要的原因是日本人有独特的入浴方式。在日本，为了照顾后面泡澡的人，有让浴缸中的热水总是保持干净的礼仪，所以在淋浴的地方才可使用沐浴液。为此，为了不让淋浴的水溢到外部而对房间进行了分隔。

❷ 欧式方案

是宾馆及欧美住宅中经常看到的浴室形式，坐便器、洗脸池、浴缸布置在一个房间内。这种形式的优点是在视觉上有开阔感。如果既想在视觉上拥有这种欧美式浴室的开敞度，又想满足日式的专用淋浴间，则可以在淋浴和洗脸、厕所之间用透明的玻璃门隔开，以防止水和热气溢散出去。

❸ 带有温泉气氛的方案

在浴室外设置院内小庭园，边泡澡边欣赏景色，能感受到温泉式洗浴氛围。在日本，到远离都市的温泉地去休闲是一件很奢侈的事，所以不能随意外出享受。如果在自家设置这种带有温泉氛围的浴室，既能保持身体健康，也能缓解精神压力。但注意，需要用树篱或屏障从外部把小庭院周边围合起来，以遮蔽室外视线。

■图表2 "卫浴管理"行为的概念设计案例

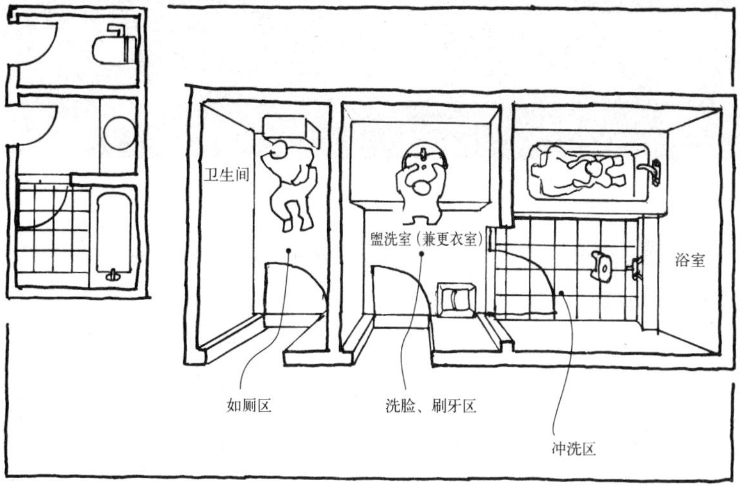

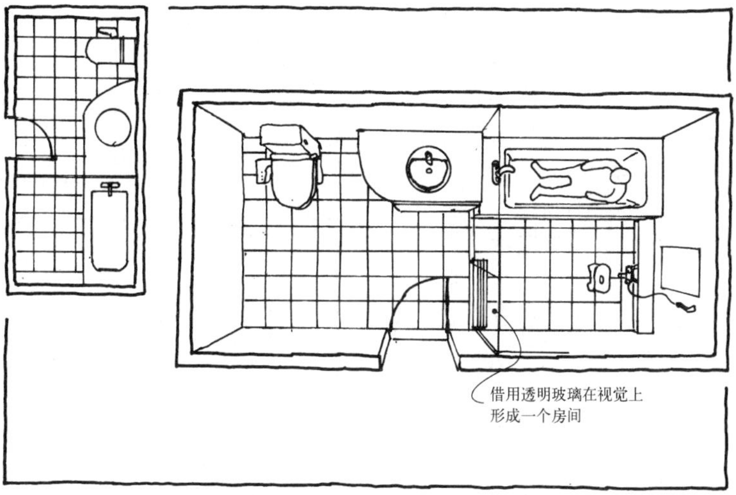

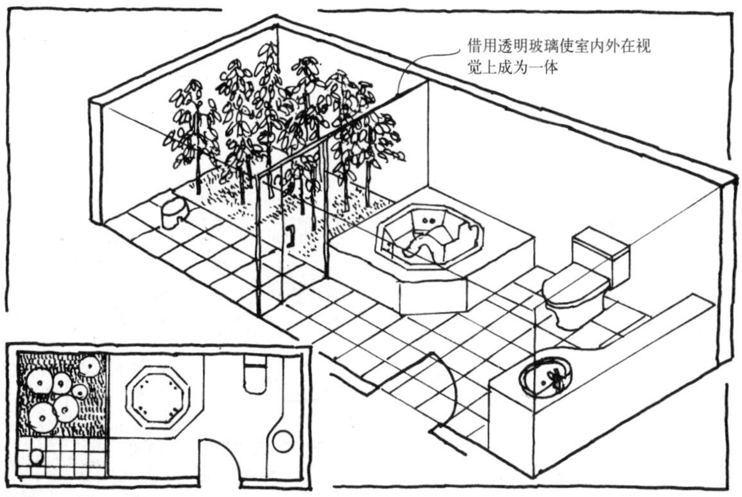

思考题
● 在考虑组合功能之后结合"儿童活动"的行为设定一个新的房间名称。
● 在考虑组合功能之后结合"卫浴管理"的行为设定一个新的房间名称。

“种植花卉”与“走动”

学习目标：通过在房间的主要功能上附加其他功能，设想一下新的行为的活动场景。

1）种植花卉

❶ 院内小庭园方案

有的室内设计只把室内、家具装饰好后就算竣工，在这里还可考虑一下，设计一个能从室内看到户外风景的案例。例如，京都的院内小庭园设计就是用屏壁将不想露出的部分隐藏起来，从室内能观赏到室外美景。这种用屏障围合起来的方形空间，也是营造美景的有效手段。

❷ 花房方案

以上述方案为基础再进一步发挥，在院内小庭园的上方罩一个玻璃顶，把它设计成温室型的花房。花房与木平台之间可以用玻璃门窗分隔，还能以敞开的方式相互连接。冬天在明亮的玻璃屋顶下与植物相拥，一边侍弄着观花和赏叶植物，一边品鉴着午后红茶，别有一番乐趣。

❸ 大型花房方案

这是受农业用温室大棚的启发，将居住用的建筑和庭院整体用一个大型玻璃屋顶和玻璃墙覆盖，形成“大型玻璃箱子”方案。因为有 2 层楼的高度，所以可以种植能结果的乔木类植物，也可种成铺地菜园。庭院的一部分还可以设上浅滩或生态池。如果修建露台、放上桌子和椅子，就可以作为绿意环抱的阳光房来使用。

■图表 1 “种植花卉”行为的概念设计案例

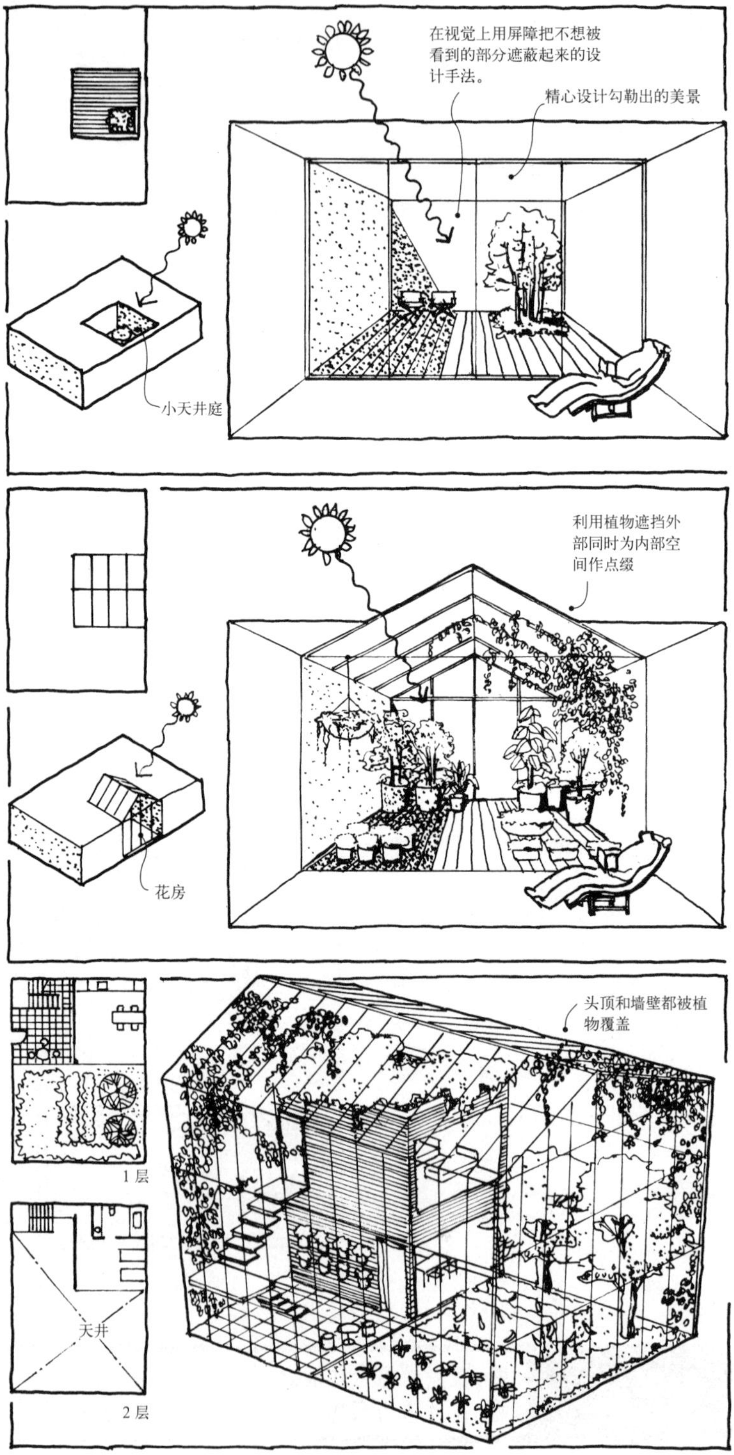

2）走动

❶ 楼梯间→房间内楼梯方案

楼梯间的称谓指的是将楼梯变成"一个房间"。在小型住宅中，如果形成房间就会浪费面积，因此，将楼梯引入到客厅内，以在室内能看见楼梯的方式来设置的称为房间内楼梯。楼梯的周边如果设成天井，则会给狭小的居住空间带来宽敞感。但要注意会影响空调的使用效率。

❷ 走廊→房间内通道方案

走廊也是用内墙围合的"一个房间"，但是在小型住宅中会浪费面积。为此，可以考虑设置一个能保证动线功能的通道方案，这与百货商店的卖场中，在商品柜台之间形成的客流通道是相同的。如果采用这种方法，就可以在客厅的家具之间留出空隙作为通道使用，走廊部分的面积就能被充分使用。

❸ 玄关台阶→坡道方案

现在有很多关于住宅内部无障碍和通用设计的建议，但是在玄关和道路之间应采取什么样的方案几乎没有。木结构住宅中，依据《建筑标准法》要求，楼面要抬高 450mm 以上，这就会导致坡道在水平距离上变长。重新修建时会成为额外附加的设计，因此在新建时，就要考虑到此部分的未来状况进行方案设计。

■图表 2 "走动"行为定势的概念设计案例

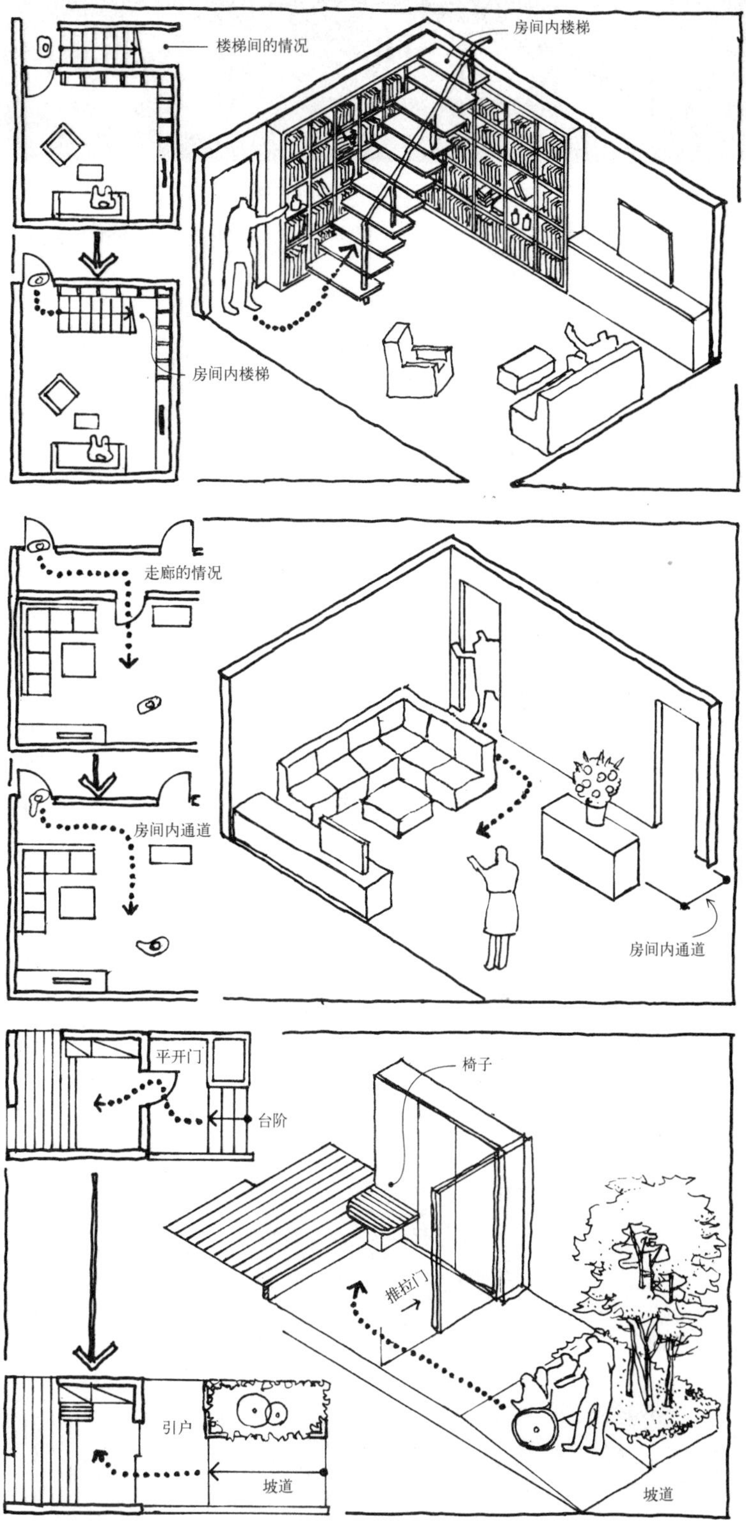

思考题

- 在考虑组合功能之后结合"种植花卉"的行为设定一个新的房间名称。
- 在考虑组合功能之后结合"走动"的行为设定一个新的房间名称。

3．建筑图纸的表达技法——①

节点构造详图描绘技法实例

学习目标：节点构造详图与描绘建筑整体的剖面图不同，它是重点描绘外墙体部分的。要理解它是明确表达从GL到屋顶的高度尺寸细节和材料名称的图纸。

1）思考方式

节点构造详图是设计图纸中比较难表达的一项。之所以难，有两个理由。

其一，因为没有理解描绘的顺序。最好是像如下的①～④那样，按照工匠的建设顺序来理解就会容易一些。

①建造基础和基础梁。

②打上柱子、覆盖上屋顶。

③打好窗框，粘贴外墙壁。

④完成顶棚、内墙、地面的内装。

其二是，不知道材料名称和厚度。想了解这些内容，可采取如下列举的方法：

- 在杂志上寻找"与感觉相像的建筑"
- 实际考察一下这些建筑物，看一看、摸一摸、闻一闻味道。
- 回头再翻阅一遍杂志，确认一下材料名称与厚度并牢记下来。

没有什么特殊的捷径和方法，经常翻阅一下杂志，或者在大街上步行考察，花上时间去寻找与感觉相像的建筑吧。

2）确定高度

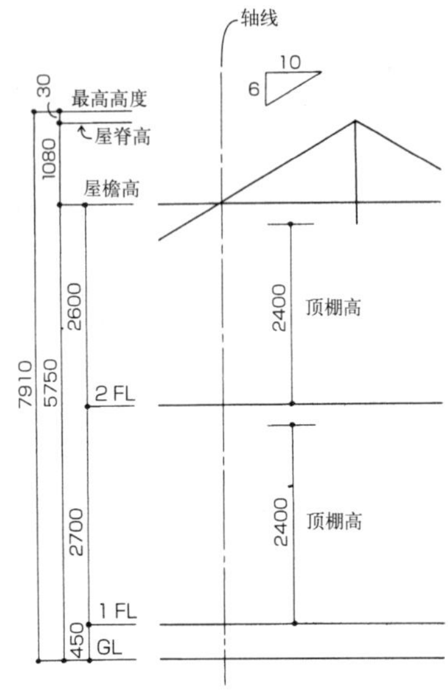

*GL（Ground Line＝地面）

3）决定墙壁的厚度

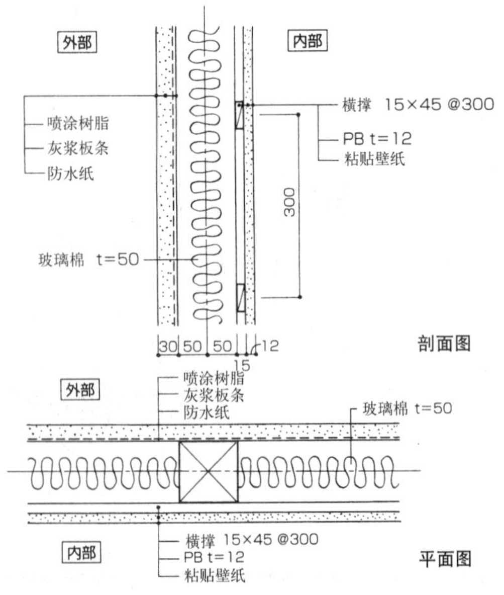

＊节点构造详图要确定面层材料与厚度之后再去描绘。

4）决定1层地面厚度

① 决定GL到1FL的高度

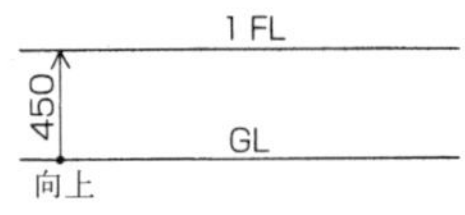

② 从IFL开始向下画出地面的厚度

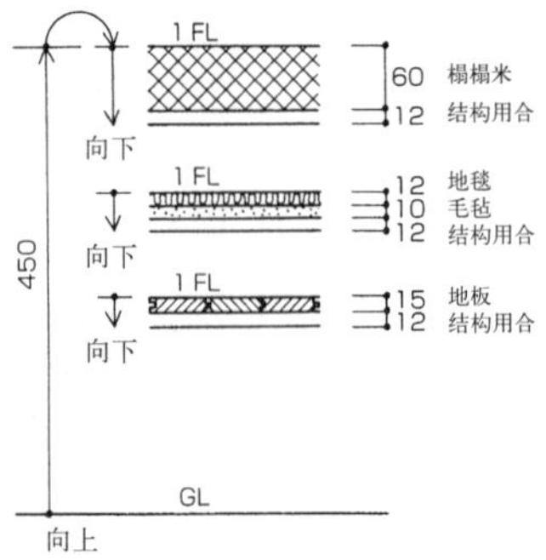

＊按箭头的顺序描绘。首先，向上描绘出从GL到地面的高度。依次从地面开始向下描绘出地面厚度。

＊FL（Floor Line＝地面面层线）。

5）确定 1 层龙骨

① 确定龙骨走向（任何方向均可）。

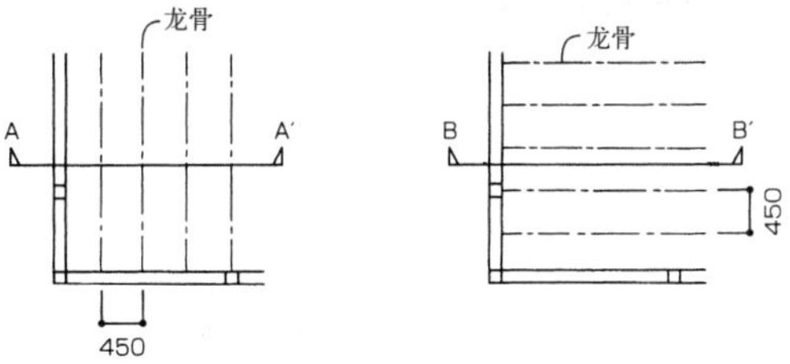

② 剖切方向不同龙骨的绘制方法不同。

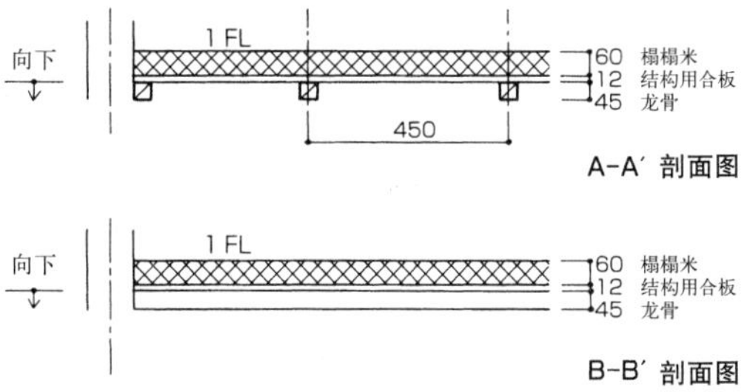

＊龙骨间隔为 450 间距

6）确定龙骨拖梁和地基梁

① 龙骨拖梁直角插入到龙骨中。

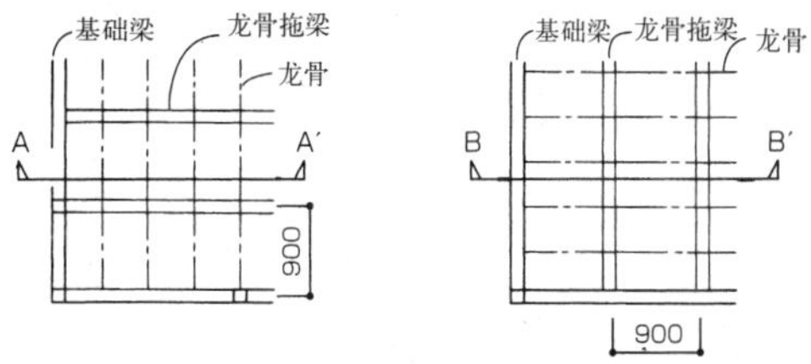

② 剖切方向不同龙骨拖梁的绘制方法不同。

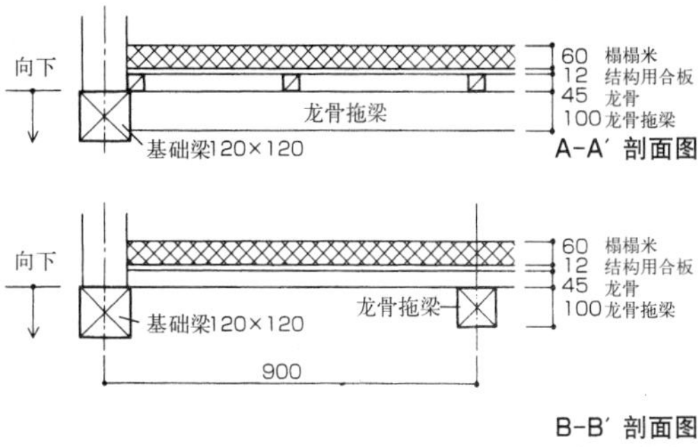

＊龙骨拖梁间距为 900

7）确定条形基础的位置

① 确定平面

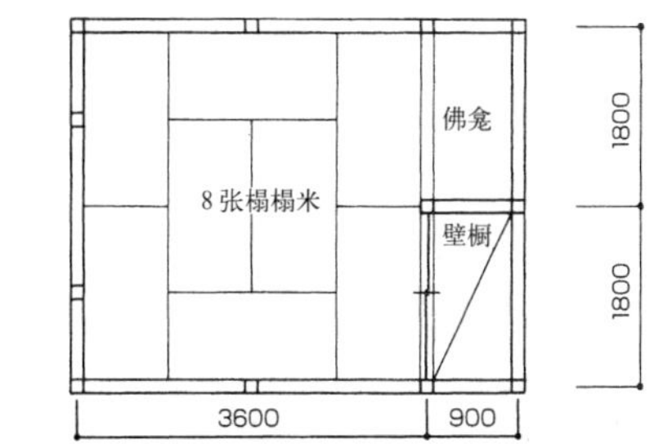

② 确定条形基础的位置

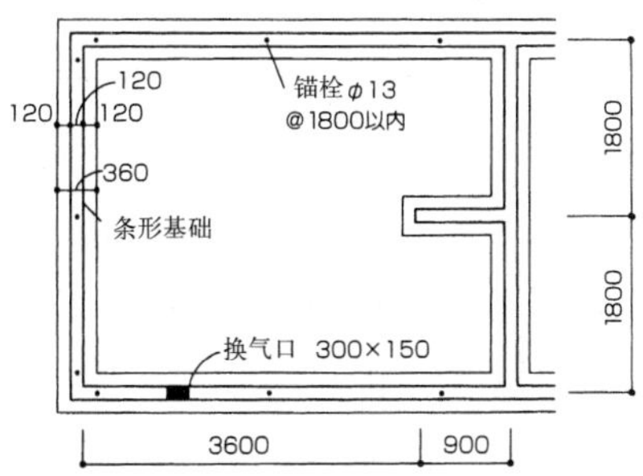

＊条形基础应在房间四周围合成一圈。

8）确定独立基础

在龙骨拖梁之下按 900 间距设置

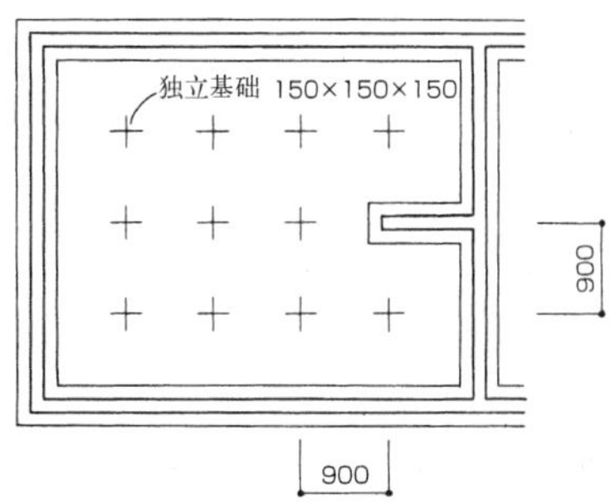

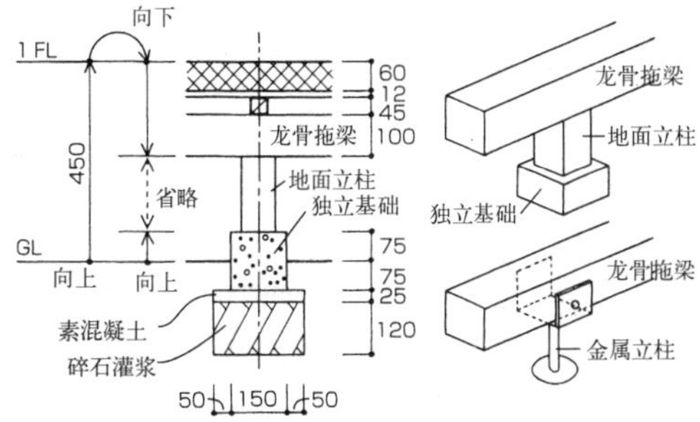

＊“省略”是指已确定的尺寸可不必标注。

9）确定条形基础剖面

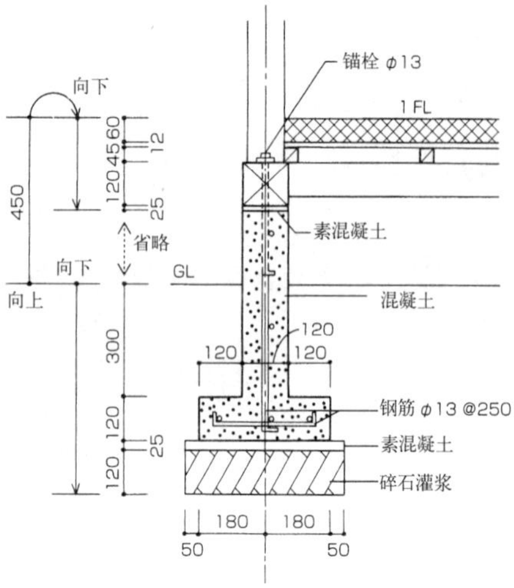

＊按照箭头顺序描绘。“省略”尺寸可不必标注。

10）确定二层楼面厚度

① 向上描绘出 1FL 到 2FL 的高度。

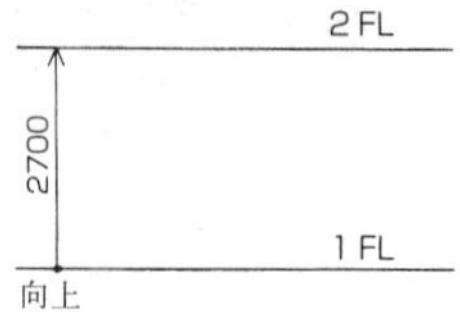

② 从 2FL 开始向下画出地面的厚度。

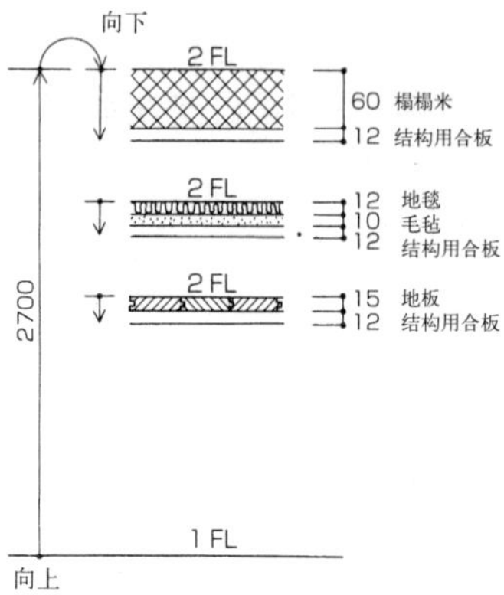

＊按照箭头的顺序描绘。基本原则同一层地面。

11）确定二层的地板龙骨和梁

① 确定地板龙骨走向（任何方向均可）。

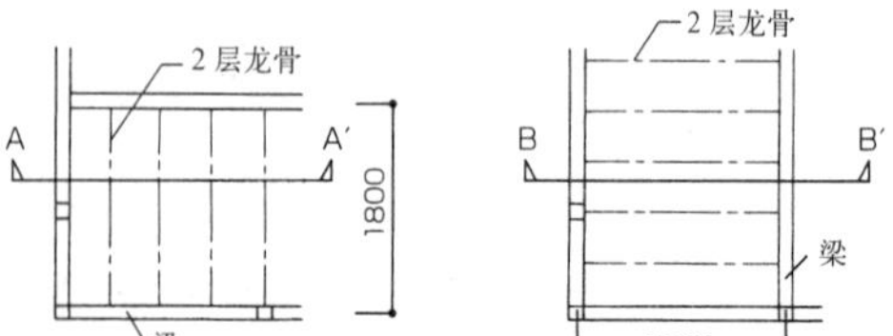

② 根据剖切方向不同龙骨的绘制方法不同。

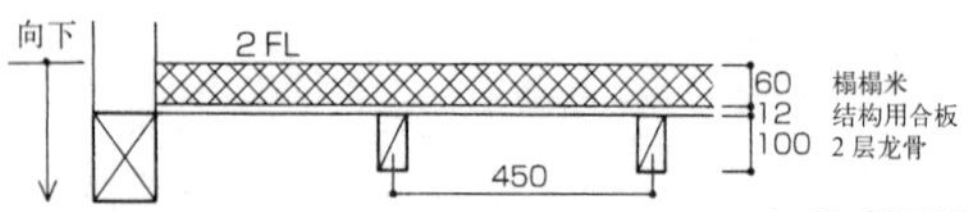

A–A′ 剖面图

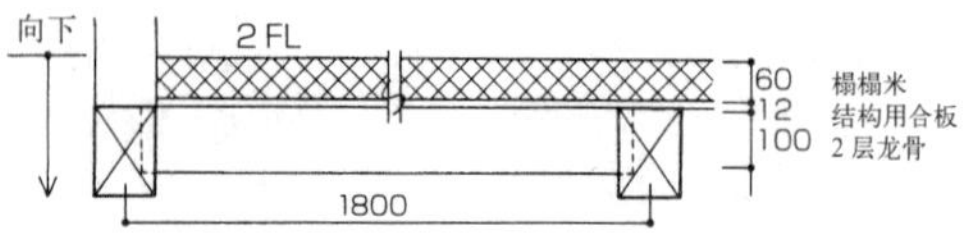

B–B′ 剖面图

＊ 地板龙骨横跨梁与梁的间距一般为 1800（相当于模数尺寸的 1 间）。

12）对齐 2 层地板龙骨与梁的端头

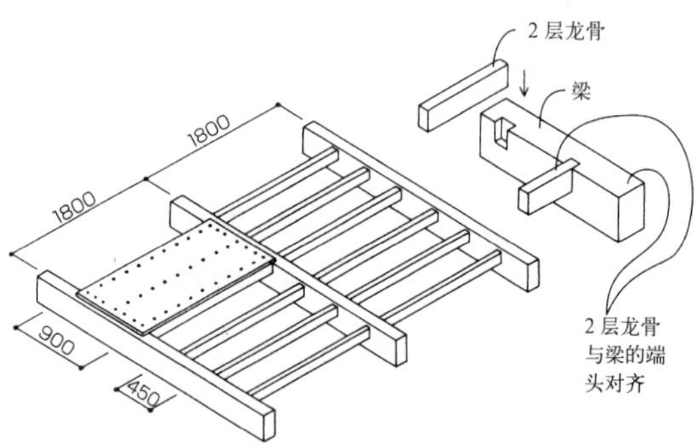

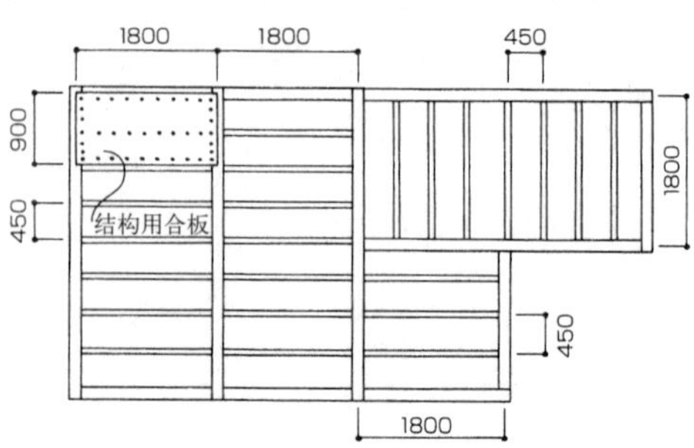

＊地面板材与龙骨和梁用钉子钉成一体以增加刚性。

13）确定梁高度的方法
（当为 2 层建筑时的粗略计算方法）

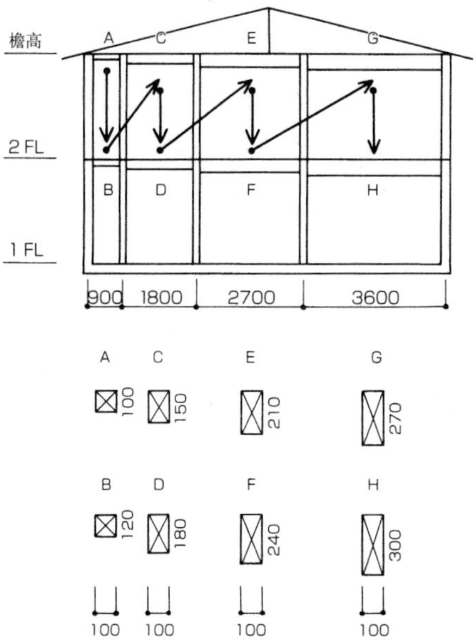

＊沿 ABC 的方向以每 30mm（约 1 寸）递进的方式确定高度。

14）确定屋顶坡度

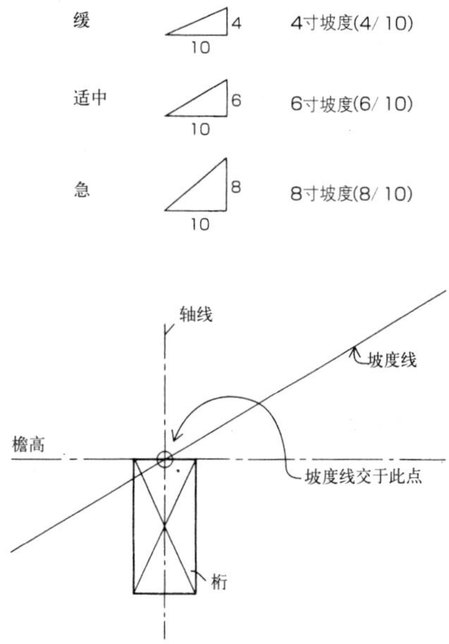

＊坡度线要通过檐高与轴线的交点。
＊檐口高是指从 GL 到檐口桁架端头的高度。

15）竖立坡屋顶立柱，搭建檩条和栋梁

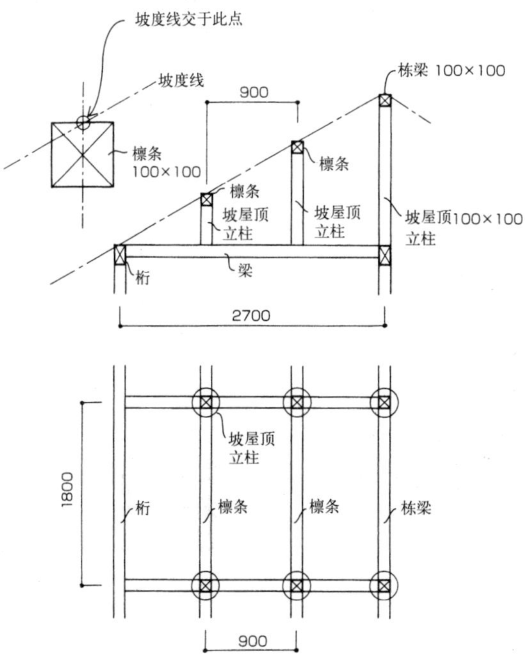

＊坡度线要通过檩条和轴线的交点。

16）屋顶从坡度线的上方开始描绘

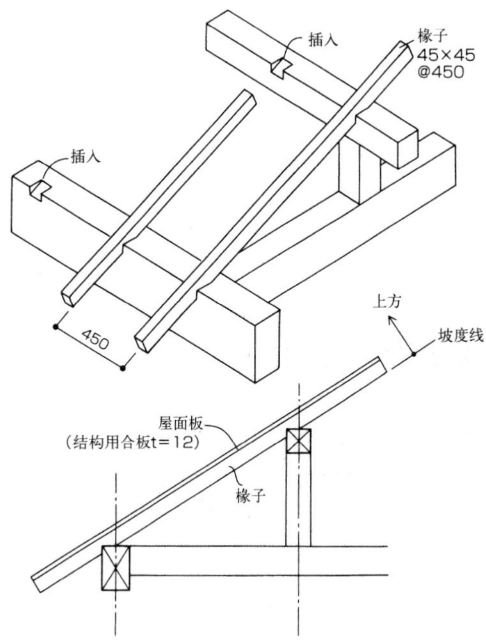

＊椽子之上一定放置的是屋面板（结构用合板）。

17）确定屋顶的面层做法

① 铺盖日本瓦

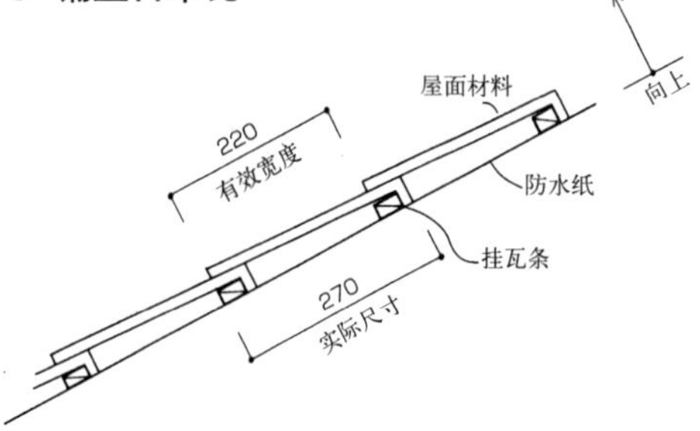

② 铺盖彩色石棉瓦

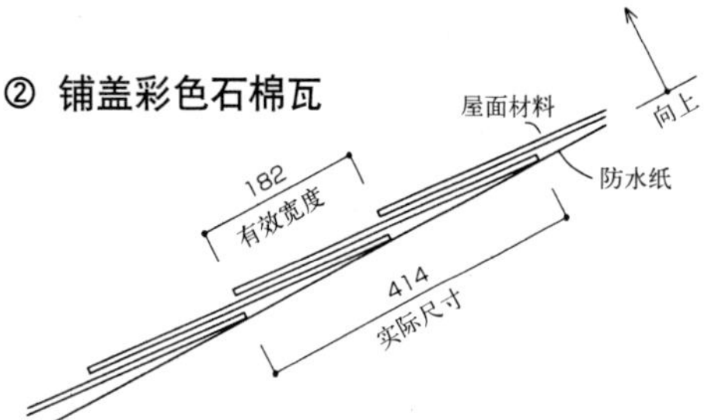

* 屋面板上粘贴防水纸，然后按屋顶材料的厚度向上描绘。
* 有效宽度是指重叠后看不见的部分除外剩下的可见部分宽度。

18）确定檐口

① 铺盖日本瓦

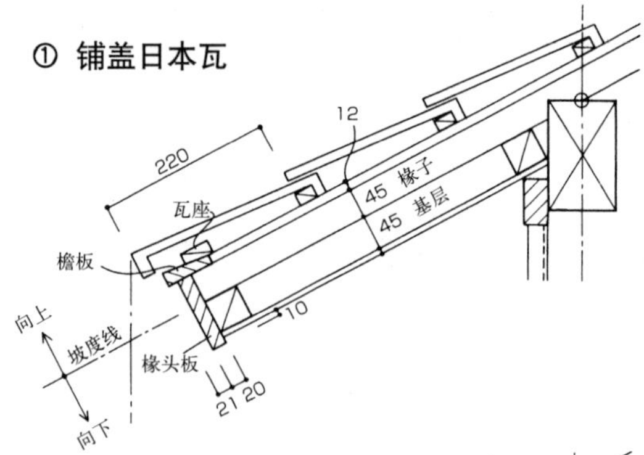

② 铺盖彩色石棉瓦

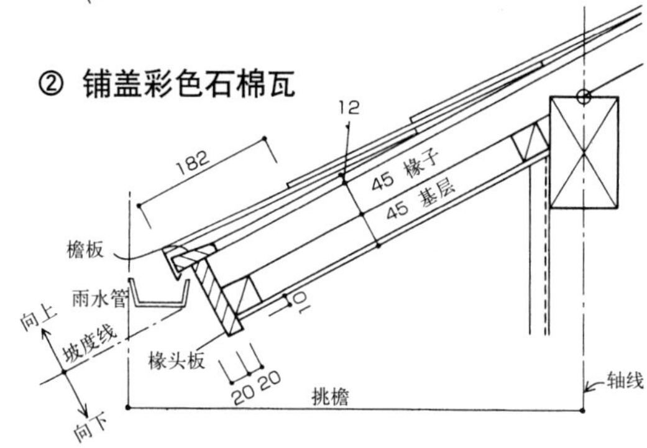

* "挑檐"是指屋檐一直悬挑到最外侧的部分。雨水管是建筑物的附属构件所以应包含在内。

19）确定屋脊

① 铺盖日本瓦

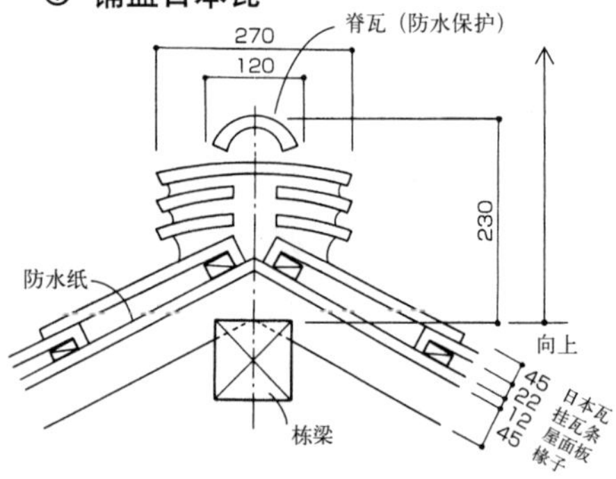

② 铺盖彩色石棉瓦

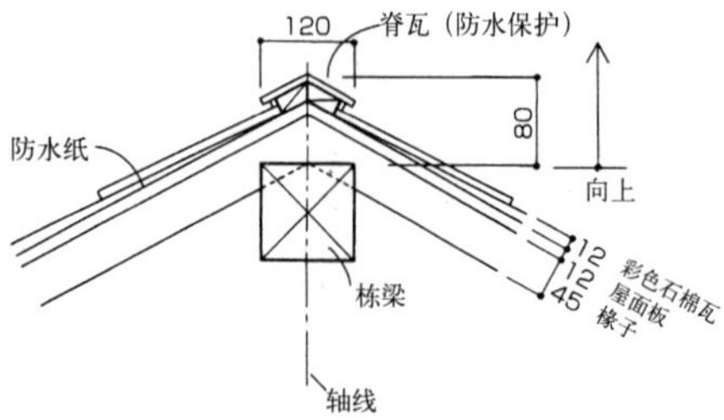

* 屋顶施工是从檐口开始向上重叠铺设瓦片，顶端的屋脊应做防水保护。

20）铝合金窗框的省略方法

① 生产厂家的窗框　　② 省略表示的窗框

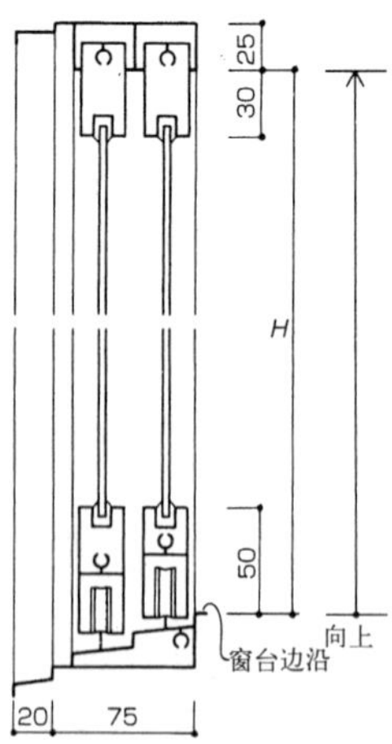

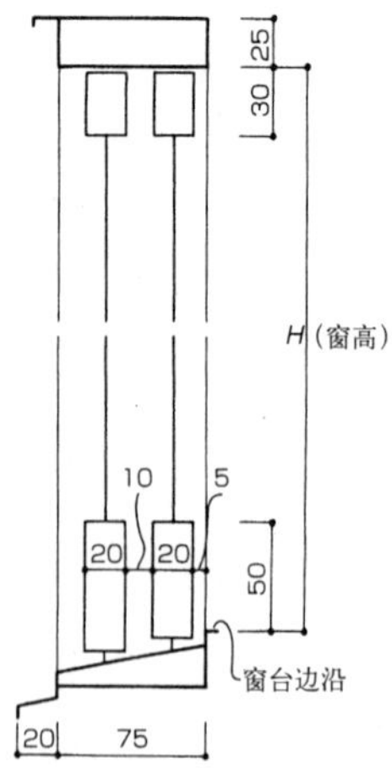

* 不同生产厂家的窗框有不同规格，在图纸中也可以用省略图代替。

21）组装 1 层窗户的铝合金窗框

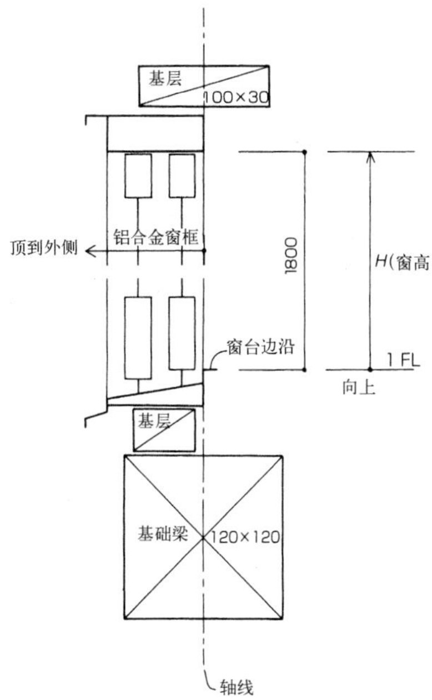

＊“窗台边沿”的位置取地面面层的位置。

22）安装 1 层窗户的木边框

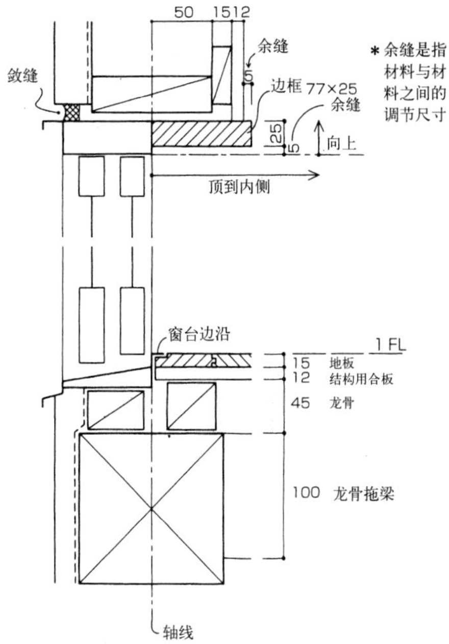

＊木边框具有连接铝合金窗框与内墙壁的作用。

23）安装 2 层窗户的铝合金窗框

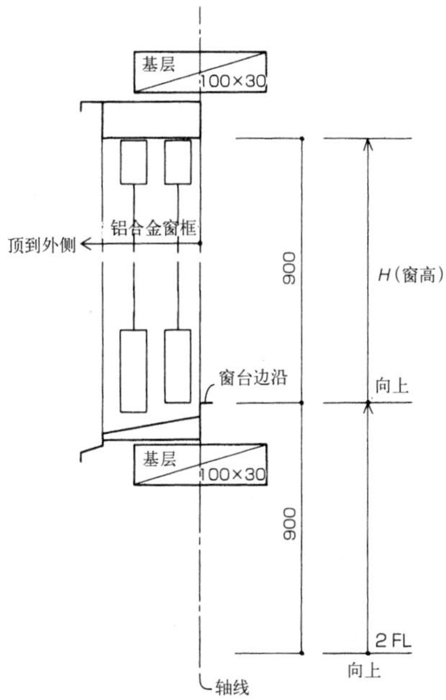

＊“窗台边沿”的位置取窗台的位置。

24）安装 2 层窗户的木边框

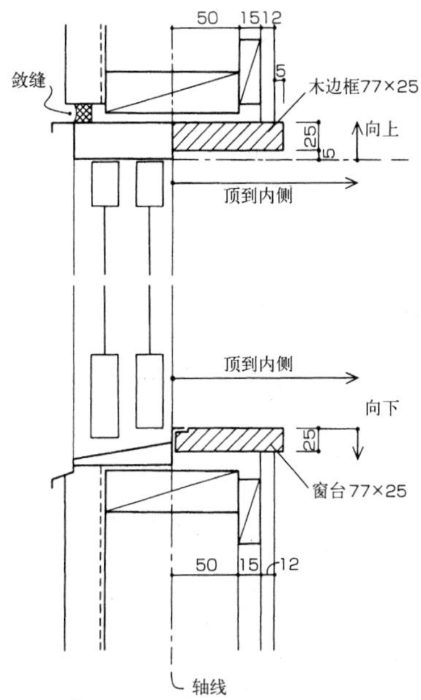

＊木边框具有连接铝合金窗框与内墙壁的作用。

25）确定一层顶棚（日式风格用）

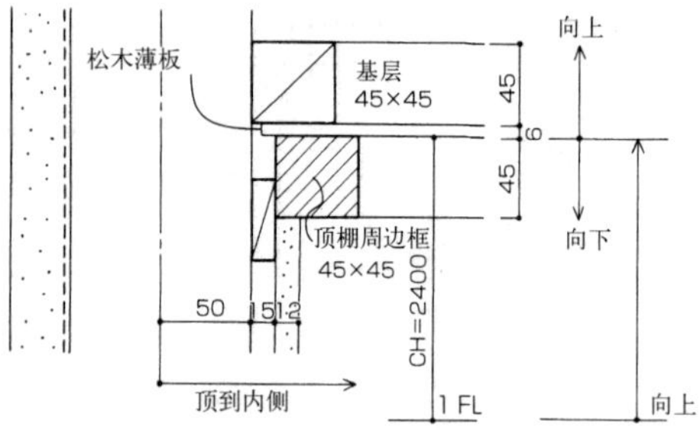

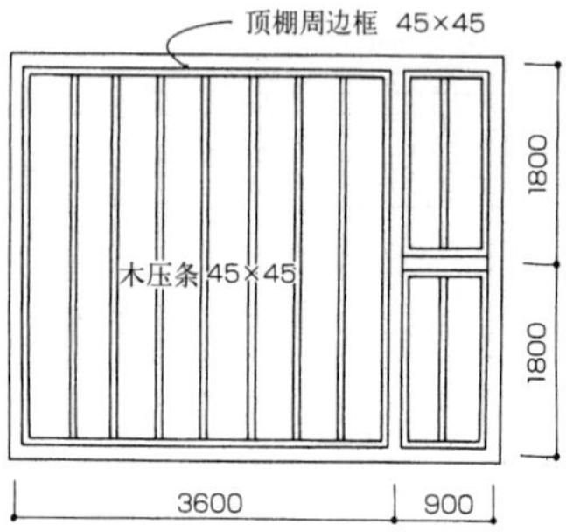

顶棚布置图

* 顶棚的高度从地面开始算起。CH（Ceiling Height=顶棚高）

26）确定一层顶棚（装饰龙骨拖梁用）

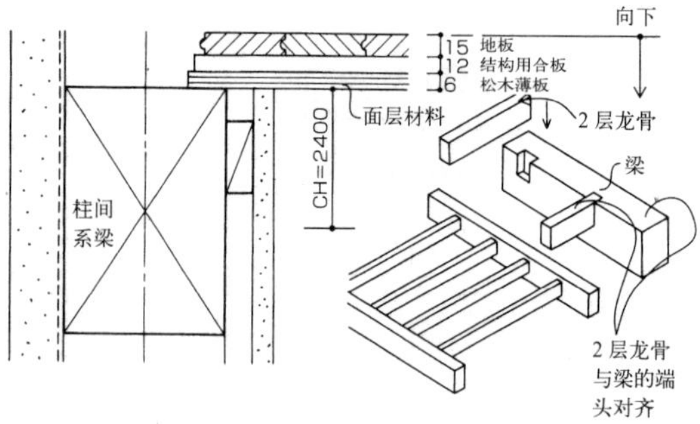

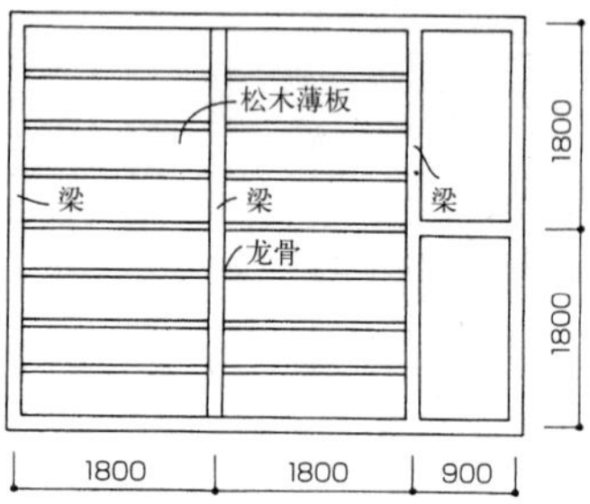

顶棚布置图

*2 层地面结构用合板之下铺设面层装修材料。

27）确定二层顶棚（西式风格用）

① 顶棚四周边框水平使用

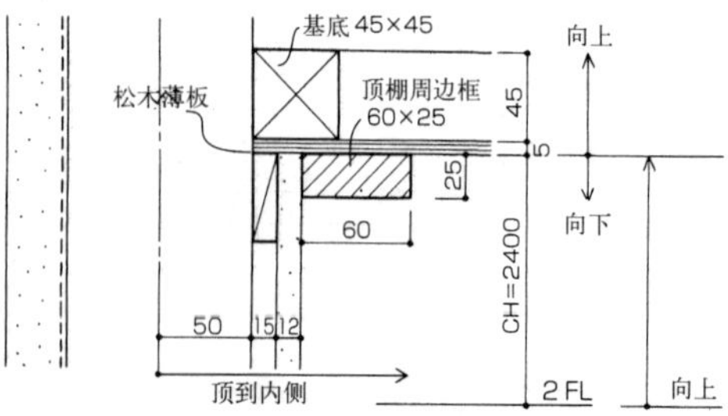

② 顶棚四周边框垂直使用

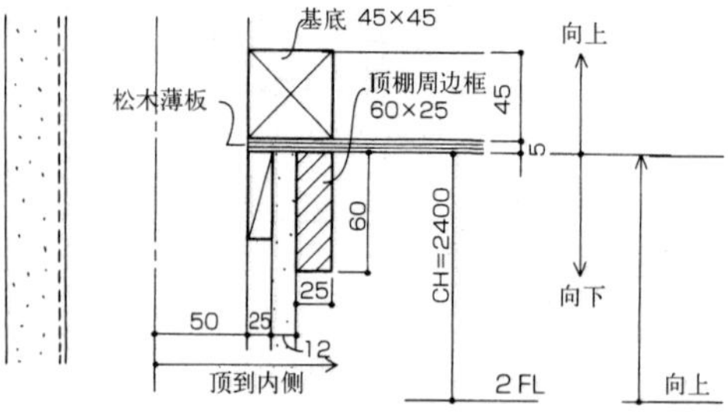

* 即使顶棚四周边框尺寸相同但使用方法不同也会改变整体感觉。

28）确定二层顶棚（倾斜顶棚用）

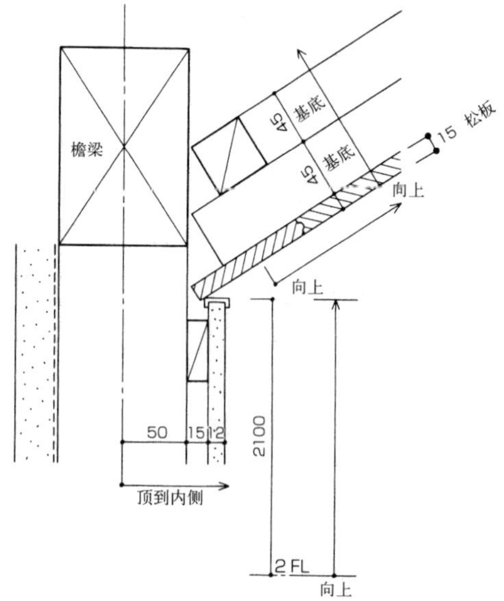

* 确定地面最低点，然后从这里开始起坡。

29）节点详图完整图

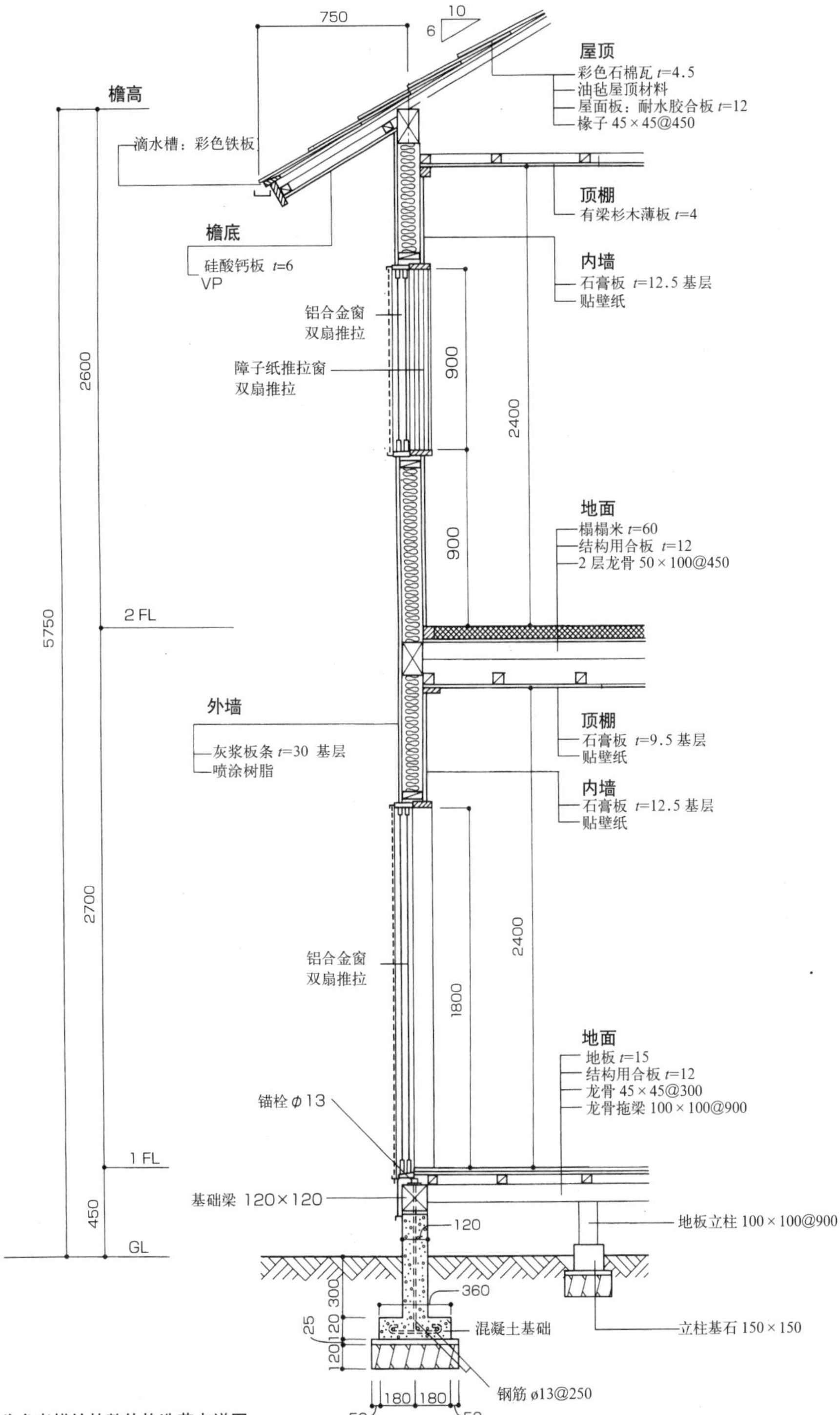

＊按以上顺序为参考描绘的整体构造节点详图。

思考题

- 对照建设中的住宅，观察一下建筑物的建造步骤。
- 确认节点详图中标注的材料，并与实物对比一下。

室内设计产业的历史与挑战 小原二郎

关于室内设计的语汇

如今，提到室内设计这一词汇，不知道意思的人应该没有。这一词汇从昭和 45 年（1970 年）开始作为官方用语被采用。现在被纳入到室内设计产业中的家具、布艺、照明灯具、壁纸等行业，到昭和 60 年（1985 年）为止是各自独立发展的，当时这些行业是处于产业界内见不到阳光的最底层。在通产省的产业分类中，这些曾是杂货中的一个分支。因此从事这一产业的人们社会地位也曾经很低。

昭和 40 年代（1965 ~ 1974 年）中期开始，日本政府提出把住宅产业列为重点扶持对象，这要求在室内设计领域的改进和生产也应合理化。因此通产省考虑要将这些行业整合在一起，并打算命名一个比较有魅力的名称以增加活力。但是随着时光的流逝一直未找到一个恰当的名称。

当时在工业职高学校中，家具制作专业的木材工艺科因为战后报考者减少，很多学校开始出现生源不足现象，为此文部省曾苦恼应该采取怎样的应对措施。到昭和 45 年（1970 年），学科更名为室内设计专业后，报考者开始增多，甚至出现了女学生也争着入校的局面。

通产省以此获得启示，制定了一个方案，即从杂货部门的商品群中抽出 13 个行业整合成一个产业，并使用了室内设计产业的名称，使其与新兴的住宅产业相联合以谋求活力。这就是室内设计产业的开始。顺便提一下，外来语的 design（设计）这一词汇被官方用语所采纳并广泛使用，还是从昭和 30 年代（1955 ~ 1964 年）的后期开始。战前称其为图案，战后曾命名为意匠。现在，也由于 IT 产业的普及导致外来语名称泛滥，但到昭和 45 年（1970 年）之后，开始制定政策避免外来语名称在官方用语中使用。

昭和 48 年（1973 年），通产省提出应将室内设计产业作为需要振兴的重要产业之一。为此设立了委员会以开展指导性援助，这一活动得到一直发展，到昭和 58 年（1983 年）诞生了室内设计协调者这一行业。通产省设置的委员会，首先从调查国外形势开始。其结果是，以美国的芝加哥货物商品配送中心及洛杉矶的设计中心为范本，在各地出现了各种大规模的市场，室内设计作为一个多彩的产业在活跃的同时，甚至有取得公认资格证书的技术者共同参与并活跃在不同的领域中。

由此，委员会提议，有必要修改以往散乱的行业指导方针，并提出〝居住空间只有拥有综合的体系才能营造出使用方便且品质高雅的室内设计。而培养那些能驾驭这一体系的技术者是当务之急〞的发展宗旨。

专业技术人员的诞生

以上所述对于今天来说是极为理所当然的，但就当时而言，整合室内设计这一词汇却是个耳目一新的流行语言。为此，通产省每年拨出高额资助金，在东京和大阪交替开展综合室内设计展，以期望这一行业能普及起来。这种活动连续几年获得了好评，最后一年与住宅开发商和室内用品厂家联手开展了作品竞赛，并对优秀作品设立奖项实施奖励政策。从此室内设计迅速渗入到民众之中。

接着委员会又提出了设置室内设计市场的提案。这是以美国的室内设计市场为范本，带头将百货店的家具卖场完全变身成美国式的，吸引了众多目光。委员会还注意到，在日本应结合地域的实际情况，打出分别增设城市型、郊区型和乡村型的提案。这个提案在 2 年期间成功地推广至全国，并产生了很大影响。

到这个阶段为止，委员会耗费了 10 年的岁月。我担任过这个委员会的委员长，其间参与并共同努力的委员数量超过了 200 人。因为有了这些人的共同努力，才渐渐砌筑起室内设计产业的基石。借此，通产省在昭和 58 年（1983 年）开始颁发了由通产大臣认定的室内设计协调员制度。

其后，在室内设计领域中，具有公认资格的技术人员开始涌现。协调员成为女性所期望的十大职业之一，参加考试的人男女曾经达到过

17000人，从此这一领域被业界所接纳，并开始了各项活动。

但是在这儿有一个问题，那就是它与注册建筑师之间的关系。协调员是在新兴的住宅产业中，为确保住宅零部件的流通而诞生的专门职业。因此不具备设计和施工的技术。另一方面，说到室内设计其实并不仅局限在住宅。公共建筑、商业建筑中也有更大更重要的室内设计空间。这本来属于建设省的管辖范畴，但是到当时为止，建设省没有从室内设计的视角去对待建筑。

于是出现了应培养相应的具有专业室内设计技术的人才以填补这一空白的呼声。对诸多政策进行充分讨论后，政府决定为能担当起设计和施工的技术人员制定室内设计规划师制度。建设省为此设立了委员会，并在昭和62年（1987年）制定了室内设计规划师制度，同时授予规划师与一级注册建筑师等同的资格。经过这些历程，室内设计领域的技术人员逐渐多起来，从事室内设计产业的相关人士的社会地位也逐步提高了。

但是，不断会有疑问被提出，那就是协调员与规划师之间有什么不同。其答案如前所述，协调员是新兴住宅产业中住宅部件流通方面的专家，而规划师是作为设计和施工的专家被认定资格的。两者在入门时的专业方向不同，但也可以理解为，在实际业绩积累的基础上会逐渐培养成相同的技术人员。

协调员也好规划师也好，最初都是从大臣的资格认定开始，其后制度发生了变更，现在变成协会资格认定。但是仍然具有创设以来的历史和实际业绩，所以可以说，在实质上并没有发生变化。

与室内设计相关的技术人员的资格除上述之外，还有厨房专家、公寓经纪人、自由室内设计师，甚至还有没有资格但很优秀的、积累了大量业绩和经验的各种专业人士，到现在，与室内设计领域相关的技术人员数量估计会超过数万人。

与这种变化相适应，各种各样的教育机构开始设立，从事室内设计教育的人员也增多起来。为此，以深入研究为目的，平成元年（1989年）成立了日本室内设计学会。以前曾指责室内设计领域欠缺基础研究，因此迫切期望通过设置学会能培育出年轻的研究学者。

从事室内设计学的研究者们

从昭和51年（1976年）开始到昭和55年（1980年），国家实施的与住宅相关的较大规模计划是“住宅55规划”。这个计划结束后，又设置了产业结构审议会，实施了总体规划。在这个记录报告中，有如下关于宗旨的记述。“如果拿音乐来打比喻，可能会容易理解，那就是如果制作出来的乐器是乌七八糟的话，谁也不会弹奏出名曲来，此规划的目标就是基于以上设想开始的。但是这个目标有一个误区。要怎样做才能弹奏出名曲，对这一软件方面的研究尚处于欠缺状态。如果没有这个，即使有好的乐器，光出现杂音也无法弹奏出名曲来。”这是反省后的陈述点之一。

如果仔细考虑一下，也可以这样去理解这件事，那就是室内设计的目的就是针对住宅的软件环境的舒适度去解决具体问题，为达到这一目的而配备的各个部件的生产组织，就是室内设计产业。如果按照这样的思路去想的话，室内设计的研究担负起了建筑学的一个领域而肩负着重要的责任。

日本建筑学会站在创立120余年历史的基础上，现在被公认正处在世界高水平上。建筑学的研究在这个较长的历程中，在高度上达到了超高层，在平面上扩展到了城市规划。但是构筑出来的这些居住空间，如果站在室内设计这一视点来看，很难说是发展到能让人满意的水准。

室内设计学在今天仍处在刚刚拓展的萌芽状态。室内设计产业的实际状态是跟随住宅产业的道路整整晚了10年。现在，如果回顾一下走过来的这些各个阶段，这个产业应该说是运气较好、风调雨顺般地发展过来的。我们必须更进一步扩大这一成果。这就是设立室内设计学的必要性。也期待着年轻的研究者们能更进一步的开拓下去。

（小原次郎　千叶大学名誉教授）

图表索引／参考文献

第一章　基础知识

1. 室内设计的历史——① 日本室内设计的历史

图表1、6、18　太田博太郎『新訂　図説日本住宅史』彰国社、1971

图表2　住宅史研究会編『日本住宅史図集』理工図書、1970

图表3　白木小三郎『住まいの歴史』創元社、1978

图表4、15　日本建築学会編『日本建築史図集　新訂第二版』彰図社、2007

图表5　藤井恵介・玉井哲雄『建築の歴史』中央公論社、1995（群馬県・茶臼山古墳出土。家形埴輪による復元）

图表7、11　平井聖『図説日本住宅の歴史』学芸出版社、1980

图表9、16、23　小原二郎・加藤力・安藤正雄編『インテリアの計画と設計　第二版』彰国社、2000

图表10 正倉院宝物

图表12～14、17 日本建築学会編『日本建築史図集　新訂版』彰図社、1980

图表20　川崎市立日本民家園資料

图表21、22　国立国会図書館蔵

图表24～27　小泉和子『家具と室内意匠の文化史』法政大学出版局、1979

图表28　『建築世界』明治42年9月号

图表29 国民新聞社『理想の家庭』大正4年

图表30 藤井厚二『日本の住宅』1928

图表31『建築写真類聚』洪洋社（日本建築協会出品第1号住宅）

图表32　『建築写真類聚』洪洋社（朽木義男邸）

图表36、37　彰国社写真部

图表38　吉田五十八研究室

图表39　武蔵工業大学図書館蔵（池田三四郎、型而工房　竹製応接セットA）

图表40　彰国社写真部

1. 室内设计的历史——② 西欧室内设计的历史

图表1、8、11、12、17、18、20　中林幸夫『図でみる洋家具の歴史と様式』理工学社、1999

图表2、10、19　嶋佐知子『洋家具とインテリアの様式』婦女界出版社、1987

图表4、5　『建築用語辞典』

图表6　提供／佐藤達生

图表9　（上）小原二郎・加藤力・安藤正雄編『インテリアの計画と設計　第二版』彰国社、2000
（下）嶋佐知子『洋家具とインテリアの様式』婦女界出版社、1987

图表14　『図解百科　様式の要素』同朋舎出版

图表15、22　田島恭子『写真でたどるヨーロッパ建築インテリア大辞典』柏書房、2007

图表16、32 日本建築学会編『西洋建築史図集　三訂版』彰国社、1983

图表27、28 光藤俊夫『椅子劇場』彰国社、1992

图表22　田島恭子『写真でたどるヨーロッパ建築インテリア大辞典』柏書房、2007

图表25 日本建築学会編『近代建築史図集　新訂版』彰国社、1976

图表26 豊田市美術館蔵

图表29 シュレーダー邸蔵

图表33 Werner Blaser“Mies van der Rohe” Birkhäuser

若宮信晴『西洋装飾文様の歴史』文化出版局、1980

2. 室内设计与人居生活——① 家庭及其变化

图表1、2　国立社会保障・人口問題研究所「日本の世帯数の将来推計（全国推計）」データより作成

图表3　井上輝子、江原由美子編『女性のデータブック　第4版』有斐閣、2005

图表4　岸本幸臣『図説テキスト　住居学　第二版』彰国社、2001より作成

图表5　「World Population Prospect（国連）」データより作成

图表6　総務省統計局「国勢調査」、
国立社会保障・人口問題研究所「日本の将来推計人口」データより作成

图表7、8　厚生労働省「人口動態統計」データより作成

日本家政学会編『新版 家政学事典』朝倉書店、2004

2. 室内设计与人居生活——② 生活方式及其变化

图表1　岸本幸臣『図説テキスト　住居学　第二版』彰国社、2001

图表2、7、8　総務省統計局「社会生活基本調査」データより作成

图表3、4　国立社会保障・人口問題研究所「労働力調査」データより作成

图表5　厚生労働省「ワークシェアリングに関する調査研究報告書」

图表6　内閣府・男女共同参画局「男女共同参画に関する世論調査」「男女共同参画社会に関する国際比較調査」

图表9　内閣府大臣官房政府広報室「国民生活に関する世論調査」データより作成

图表10、11　内閣府経済社会総合研究所景気統計部「消費動向調査」データより作成

3. 室内设计与人——① 人的视觉

图表2　小木曽定彰『新訂建築学大系8　音・光・熱・空気・色』彰国社、1969

图表5　H. Dreyfuss：The Measure of Man Human, Factors Design, Whitney Library of Design（1959）、
人間—環境系編集委員会編『人間—環境系　下巻』人間と技術社、1973
日本建築学会編『建築設計資料集成　人間』丸善、2003

图表6　小原二郎・加藤力・安藤正雄編『インテリアの計画と設計　第二版』彰国社、2000

图表7　日本建築学会編『建築設計資料集成1　環境』丸善、1978

图表8　日本建築学会編『建築設計資料集成　人間』丸善、2003

图表10　松田隆夫『視知覚』培風館、1995
日本建築学会編『建築設計資料集成　人間』丸善、2003

日本建築学会編『人間環境学—よりよい環境デザインへ』朝倉書店、1998

文部科学省『高等学校用　インテリア計画』実教出版、2003

3. 室内设计与人——② 人的听觉、嗅觉、皮肤感觉

图表2　東京都立大学身体適正学研究室編『日本人の体力標準値』不味堂出版、1975

图表3　和田陽平、大山正、今井省吾『感覚・知覚心理学ハンドブック』誠信書房、1969

图表4　小原二郎・加藤力・安藤正雄編『インテリアの計画と設計　第二版』彰国社、2000

图表5　岡島達雄ほか「建築仕上げ材料の感覚的評価に関する研究（その1）（その2）（その3）」日本建築学会論文報告集、第245号、246号、261号（1976.7、1976.8、1977.11）

日本建築学会編『人間環境学—よりよい環境デザインへ』朝倉書店、1998

文部科学省『高等学校用　インテリア計画』実教出版、2003

3. 室内设计与人——③ 人体的形态

图表1　岡田光正『空間デザインの原点』理工学社、1993

图表2、6、8　小原二郎・加藤力・安藤正雄編『インテリアの計画と設計　第二版』彰国社、2000

图表3　(社)人間生活工学研究センター『日本人の人体計測データ1992－1994』1997より作成

图表4　文部省大臣官房調査課「学校保健統計調査報告書　昭和51年度」大蔵省印刷局、1977

图表5　小原二郎『人間工学からの発想』講談社、1982

图表7　小原二郎・内田祥哉・宇野英隆編『建築・室内・人間工学』鹿島出版会、1969

3. 室内设计与人——④ 人的动作

图表1　日本建築学会編『建築設計資料集成3　単位空間Ⅰ』丸善、1980

图表2、3、8、10、11　インテリア大事典編集委員会『インテリア大事典』壁装材料協会、1988

图表4～7　小原二郎・内田祥哉・宇野英隆編『建築・室内・人間工学』鹿島出版会、1969

千葉大学小原研究室資料より作成

图表9、13　小原二郎『人間工学からの発想』講談社、1982

图表12　若井、大内「日本大学工学部環境造形研究室資料」

日本建築学会編『建築人間工学事典』彰国社、1999

3. 室内设计与人——⑤ 人的行为

图表2　上段：A. Hotta, T. takahashi, K. takahashi, and K. Kogi：Relation Between Derection-of-Motion Stereotypes for Indicator Controls, J. Human Ergol., 12(1983)

下段：大阪府立公衆衛生研究所、石橋富和資料、1973

图表3　高橋鷹志、西出和彦ほか「空間における人間集合の研究その4　Personal Spaceと壁がそれに与える影響」日本建築学会大会学術講演梗概集、1981

图表4　日本建築学会編『建築設計資料集成　人間』丸善、2003

图表5　Osmond, H.：Function as the basis of psychiatric ward design, Mental Hospitals(1957)

图表6　進士五十八「公園設計に関する基礎的研究　第Ⅰ報」(『造園雑誌』Vol.33、No.3)

图表7　松本哲夫ほか「通勤用7人掛座席の有効利用の提案」旅客車サービス設備近代化の研究報告書(2)、日本鉄道技術協会、1975

图表8　Cook, M.：Experiments on orientation and proxemics, Human Relations, 23(1970)

图表9　高橋鷹志ほか「住居における行動場面に関する研究—人の居方から住居の公的空間を考察する」住宅総合研究財団研究年報　No18、1992

图表10　橋本都子、西出和彦ほか「指示代名詞の使い分けによる3次元空間の領域文節」日本建築学会計画系論文集、第552号、2002

高橋鷹志・長澤泰・西出和彦編『シリーズ〈人間と建築〉1—環境と空間』朝倉書店、1997

J.J・ギブソン著、古崎敬ほか訳『生態学的視覚論』サイエンス社、1985

佐々木正人『アフォーダンス—新しい認知の理論』岩波書店、1994

3. 室内设计与人——⑥ 椅子、桌子与人

图表1、12、13　小原二郎・内田祥哉・宇野英隆編『建築・室内・人間工学』鹿島出版会、1969

图表2　Åkerblom(小原二郎・内田祥哉・宇野英隆編『建築・室内・人間工学』鹿島出版会、1969)

图表3　Etienne Grandjean著、洪悦郎ほか訳『住居と人間』日本出版サービス、1978

Yamaguchi Y. and Umezawa F.：Development of a chair to minimize disc distortion in the sitting posture. Paper presented at the 4th International Congress on Ergonomics, Strasbourg, July 1970, unpublished

图表4　Kiegan(小原二郎・内田祥哉・宇野英隆編『建築・室内・人間工学』鹿島出版会、1969)

图表5　Etienne Grandjean著、洪悦郎ほか訳『住居と人間』日本出版サービス、1978より作成

图表6　日本建築学会編『建築設計資料集成3　単位空間Ⅰ』丸善、1980

图表7　小原二郎『人間工学からの発想』講談社、1982

图表9　小原二郎編『インテリアデザイン2』鹿島出版会、1976

图表11　小原二郎・加藤力・安藤正雄編『インテリアの計画と設計　第二版』彰国社、2000

3. 室内设计与人——⑦ 床与人

图表1　小原二郎『人間工学からの発想』講談社、1982

图表2、3、5～7、9　小原二郎・加藤力・安藤正雄編『インテリアの計画と設計　第二版』彰国社、2000

图表4、8　小原二郎・内田祥哉・宇野英隆編『建築・室内・人間工学』鹿島出版会、1969

图表10　インテリア大事典編集委員会『インテリア大事典』壁装材料協会、1988

4. 室内设计与环境——① 光与色彩调节

图表2　日本建築学会編『建築環境工学用教材　環境編』1988、丸善より加筆

图表3　日本建築学会編『設計計画パンフレット24　日照の測定と検討』彰国社、1977

图表6、10～12　土田義郎ほか『図説テキスト　建築環境工学』彰国社、2002

图表9　JIS Z9110-1979より抜粋、再構成

图表13右　マンセル色相環　JIS Z 8721-1977

4. 室内设计与环境——② 热环境调节

图表3　日本建築学会編『建築環境工学用教材　環境編』

图表4　日本建築学会編『建築設計資料集成Ⅰ(環境)』丸善、1988

4. 室内设计与环境——③ 空气调节

图表3　高部和子編集代表『家庭科指導資料図解大事典』全教図、1983より一部改変

图表4　土田義郎ほか『図説テキスト　建築環境工学』彰国社、2002

图表7　風工学研究所『ビル風の基礎知識』鹿島出版会、2005

4. 室内设计与环境——④ 声音调节

图表1～4、6　土田義郎ほか『図説テキスト　建築環境工学』彰国社、2002より一部改変

图表5　日本建築学会編『建築設計資料集成　環境』丸善、2007

4. 室内设计与环境——⑤ 设备设计
图表4 日本建築学会編『建築環境工学用教材 設備編』丸善、1995より一部改変
图表5 日本建築設備安全センター編『新訂換気設備技術基準·同解説』1983

5.室内设计与安全 ——① 日常灾害与安全设计
图表1 日本建築学会編『建築設計資料集成 人間』丸善、2003
图表2~4 日本建築学会編『建築人間工学事典』彰国社、1999
图表5 直井英雄ほか『新建築学大系12 建築安全論』彰国社、1983
高橋鷹志+チームEBS編著『環境行動のデータファイル—空間デザインのための道具箱』彰国社、2003

5. 室内设计与安全——② 地震、火灾与安全设计
图表1 日本建築学会編『建築設計資料集成 総合編』丸善、2001
图表2 日本建築防災協会「特殊建築物等調査資格者講習テキスト」
图表3、5 インテリア産業協会『インテリアコーディネーターハンドブック 技術編』2003
图表4 室崎益輝『建築防災·安全』鹿島出版会、1993
图表6 日本建築センター 『新·建築防災計画指針』1995

5. 室内设计与安全——③ 群体拥堵事故与安全设计
图表1 阿久津邦男『歩行の科学』不味出版、1975
日本建築学会編『建築設計資料集成 人間』丸善、2003
图表2、4、6 日本建築学会編『建築設計資料集成—人間』丸善、2003
图表3 日暮里駅事件、二重橋事件、弥彦神社事件、京都駅事件—岡田光正ほか『建築と都市の人間工学』鹿島出版会、1977
横浜体育館事件—岡田光正『空間デザインの原点』理工学社、1993
明石花火大会事故—日本建築学会編『建築設計資料集成—人間』丸善、2003
图表5 ①木村幸一郎、伊原貞敏「建物内における群衆流動状態の観察」日本建築学会論文集大会号、1973
②戸川喜久二「群衆流の観測に基づく避難施設の研究」建築研究所報告、建設省建築研究所、1955
③打田富夫「電車駅の乗降場及び階段幅員」鉄道技術研究所中間報告、1956
④宮田一「列車運転になぞらえた歩行者の人間工学的考察」鉄道OR論文集、1966
⑤B. S. Pushkarev：Urban Space for Pedestrian, MIT Press(1975)

5. 室内设计与安全——④ 预防犯罪与安全设计
图表1 小出治監修、樋村恭一編集『都市の防犯 工学·心理学からのアプローチ』北大路書房、2003
图表2、3 財団法人都市防犯研究センター資料
图表4 Newman(1979)、(ジョン·ラング著、高橋鷹志監訳、今井ゆりか訳『建築理論の創造』鹿島出版会、1992)
图表5 Newman(1974)、(ジョン·ラング著、高橋鷹志監訳、今井ゆりか訳『建築理論の創造』鹿島出版会、1992)

5. 室内设计与安全——⑤ 室内装修综合症房间与预防设计
图表1 吉澤晋『空気調和·衛生工学 Vol.62、No7.』pp.551-553、1988
图表2~4 日本建築学会編『シックハウス事典』技報堂出版、2001

6. 室内设计与建造方法——① 建筑建造方法
图表1 日本建築学会編『建築設計資料集成 総合編』丸善、2001
图表2~6 日本建築学会編『構造用教材』丸善、1995
图表7 羽切道雄『耐震構造のしくみ 木造住宅編』技術書院、2006

6.室内设计与建造方法——② 地面建造方法及面层做法
图表1、4、5 小原二郎·加藤力·安藤正雄編『インテリアの計画と設計 第二版』彰国社、2000
图表3、6、7 日本建築学会編『コンパクト建築設計資料集成〈住居〉』丸善、1991
图表8 青山良穂·武田雄二『建築学テキスト 建築施工』学芸出版社、2004

6. 室内设计与建造方法——③ 墙壁的建造方法及面层做法
图表1 元結正次郎ほか『初学者の建築講座 建築構造』市ヶ谷出版社、2004
图表2、3 小原二郎·加藤力·安藤正雄編『インテリアの計画と設計 第二版』彰国社、2000
图表4 宮野道雄ほか『図解住居学3 住まいの構法·材料』彰国社、2004

6. 室内设计与建造方法——④ 顶棚的建造方法及面层做法
图表1、2 小原二郎·加藤力·安藤正雄編『インテリアの計画と設計 第二版』彰国社、2000
图表3 元結正次郎ほか『初学者の建築講座 建築構造』市ヶ谷出版社、2004
图表4 日本建築学会編『構造用教材』丸善、1995

6. 室内设计与建造方法——⑤ 开口部位的建造方法与面层做法
图表1、2 小原二郎·加藤力·安藤正雄編『インテリアの計画と設計 第二版』彰国社、2000
图表3 彰国社編『ディテール入門』彰国社、1976
图表4 日本建築学会編『ガラスの建築学』学芸出版社、2004

第二章 设计知识

1. 住宅的室内设计——① 住宅规划与设计
图表1、2 小川信子、高橋公子ほか『日本女子大学家政学シリーズ 住居学』朝倉書店、1988
图表3 小原二郎·加藤力·安藤正雄編『インテリアの計画と設計 第二版』彰国社、2000
图表4 住環境の計画編集委員会編『住環境の計画2 住宅を計画する 第二版』彰国社、1998
图表5 住環境の計画編集委員会編『住環境の計画2 住宅を計画する 第二版』彰国社、1998
池辺陽『すまい(岩波婦人叢書)』岩波書店、1954
右図：「住居の基本組織図」による作品No.20
图表6 住環境の計画編集委員会編『住環境の計画2 住宅を計画する 第二版』彰国社、1998より作成
图表7 深尾精一「グリッドの重ね合せ」(『ディテール』120号、彰国社、1994)

1. 住宅的室内设计——② 家庭与住宅
图表4 住宅·都市整備公団『家事空間を重視した都市住宅のあり方に関する研究』1995
图表5 吉田桂二『家づくりの原点』彰国社、1976
图表6 住宅·都市整備公団シニア住宅パンフレット

篠原聡子·大橋寿美子·小泉雅生『変わる家族と変わる住まい』彰国社、2002

1. 住宅的室内设计——③ 居住需求与住宅
图表1　岸本幸臣『図説テキスト　住居学　第二版』彰国社、2001
图表5　住宅·都市整備公団パンフレット(リベレ向陽台)
图表6　ベターリビング26号、1978
图表7　住宅·都市整備公団『可変型集合住宅の居住履歴に関する報告書』
图表8、9　大阪ガス実験集合住宅NEXT21パンフレット

1. 住宅的室内设计——④ 住宅的整合
图表1　小原二郎·加藤力·安藤正雄編『インテリアの計画と設計　第二版』彰国社、2000
图表2　鈴木成文『新訂建築学大系27　集合住宅』彰国社、1971
图表3　鈴木成文『新訂建築学大系27　集合住宅』彰国社、1971より作成
图表4　住宅·都市整備公団パンフレット(天王州ビュータワー)
图表6　提供／NPO法人コレクティブハウジング社
图表7　日本建築学会編住宅小委員会編『事例で読む現代集合住宅のデザイン』彰国社、2004
图表8　松陰コモンズ『男女7人古民家暮らし　松陰コモンズ2001-2003』2004
イラスト／粟田幸子
住田昌二·藤本昌也ほか『参加と共生の住まいづくり』学芸出版社、2002

2. 公共设施室内设计——① 商业设施的室内设计
图表3、4、5、7～9、13～18　『商業施設体系Ⅱ　商業施設の構成計画』商業施設技術団体連合会より作成
『建築雑誌』日本建築学会、1988年4月号

2. 公共设施室内设计——② 教育设施的室内设计
图表6　長倉康彦編著『学校建築の変革』彰国社、1993
長沢悟·中村勉編『スクールレボリューション』彰国社、2001
上野淳監修、学校をかえなくちゃ!!編集委員会編『学校を変えなくちゃ!!』ボイックス、2002
日本建築学会編『建築設計資料集成　教育·図書』丸善、2003
柳澤要·鈴木賢一·上野淳『アメリカの学校建築』ボイックス、2004
船越徹編著、上野淳·柳澤要·田辺芳生著『スペースデザインシリーズ2　学校』新日本法規出版、1995

2. 公共设施室内设计——③ 医疗设施的室内设计
图表1　提供／糸山剛
图表2　長澤泰·西出和彦·在塚礼子『建築計画』市ヶ谷出版社、2005
日本建築学会編『建築設計資料集成　医療·福祉』2002
船越徹編著、長澤泰ほか著『スペースデザインシリーズ4　医療·福祉』

3. 室内用品设计——① 家具
图表9右図　小原二郎編『インテリアデザイン1』鹿島出版会、1973
图表19　岡村製作所
图表22～25　剣持仁ほか編『家具の事典』朝倉書店、1986
インテリア産業協会『インテリアコーディネーターハンドブック　販売編』2006

3. 室内用品设计——② 照明器具
图表2、3　インテリア産業協会『インテリアコーディネーターハンドブック　販売編』2006
中島龍興『あかりと照明の科学』彰国社、1988

3. 室内用品设计——③ 窗饰
图表2、114頁　トーソー出版編『プロがつくるカーテンの本』トーソー出版、2006
インテリア産業協会『インテリアコーディネーターハンドブック　販売編』2006

第三章　设计传达表现技法

2. 室内设计效果图表现——① 效果图表现技法
图表1、2　提供／松井芳雄

2.室内设计效果图表现——② 透视效果图
图表1　小原二郎·加藤力·安藤正雄編『インテリアの計画と設計　第二版』彰国社、2000
图表2、3　提供／松井芳雄
图表4　河村容治『Vector Worksインテリアデザインガイド』ワークスコーポレーション、2005
图表6　提供／安松一雄

2. 室内设计效果图表现——③ 轴测图与意向图
图表1、2　小原二郎·加藤力·安藤正雄編『インテリアの計画と設計　第二版』彰国社、2000

2. 室内设计效果图表现——④ 计算机表现与室内设计模型
图表4　日本インテリアファブリックス協会webサイト
图表5　提供／内田真由美
图表7　提供／福田久美子
图表8　文化女子大学学生作品
图表6　光栄堂webサイト

132頁　提供／濱松貴子

●未注明的图表由作者提供

●索引

●简历

渡边秀俊

1962 年　出生于群马县
1985 年　千叶大学工学部建筑工学科毕业
1990 年　东京大学大学院博士课程毕业
现　在　文化女子大学内聘教授，工学博士
专业领域　建筑人体工程学，环境心理学，环境行为设计
获　奖　日本建筑学奖
著　作　《环境行为数据库》、《建筑人体工程学事典》（合著、均为彰国社）、《建筑设计资料集成“人体”》（合著，丸善）

内田青藏

1953 年　出生于秋田县
1975 年　神奈川大学工学部建筑学科毕业
1983 年　东京工业大学大学院博士课程期满退学
现　在　埼玉大学教授、工学博士
专业领域　日本近代住宅史
获　奖　日本建筑学会奖，今和次郎奖（日本生活学会奖）
著　作　《日本近代住宅》（鹿岛出版社）、《学习同润会 —— 居住的思想与设计》（王国社）、《住宅房间布局读本》（光文社）

奥平与人

1946 年　出生于神奈川县
1971 年　早稻田大学理工学部建筑学科毕业
1973 年　早稻田大学大学院硕士课程毕业
1973 年　鹿岛建设建筑设计本部
现　在　文化女子大学教授，一级注册建筑师，商业设施师，日本商业环境设计家协会副理事长
专业领域　商业建筑
获　奖　爱知县新文化会馆竞赛优秀奖，商业环境设计奖鼓励奖等
著　作　《商业建筑·店铺建筑 法规手册》（合著，商店建筑社）、《系列丛书 —— 地球环境建筑专业篇 2 资源、能源与建筑》（合著，彰国社）

木村战太郎

1939 年　出生于东京都
1963 年　东京艺术大学美术学部金工科毕业
1963 年　通产省工业技术院产业工艺试验所
现　在　文化女子大学教授，筑波技术大学名誉教授
专业领域　家具，室内设计
获　奖　日本设计学会 / 年度作品奖，籐材的改质处理方法 / 专利权等
著　作　《政府机构办公空间室内设计》（合著，JID）、《办公环境的未来》（合著，ED 研究所）、《图解住宅与室内设计》（合著，彰国社）

小原二郎

1916 年　出生于长野县
1945 年　京都大学农学部林学科毕业
1960 年　千叶大学工学部建筑学科教授
1979 年　工学部长
1982 年　千叶工业大学教授
现　在　千叶工业大学常务理事，千叶大学名誉教授，农学博士，日本室内设计学会名誉会长
专业领域　人体工程学，住宅产业，木材工学
获　奖　日本建筑学会赏，蓝绶褒勋章、勳二等瑞宝勋章，绿色文化奖，日本建筑学会大奖
著　作　《室内设计学辞典》《室内设计大百科全书》（编著，均为壁装材料协会）、《建筑·室内·人体工程学》（编著，鹿岛出版社）

佐野友纪

1968 年　出生于东京都
1991 年　早稻田大学理工学部建筑学科毕业
1997 年　早稻田大学博士毕业
现　在　早稻田大学副教授，博士（工学），一级注册建筑师
专业领域　建筑人体工程学，建筑规划，建筑防灾
获　奖　日本火灾学会内田奖
著　作　《建筑及城市的空间设计学》（合著，井上书院）、《建筑设计资料集成「扩展篇」人体》（合著，丸善）

谷田久美子

1963 年　出生于东京都
1986 年　日本女子大学家政学部住居学科毕业
1988 年　日本女子大学大学院硕士课程毕业
现　　在　文化女子大学副教授，一级注册建筑师
专业领域　住居规划设计
著　　作　《新版简明建筑设计资料集成「住宅」》、《建筑设计资料集成「综合篇」》、《建筑设计资料集成「扩展篇」物品》（合著，均为丸善）

土田义郎

1961 年　出生于神奈川县
1985 年　早稻田大学理工学部建筑学科毕业
1987 年　东京大学大学院硕士课程毕业
1990 年　东京大学大学院博士课程修满学分退学
现　　在　金泽工业大学教授，博士（工学）
专业领域　建筑环境工学，环境心理学
著　　作　《城市·建筑空间科学——环境心理生理途径》（合著，技术堂）、《图解建筑环境工学》（合著，彰国社）、《人体测量手册》（合著，朝仓书店）

鸟井贵正

1957 年　出生于神奈川县
1979 年　日本设计学院室内设计科
1991 年　开设 NORTH 工作室
现　　在　NORTH 工作室代表董事
日本室内设计协会信息委员长，文化女子大学外聘讲师，室内设计协调员，厨房专家
获　　奖　城市中心区居住 /SOHO 住宅的生活类型 / 室内设计提案入围奖
著　　作　U-CAN《室内装饰协调员讲座 4 · 5》（合著，日本通信教育联盟）

久木章江

1969 年　出生于东京都
1991 年　日本女子大学家政学部住居学科毕业
1993 年　日本女子大学大学院硕士课程毕业
现　　在　文化女子大学副教授，博士（学术），一级注册建筑师
专业领域　建筑结构、结构安全、防灾教育
获　　奖　日本建筑学会奖
著　　作　《力与形入门基础》（合著，丸善）、《建筑物荷载指南·解说》（合著，日本建筑学会）、《系列丛书—＜生活科学＞住居学》（合著，朝仓书店）

宫宇地一彦

1943 年　出生于广岛县
1967 年　法政大学工学部建筑学科毕业
1971 年　早稻田大学文学部美术专业毕业
1974 年　华盛顿大学建筑学科大学院取得硕士学位
1976 年　菊竹清训建筑设计事务所
1987 年　开设宫宇地一彦建筑研究所
现　　在　文化女子大学教授，工学博士，一级注册建筑师
专业领域　建筑规划，建筑设计
著　　作　《开发设计思维——建筑设计的构思方法》（彰国社）、《学习独立住宅与集合住宅的设计步骤》（合著，彰国社）

柳泽 要

1964 年　出生于爱知县
1987 年　横滨国立大学工学部建筑学科毕业
1989 年　东京大学大学院硕士课程毕业
1992 年　东京大学大学院博士课程毕业
现　　在　千叶大学副教授，博士（工学），一级注册建筑师
专业领域　建筑规划，建筑设计，环境行为设计
获　　奖　日本建筑学会奖，日本建筑学会作品入选奖
著　　作　《美国校舍建筑》（Voi-X 出版社）、《S.D.S2 学校》（合著，新日本法规出版）、《建筑空间的人体工程学》（合著，彰国社）

著作权合同登记图字：01-2008-4570号

图书在版编目（CIP）数据

图解室内设计基础／（日）渡边秀俊编；金华译．—北京：
中国建筑工业出版社，2010.11
ISBN 978-7-112-12364-3

Ⅰ.①图… Ⅱ.①渡…②金… Ⅲ.①室内设计-图解
Ⅳ.①TU238-64

中国版本图书馆CIP数据核字（2010）第162396号

责任编辑：白玉美　刘文昕
责任设计：陈　旭
责任校对：陈晶晶　姜小莲

图解室内设计基础
[日] 渡边秀俊 [编]
内田青藏　奥平与人　木村战太郎　小原二郎　佐野友纪　谷口久美子
土田义郎　鸟井贵正　久木章江　宫宇地一彦　柳泽要　渡边秀俊 [著]
金　华 [译]
陶新中 [校]
*
中国建筑工业出版社出版、发行（北京西郊百万庄）
各地新华书店、建筑书店经销
北京嘉泰利德公司制版
廊坊市海涛印刷有限公司印刷
*
开本：787×1092毫米　1/16　印张：10½　字数：310千字
2011年6月第一版　2014年6月第二次印刷
定价：35.00元
ISBN 978-7-112-12364-3
（19631）